U0196037

中天新建造丛书

鄂州花湖机场转运中心主楼数字建造

中天控股集团有限公司　编著

中国建筑工业出版社

图书在版编目（CIP）数据

鄂州花湖机场转运中心主楼数字建造 / 中天控股集
团有限公司编著. —北京：中国建筑工业出版社，
2023.8
（中天新建造丛书）
ISBN 978-7-112-28832-8

Ⅰ.①鄂…　Ⅱ.①中…　Ⅲ.①数字技术－应用－民用
机场－机场建筑物－货物运输－物流配送中心－工程管理
Ⅳ.① V351.1

中国国家版本馆 CIP 数据核字（2023）第 112576 号

责任编辑：张伯熙
文字编辑：王　治
责任校对：张　颖

中天新建造丛书
鄂州花湖机场转运中心主楼数字建造
中天控股集团有限公司　编著

*

中国建筑工业出版社出版、发行（北京海淀三里河路 9 号）
各地新华书店、建筑书店经销
北京建筑工业印刷厂制版
北京富诚彩色印刷有限公司印刷

*

开本：850 毫米×1168 毫米　1/16　印张：20½　字数：480 千字
2023 年 8 月第一版　　2023 年 8 月第一次印刷
定价：**232.00** 元
ISBN 978-7-112-28832-8
（41247）

编著委员会

主任委员：楼永良

副主任委员：吴海涛　刘玉涛　华国飞

编　　著：杨利剑　龚旭峰　徐山山　郭晓豹　王鸣翔

　　　　　江　昆　卢　玉　陈立军　李　聪　陈凌文

　　　　　汪思维　蔡灏明　马东原

序

改革开放以来，国家发展日新月异。在恢弘的时代变迁中，中国建造不断创造出一个又一个奇迹。尽管我国早已成为全球建筑规模最大的国家，是名副其实的建造大国，但还未成为建造强国。建筑业持续、快速发展的同时，工程质量安全问题、环境影响问题、生产效益问题等仍很突出，碎片式、粗放型的工程建造方式距离"新发展格局、高质量发展"的目标存在着较大差距。建筑业这个传统行业亟待转型升级。

当前，以人工智能为代表，以数字化为重要特征、多重技术动能叠加下的新一轮科技革命已经席卷全球，引发新一轮的产业革命，生产力和生产关系将发生深刻变革。数字技术与工程建设将深度融合并催生行业变革，以传统建造技术为基础，融合数字化技术的新型建筑工业化体系正在不断形成，中国建筑业的转型升级进程开始迈入快车道。为了抓住工程建造创新发展这一历史性机遇，加快推动行业新阶段的转型升级，有关部门审时度势，制定一系列政策，积极推进数字技术与工程建造深度融合。BIM、物联网、云计算、数字工地等技术应用发展迅速，建筑企业也积极推进数字化转型升级。

中天建设集团将组织管理敏捷化、工程产品数字孪生化、施工生产智能化和产业链体系中台化作为全过程数字建造能力的重点打造方向，聚焦生产、管理、数据三条主线，构建以打造核心技术竞争力为目标，以建筑产业现代化为导向，用工业化、绿色化思维指导工程建造，用信息化、数字化工具提高生产效能和管理效果的中天新建造体系。

鄂州花湖机场是中国航空货运从"客货一体"迈向"专业货运"的标志性工程，是亚洲第一个、全球第四个专业货运枢纽机场，也是落实习近平总书记关于建设"平安、绿色、智慧、人文"四型机场要求的首批试点项目。由中天承建的"机械心脏"——建筑面积近 55 万 m^2 转运中心主楼工程是其最具代表性的建筑，主楼工程平面构型呈工字型，造型简约美观，是世界最大的转运中心之一，可以满足 330 万 t 货邮吞吐量需求。转运中心主楼工程打通了设计、深化、采购、施工到交付的全过程应用通道，从点云状的局部应用不断延伸、扩展，建构起一体化和协同化的全生命期数字建造模式，彰显出新技术、新模式的巨大优势和潜力。

该书从数字建造策划、数字建造标准、数字深化设计、数字施工技术、数字装配技术、数字工地及项目管理、数字成果交付的程序和逻辑展开，既涵盖了数字建造理论体系，还对工程全生命周期数字建造关键技术与应用作出剖析和总结。本书全面记录了鄂州花湖机场转运中心主楼工程数字建造的全过程，系统总结了工程在深化设计、施工和管理等方面的宝贵经验，内容翔实、可操作性强、应用成果显著，可为广大建筑从业人员提供非常有益的借鉴，对我国建筑业的转型升级亦有良好的推进作用。

中国工程院院士

前　言

随着 BIM、智能化、物联网等新兴信息技术的快速发展，数字建造技术逐步成为助推我国建筑业转型升级的新引擎。《2021—2025 年建筑业信息化发展纲要》提出：在"十四五"期间，我国要着力增强 BIM、大数据、智能化、移动通信、云计算、物联网等信息技术的集成应用能力，建筑业的智能化、数字化、网络化要取得突破性进展，中国建筑业要全面进入智能建造的时代。

由中天建设集团承建的转运中心主楼工程，位于鄂州花湖机场南侧，建筑高度 40.52m，总建筑面积 54.8 万 m²，东西最长 695.65m，南北最宽 528m，地上四层，局部二层，成为亚洲第一个、全球第四个专业货运机场的核心枢纽建筑。转运中心主楼工程基于"工程建设全生命周期管理"的理念，以施工准备阶段创建的 BIM 深化设计模型为唯一数据源，进行数字施工、质量管理、造价管理等一系列正向实施应用，追求深化模型、深化图纸以及工程实体的完全一致性表达。主楼工程将数字建造技术与业务深度融合，从全生命周期的角度出发，实现了深化设计、施工生产、竣工交付等阶段的精细化管理，同时基于工程信息高度集成的 BIM 深化模型，有效地提升了信息传递的效率，降低了参建各方的沟通难度，对控制工程质量与成本有很大作用。

本书基于花湖机场转运中心主楼工程数字建造实践经验，从工程建设概况和数字建造策划出发，对数字建造标准、数字深化技术、数字施工技术、数字装配技术进行了系统地介绍，并详细阐述了数字工地及项目管理、造价管理到交付管理在大型货运机场工程施工与管理中的应用，共分为 10 章。

第 1 章由郭晓豹和王鸣翔编写，讲述工程数字建造基本情况、体系和实施效果；第 2 章由郭晓豹编写，介绍数字建造的总体目标与原则，并从管理组织设计、任务规划、保障措施等方面阐释策划路径；第 3 章由郭晓豹和王鸣翔编写，介绍数字建造标准以及相应的实施案例；第 4 章由王鸣翔、江昆、蔡灏明、杨利剑、李聪、陈立军编写，介绍数字深化技术在全专业工程中的管理与应用；第 5 章由陈凌文、李聪、蔡灏明编写，介绍数字技术在施工与管理中的应用；第 6 章由卢玉、马东原编写，介绍钢结构工程、幕墙工程的数字装配技术与管理应用；第 7 章由汪思维编写，介绍数字工地技术体系、实施管理流程、要素管理及目标管理应用；第 8 章由郭晓豹编写，介绍数字造价管理设计原则、应用流程及实施情况；第 9 章由郭晓豹编写，介绍数字集成交付流程、要点及内容；第 10 章由郭晓豹和王鸣翔编写，列举工程项目各类成果，系统分析工程创新点及价值。

本书撰写过程中各参建单位和中天产业链同仁给予了大力支持，为本书提供了技术资料、摄影照片等大量有益的素材以及坚实的技术支撑。在此，对鄂州丰泰启盛物流发展有限公司、湖北国际物流机场有限公司、中国建筑标准设计研究院、中南建筑设计院、北京帕克国际工程咨询有限公司、北京泛华国金工程咨询有限公司以及浙江中天精诚装饰集团有限公司、浙江中天方圆幕墙有限公司、浙江中天智汇安装工程有限公司等单位及同仁表示由衷的感谢。

由于数字建造技术正在不断迭代发展，且笔者水平有限，本书中难免有所疏漏与不足之处，恳请广大读者批评指正。

目　　录

第1章 工程建设概况

1.1 工程概况

1.1.1 花湖机场工程概况

花湖机场即湖北国际物流核心枢纽项目（全称"鄂州花湖机场"，"Ezhou Huahu Airport"，IATA：EHU，ICAO：ZHEC），位于中国湖北省鄂州市鄂城区燕矶镇、沙窝乡、花湖镇交界处，西北距鄂州市中心约 15km、南距黄石市中心约 15km，占地 11.89km^2，机场选址如图 1-1 所示。花湖机场不仅为 4E 级国际机场、航空物流国际口岸，还是亚洲第一座专业性货运枢纽机场，1.5 小时的飞行即能覆盖全国 90% 的人口密集型地区。

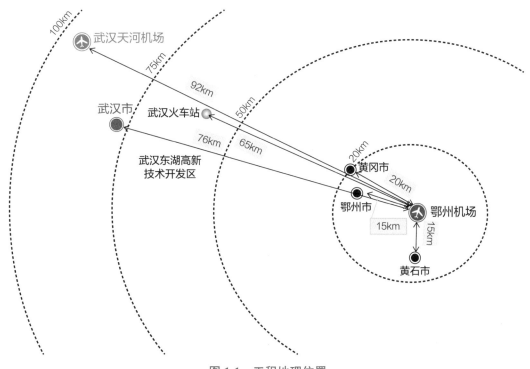

图 1-1 工程地理位置

如图 1-2 所示，花湖机场规划有 132 个机位的站坪，同时设有东、西 2 条长 3600m、宽 45m 的远距平行跑道及其滑行道系统，跑道间距 1900m，主降方向均设置Ⅱ类精密进近系统，次降方向均设置Ⅰ类精密进近系统。在建筑工程领域，航站楼建筑面积为 1.5 万 m^2，设计总高 20.5m，大范围采用玻璃幕墙，至 2030 年预计可满足 150 万人次的使用需求；转运中心工程则设有 67.8 万 m^2 的分拣中心以及分拣转运系统设备，同时内部建有 4.1 万 m^2 的海关、安检、顺丰公司办公业务用房及配套设施设备用房；航空基地工程总建筑面积达 38.4 万 m^2，分为 15.5 万 m^2 的机务维修设施，3.1 万 m^2 的地面及勤务设施以及 19.8 万 m^2 的综合保障用房，同时配备 5G、人工智能、物联网等新技术设施；航空货运站建筑面积 2.4 万 m^2，可为航空货物提供快速、高效的登机服务；塔台的设计灵感来源于鄂州市市花——腊梅，其建筑高度为 89m，分为地上 13 层、地下 1 层；供油设施工程则包括 4 万 m^3 的机场油库，1 个 5000t 级的码头泊位，以及输油管线和航空加油站。花湖机场项目整体建设效果，如图 1-3 所示。

花湖机场是民航局首批入选"四型机场"的示范机场项目，是以"平安、绿色、智慧、人文"为核心，依靠科技进步、改革创新和协同共享，通过全过程、全要素、全方位优化，实现安全运行保障有力、生产管理精细智能、旅客出行便捷高效、环境生态绿色和谐，充分体现新时代高质量发展要求的机场。其中，"平安"是基本要求，"绿色"是基本特征，"智慧"是基本品质，"人文"是基本功能。此外，花湖机场为住房和城乡建设部首次批准开展工程造价管理的改革试点项目，项目以建筑信息模型（BIM）技术在工程造价领域应用为突破口，实施全过程工程造价咨询，旨在构建工程造价数据指标新体系，形成可复制、可推广的经验，为后续应用数字建造技术的工程树立标杆。

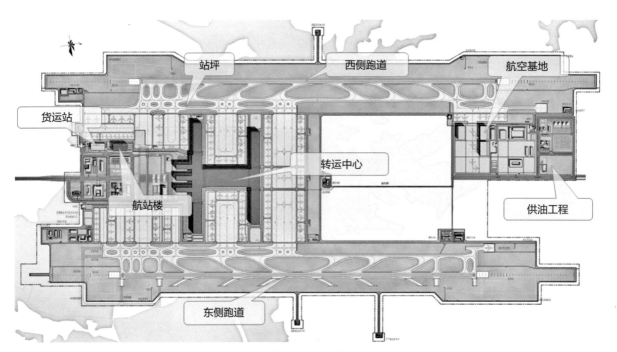

图 1-2　花湖机场规划总平面图

图 1-3　花湖机场建设效果图

1.1.2　转运中心主楼工程概况

转运中心工程位于花湖机场南侧，平面结构形式为工字形，采用主楼＋指廊模式。转运中心主楼施工总承包项目合同造价 17.6 亿元，为花湖机场最大的施工标段，工程占地面积约 16 万 m²，东西最长 695.65m，南北最宽 528m，地上四层，建筑高度 40.52m，局部二层，建筑高度 21.70m，总建筑面积为 548045m²，其中地上建筑面积 542079m²，雨篷面积 5484m²，地下建筑面积 482m²。转运中心主楼全专业 BIM 如图 1-4 所示。

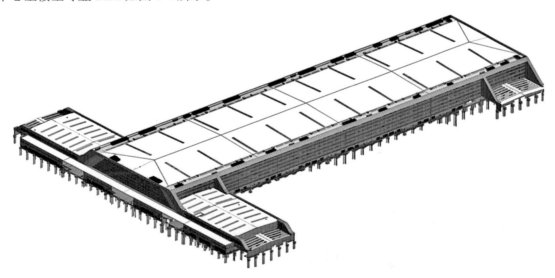

图 1-4　转运中心主楼全专业 BIM

1. 建筑概况

转运中心是花湖机场发挥专业货运功能的枢纽工程，其主楼作为机场心脏——智能物流分拣系统的包覆主体，更是全机场最令人瞩目的地标。建筑整体造型在兼顾美观与实用的基础上，融入了"山环水抱必有气"的设计理念，南北两侧入口如山峦般的造型与流经鄂州的长江水域遥相呼应。毗邻建筑与转运中心主楼呈现"众星捧月"之势，也使得主楼与相邻标段之间界面复杂，专业接口繁多。除与指廊工程、场道工程等标段接壤之外，机场综合管廊也从主楼地下沿南北方向纵穿而过，楼体内部更是与智能物流分拣系统存在空间及功能等维度的协调需求。转运中心主楼与相邻标段的分区示意如图 1-5 所示。

▢ 指廊区　　　　　▢ 主楼区　　　　　▢ 场道区

图 1-5　转运中心主楼与相邻标段分区示意

主楼屋顶采用镀铝锌钢板直立锁边的构造形式，结合采光天窗与采光带，形成了造型美观、可靠耐用的屋面体系；外墙大面积采用金属岩棉夹芯复合保温板，以标高 6m 为界限进行颜色区分，采用上部银灰、下部深灰的配色方案，与邻近的楼宇和周围环境和谐统一；南北侧设置构件式横明竖隐玻璃幕墙，为建筑增加灵动感与通透性；而东西侧的采光部分则根据楼层设置玻璃条窗，与墙面复合板交相辉映，凸显建筑的层次感；单侧长度近 700m 的悬挑铝板檐口纵贯建筑南北，串联东西两侧山墙，实现屋面到墙面的自然过渡。转运中心主楼建筑专业 BIM 如图 1-6 所示。

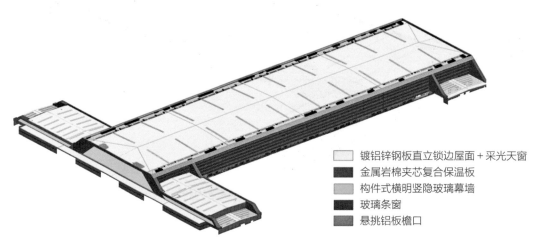

▢ 镀铝锌钢板直立锁边屋面＋采光天窗
■ 金属岩棉夹芯复合保温板
▢ 构件式横明竖隐玻璃幕墙
■ 玻璃条窗
■ 悬挑铝板檐口

图 1-6　转运中心主楼建筑专业 BIM

主楼以抗震缝为界限划分为 A1～A6 共计六个分区，其中 A1～A4 分区由南至北依次排布；A5、A6 分区作为连接主楼区与指廊区的过渡区域，分列 A1 区的东西两侧，A1 与 A5 区局部地下一层，层高 5.1m，共设置 4 处避难走道，如图 1-7 所示。

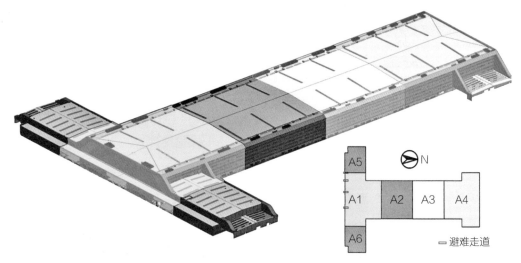

图 1-7　转运中心主楼分区示意

转运中心主楼承载着分拣、安检、海关、卸料等核心处理业务，满足 330 万 t 货邮吞吐量的使用需求，代表国家参与全球的物流竞争。建筑设计功能规划结合智能物流业务需求进行区域划分，如图 1-8 所示分为以下区域：

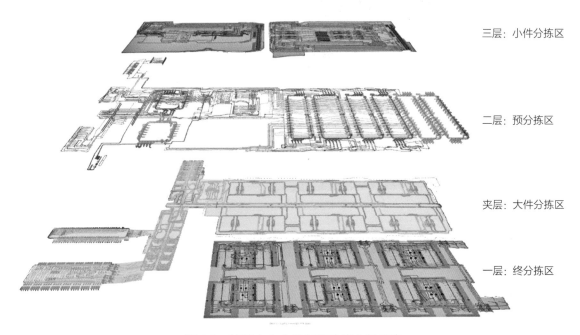

三层：小件分拣区

二层：预分拣区

夹层：大件分拣区

一层：终分拣区

图 1-8　转运中心主楼各层功能分区示意

（1）一层——终分拣区：设置空侧终分装箱模块、掏箱模块各 6 组，用于邮件装卸及超大超重件的处理；

（2）夹层——大件分拣区，配备大件包裹分拣系统（NCY）空侧主环路模块、空侧装卸模块、海关模块以及陆侧装卸模块；

（3）二层——预分拣区，需要满足海关及预分要求，布置4组空侧预分模块，进出口海关在线查验模块等，保障了与民航安全检查的互不干涉；

（4）三层——小件分拣区，除设置小件分拣机外，还配备半自动集包线，可以对分拣后的小件进行半自动集包、扎包等操作。

2. 结构概况

转运中心主楼工程主体为钢框架结构，一层采用钢筋混凝土地坪板，2~4层楼板为钢筋桁架楼承板，桩基础采用泥浆护壁钻孔灌注桩，桩端持力层为中风化细砂岩。主体结构设计使用年限为50年，安全等级为一级，钢框架抗震等级为四级，主楼属重点设防类建筑，其抗震措施符合7度设防要求。转运中心主楼结构专业BIM示意如图1-9所示。

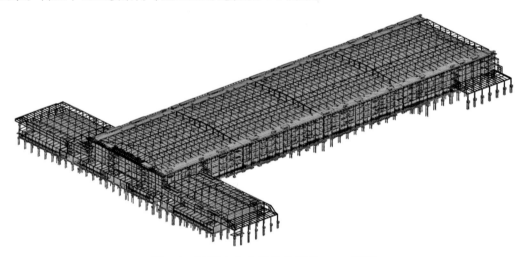

图1-9　转运中心主楼结构专业 BIM 示意

主楼基础主要由承台、独立基础、基础梁、结构地坪板以及工程桩组成，混凝土设计强度C40。主楼桩基合计2505根，分为700mm、800mm、1000mm和1100mm 4种桩径，均为抗压桩，且采用桩端后注浆施工工艺，桩基概况如表1-1所示。

桩基概况　　　　　　　　　　　　　　　　　　　　　　　　　表1-1

序号	桩径（mm）	单桩抗压承载力特征值（kN）	桩端入持力层深度（m）	数量（个）	混凝土强度等级	备注
1	700	3600	1.5	530	C40	水下灌注时采用C45
2	800	4600	2.5	530	C40	水下灌注时采用C45
3	1000	7200	4.0	1198	C40	水下灌注时采用C45
4	1100	8700	4.5	247	C40	水下灌注时采用C45

主楼上部主体为钢框架结构，防腐涂层设计使用寿命不低于15年，钢结构构件耐火等级为一级。一层钢柱为矩形钢管混凝土柱，柱内填充C40自密实混凝土，2~4层为矩形钢管柱，钢梁为H型钢

梁，典型柱网尺寸为 16m×16m、16m×12m，钢材主要材质为 Q390C、Q390GJC、Q355B、Q235B。

主楼上部结构整体四层，于 A1、A4 区两翼转角处实现结构四层至二层的转换，同时在高度变化的山墙面以及尺寸变化的位置设置斜坡结构造型，采用斜向 40° 的线条完成不同高度结构的过渡。为承担超长、超宽物流厂房结构引起的远超常规厂房的风荷载及地震等作用效应，以及满足分拣设备的流畅运行要求，主楼在 A1、A4 区两翼转角处设置超大钢柱，A4 区两翼侧设置超长钢梁，超大、超长构件分布位置、A4 区斜坡造型分别如图 1-10、图 1-11 所示。超大、超重钢柱合计 6 根，均为首层钢柱，以位于 A4 区转角处的钢柱构件 GKZ10 体型最大，柱长 11.2m，质量达 44.94t，如图 1-12 所示。超长钢梁合计 30 根，最大构件为 GKL37，梁长 37.8m，质量为 33t。

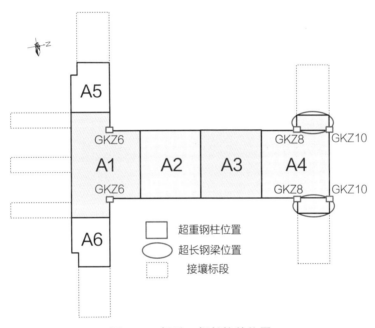

图 1-10　超重、超长构件位置

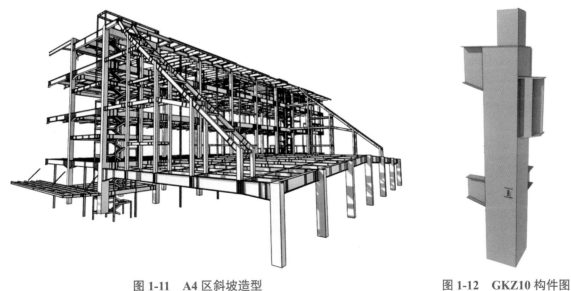

图 1-11　A4 区斜坡造型　　　　图 1-12　GKZ10 构件图

3. 设备与安装概况

转运中心主楼设备与安装工程包含多种系统，各类设备与管线繁多，空间关系复杂，除传统项目中的给水排水系统、消防系统、通风与空调系统、电气系统、智能化系统外，还包括物流中心特有的分拣设备系统。其中分拣设备包括光学条码识别（OBR）信函分拣机、动态称重读码测量一体化设备（DWS）、大小件分拣机、用于安检和海关查验的 X 光机与 CT 机、万向轮台、航空集装箱（ULD）等。各专业系统分类及转运中心主楼设备与安装工程 BIM 如表 1-2 和图 1-13 所示。

各专业系统分类   表 1-2

序号	系统	子系统
1	给水排水系统	室内给水系统、排水系统、冷凝水系统、中水及雨水利用系统、饮用水供应系统等
2	消防系统	消防给水系统、室内消火栓给水系统、室外消火栓给水系统、自动喷水灭火系统、防护冷却系统、消防排水系统、气体消防灭火系统等
3	通风与空调系统	空调风系统、空调水系统、送排风系统、机械防排烟系统、自然排烟系统、补风系统等
4	电气系统	高低压配电系统、电气照明系统、防雷接地系统、智能照明系统、疏散照明系统、防火漏电自动报警系统、消防电源监控系统等
5	智能化系统	数字集群移动通信系统、内部通信调度系统、建筑设备监控系统、门禁系统、应急响应系统、公共广播系统等
6	分拣系统	普通包裹分拣系统（MHS）、大型不规则件分拣系统（ICS）、超大超重件分拣系统（OOG）等

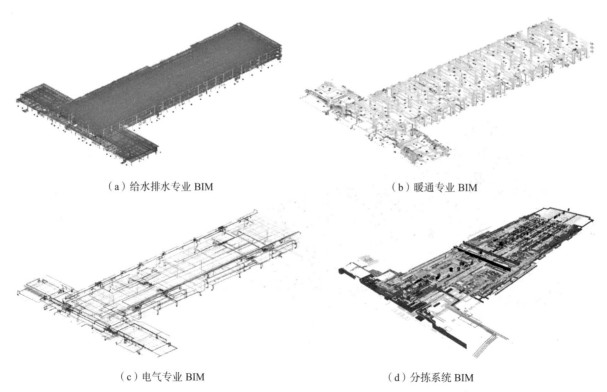

（a）给水排水专业 BIM   （b）暖通专业 BIM

（c）电气专业 BIM   （d）分拣系统 BIM

图 1-13　转运中心主楼设备与安装工程 BIM

转运中心主楼共设置了 26 台电梯，电梯根据各区功能要求分别设置，客货电梯单趟载货能力合计达 119t，满足国内外各种类型货物的转运，主楼电梯设置概况如表 1-3 所示。

主楼电梯设置概况　　　　　　　　　　　　　表 1-3

序号	分区	电梯分类	载重	数量（台）
1	A1 区	货梯	10t	5
			3t	1
		客梯	1.6t	4
		消防电梯	1.6t	2
2	A2 区	消防电梯	1.6t	2
3	A3 区	消防电梯	1.6t	2
4	A4 区	货梯	10t	4
		消防电梯	1.6t	2
5	A5 区	货梯	10t	1
			3t	1
6	A6 区	货梯	10t	1
			3t	1

1.2　工程建设重难点分析

1. 项目规模大、组织协调困难

转运中心主楼工程建筑面积达 54.8 万 m²，可实现 330 万 t 货邮吞吐量，是世界上最大、最先进的货运机场分拣中心之一。主楼工程除传统建筑、结构、幕墙、机电安装等专业外，还包含智能化控制、分拣设备系统在内的十余个专业，其中主体钢构用量约 10 余万 t，钢筋用量 1.3 万 t，混凝土用量 16.4 万 m³，幕墙展开面积 12 万 m²，风管面积 24 万 m²，水管长度 67 万 m，桥架长度 10 万 m。

与传统建筑工程项目相比，花湖机场转运中心工程标段划分众多，大小参建单位近 60 家，合计数千名一线工人、工程师共同参与建设。对于转运中心主楼工程总承包单位而言，项目不仅内部专业分包队伍众多，还与多个周边标段接壤，这些内部专业间、外部标段间的碰撞问题亟需协调优化，尤其是转运中心主楼工程中专业分拣设备与土建、机电等专业间的协调配合问题，进一步增大了施工管理难度，对总承包施工单位的协调组织能力提出更高的要求。

2. 深化设计体量大、精度高

转运中心主楼工程要求进行全方位、全专业的深化设计工作，其中地坪板结构（含钢筋模型）

深化面积 16 万 m²，楼承板结构（含钢筋模型）深化面积 49 万 m²，幕墙深化面积 12 万 m²，钢结构、建筑内装、机电（含屋面）深化面积均为 65 万 m²，各专业深化模型总构件数超 1300 万个，深化体量大，中心整合模型划分为 10 个分部工程，28 个子分部工程，70 个分项工程，由近 400 个数字孪生模型组成，集成度高。

施工准备阶段的 BIM 基于设计阶段模型深化而成，其模型元素不仅包括尺寸、定位、空间拓扑关系等几何信息，还包含名称、规格型号、材料和材质、功能与性能技术参数、系统类型、安装部位、工程逻辑关系、施工方式以及模型构件编码等非几何信息。为实现转运中心分拣设备的精准定位及安装，各阶段模型精度应满足：（1）施工准备阶段模型精度等级不低于 LOD350；（2）施工实施阶段模型精度等级不低于 LOD400；（3）竣工阶段模型精度等级不低于 LOD500。此外，深化模型精度以及全部属性信息满足自动出量和计量支付要求；深化出图能够完全代替二维设计图纸，满足现场按模施工要求。

3. 深化时间紧张、软件效率低下

花湖机场项目遵循全专业深化设计并基于深化设计成果开展施工作业的原则，施工总承包单位根据施工总进度计划确定的现场施工节点，同时考虑单位内部深化及自审，建设单位、设计单位、监理单位、造价咨询和 BIM 咨询的外部审核时间，倒排确定各批次深化成果审核会时间节点，并完成深化工作计划时间表的报审。转运中心主楼工程体量巨大，总工期仅 425 天，各专业工程施工前预留的深化时间十分紧张。

此外，据合同要求，施工总承包方需提交基于 Revit 2018 的深化模型作为主要深化设计成果。然而，转运中心主楼主体为钢筋混凝土以及钢框架结构，Revit 由于软件本身特点，更多适用于建筑设计以及机电设计，而在创建钢筋以及钢结构工程相关方面的模型时，存在着大体量钢筋模型搭建卡顿以及钢结构 Revit 模型复杂节点深化困难等问题，进一步加大了施工单位按期完成深化节点的难度。

4. 项目施工精度高、BIM 计量难

机场工程的施工精度要求远超其他公建项目，花湖机场工程旨在建设以国内外货运功能为主的专业性货运枢纽机场，货运机场施工精度要求不仅体现在航站楼等其他传统机场建筑，更体现在分拣设备系统所在的转运中心工程。为充分保证转运中心主楼工程的施工精度，项目实行全过程数字孪生建造的方式，最终实现数字与实体双重交付。

为保证项目施工精度，项目各阶段均采用 BIM 技术进行项目管理，施工总承包方于施工准备阶段对全专业设计图纸及设计模型进行深化设计，实现二维图纸到三维模型的维度转化，以此有效提高设计图纸的表达效率；通过提前模拟重大技术方案的施工工艺，避免施工失误；为了满足分拣设备的精准安装要求，进行分拣、土建以及机电的合并模型（简称合模）工作，通过模型构件间扣减，准确预留安装孔洞，便于实际施工高效定位。

花湖机场项目是第一个住房和城乡建设部批复应用 BIM 技术进行造价管理的改革试点项目，

无先例工程与相关规范参考借鉴，策划前期需制定一系列 BIM 实施标准，其项目计量支付完全基于 BIM 深化设计模型应用全费用综合单价法进行，施工单位发起中间计量的前提是基于 BIM 划分的检验批通过质量验评，计量需求的引入给模型的精度提出更高的标准。此外，模型工程量的审核以及构件与项目清单之间的准确挂接工作更加大了 BIM 计量的难度。

1.3　数字建造技术与管理体系

1.3.1　数字建造定义及内涵

数字建造是在新一轮科技革命下，现代信息技术与现代建造技术深度融合的产物，同时伴随着科学技术的发展，数字建造正在被不断赋予新的内涵。

数字建造不仅意味着新的建造方式，更代表着新的建造体系。与传统建造不同的是，数字建造是以信息化、工业化、智能化为基础，依靠 BIM 技术、物联网、云计算、大数据等新兴信息技术，以项目管理系统为核心平台，实现项目建设全过程工程信息的实时传输、海量数据的交互与共享、各参建方的集成管理，是一种以 BIM 技术为核心、以物联网为纽带的，旨在实现建设项目精细化管理、智慧化建造的新型建造模式。

广义的数字建造指的是立足于项目全生命周期管理的建造模式，包括项目立项、项目决策、勘察设计、工程招标投标、工程施工、项目运维等阶段在内的数字建造，各个阶段均需基于数字化平台，统筹各类数据资源，实现项目的数字管理。而工程施工阶段作为数字建造实施的核心阶段，亦是建筑业数字化转型路上的关键环节，本书着重突出数字技术在该阶段的策划和应用，主要包括数字建造策划、数字深化设计、数字施工、造价管理和数字交付等。

1.3.2　数字建造体系架构设计

转运中心主楼工程数字建造体系贯穿施工准备、施工实施、竣工交付等阶段，是施工全过程的业务协同管理模式，如图 1-14 所示。

主楼工程自中标后便进行数字建造策划，通过植入相应的数字建造标准，结合现场实际施工工艺进行数字深化设计，为工程实体建造搭建数据基底，实现虚拟设计与施工；通过数字深化模型、工程建造技术与管理的有机融合，形成工程全专业的数字施工、数字装配技术，以及基于物联网的数字工地技术、BIM 深化模型驱动的全过程数字造价管理模式；主楼工程克服传统工程纸质式、碎片化交付方式的弊端，建立以 BIM 为核心的数字交付模式，实现工程施工全过程的数据协同，最终向接收方高效率地交付高度集成的数据资产。

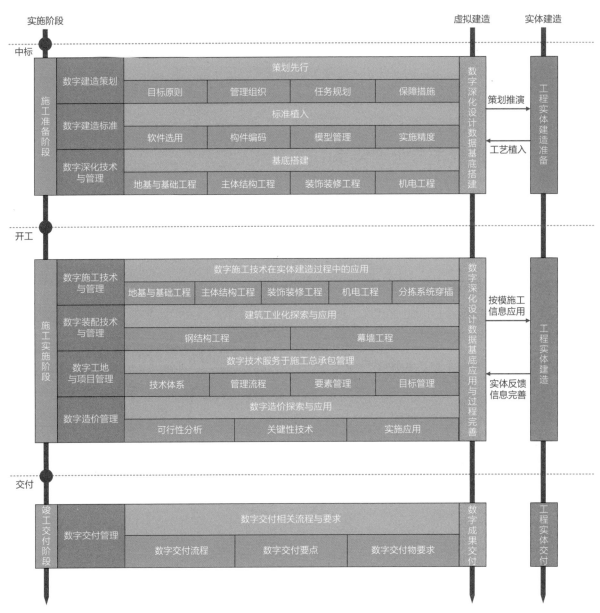

图1-14　鄂州花湖机场转运中心主楼工程数字建造体系架构图

1.3.3　技术与管理应用

本书以鄂州花湖机场转运中心主楼工程为例，详细阐述了数字建造技术与管理体系，从实施方案策划、数字建造标准、数字深化、数字施工、数字装配、数字工地与项目管理、数字造价、数字交付等方面，全方位地介绍数字建造技术在大型工程施工与管理中的全过程应用情况。

（1）在数字建造策划中，立足于总体目标与实施原则，设置数字建造管理组织机构，并将数字建造全过程划分为深化设计、质量、造价、进度和安全五大管理目标，针对各目标进行详细分解与规划，为保证目标的顺利实现，制定了制度、人员、设备三大保障措施。

（2）在数字建造标准与实施中，针对行业标准不统一、数据流转不通畅等问题，制定了软件选用标准和 BIM 实施精度标准，同时创新提出 BIM 信息分类与编码标准，通过将 BIM 内部所有构件赋予 36 位全编码的方式，搭建 BIM 与施工管理间的桥梁。此外，从项目文件、模型创建、模型拆分、模型整合等方面明确了 BIM 管理标准。

（3）在数字深化设计与深化出图中，为保证深化设计工作的顺利开展，以及后续按模施工、质量验评、计量支付等 BIM 正向实施应用数据基底的高效创建，确定了囊括各关联方在内的数字深化技术实施管理流程，并以此为工作基础，创建全专业、高精度的深化设计模型。除利用 BIM 常规软件创建深化设计模型外，针对 Tekla 与 Revit 软件间的数据异构问题，自主研发 TTR 工具集系统，实现 Tekla 至 Revit 图形与信息的无损转换。

（4）在数字施工技术中，为保证按模施工工作的高效开展，确立了按模施工管理流程，制定了严格的工作制度，同时配置了专属的软硬件。地基与基础工程中，针对复杂地质环境中桩基础施工存在的风险，通过采用数字监控技术，实现桩基工程的信息化管控，有效控制桩基施工质量；针对软土深大基坑工程安全控制问题，以数字监测为手段，通过对基坑顶部、深层土体等位置分别布置传感器，实时掌握基坑开挖过程中对周边环境的影响；针对基础钢筋节点复杂、绑扎工程量大且易出错等问题，采用三维激光扫描技术，实景复刻钢筋构件绑扎模型，验证现场施工精度。

主体结构工程中，针对楼承板钢筋体量大、管理水平低等问题，采用钢筋数字化集中加工技术，同时应用钢筋云管理系统集中管理钢筋进场、绑扎、再利用等环节，有效提升了钢筋管理水平；砌体工程施工过程中，结合 BIM 深化模型与下料单，采用集中加工及定点配送的模式组织施工，有效提升施工效率；针对屋面工程中超长屋面板施工过程中面临的板折裂、板褶皱等问题，采用超长可转动式直立锁边金属屋面系统施工技术，通过直立锁边的构造相互咬合，形成可靠、紧密的连接，取得良好的效果。

装饰装修工程中，针对大空间吊顶受力构件定位难的问题，采用 BIM 放样机器人，将 BIM 空间信息转变成施工现场的精确定位数据，有效保证定位精度；针对工程墙面抹灰、喷涂工程量大的难题，采用抹灰机器人与喷涂机器人，实现墙面抹灰和喷涂的自动化作业，有效提升工作效率；针对大面积金刚砂地坪地面高差精度要求高的难题，采用高效激光整平机，对混凝土摊铺、压实、整平等工作进行全自动控制，有效改善成型质量。

机电安装工程中，探索实践了深化设计及加工安装一体化技术、ERP 物料管理技术、管道漏水智能检测技术、电缆自动敷设技术，实现了节能减排、安全文明施工的管理目标。针对分拣系统交叉施工多、配合难等问题，从前期准备、主体建筑、地面交付、临水临电、设备存储、设备防尘等多个维度制定配合措施，以集流插为主线，借助穿插施工的优越条件，保证施工有条不紊。

（5）在数字装配技术中，针对主楼钢结构工程体量大、工期紧、组织协调困难等特点，确定了钢结构工程数字加工管理流程，结合 BIM 技术、物联网技术、有限元力学分析、自动化加工生产技术，解决了大跨度、大体量、大重量钢构件的生产与吊装难题。在幕墙工程施工过程中，基于 BIM 出量下料，采用数字加工技术，实现幕墙系统构件的自动加工生产，同时通过 BIM 技术进行吊装方案比选，确定幕墙最优吊装方案。

（6）在数字工地与项目管理中，针对传统大型工程主要依靠管理人员工作经验进行粗放式管理的问题，引入智慧工地与BIM技术，建立完善的数字工地技术体系，通过工程物联网实现对工程全要素的感知与管理，同时利用数字工地对于数据信息的高效处理方式，指导实体工地的进度、成本、质量、安全、绿色等目标管理。

（7）在数字造价管理中，分析了应用BIM技术进行造价管理的可能性，同时针对BIM造价管理现存的问题，以《建设工程工程量清单计价规范》GB 50500—2013和《湖北省建筑安装工程费用定额》及其编制依据为基础，提出以计量计价规则优化方案和构件与清单挂接方案为核心技术的BIM造价管理实施路径，并从信息总表与标段子库管理、工程造价管理等方面切入，开展BIM造价管理实施应用。

（8）在数字交付管理中，针对传统交付过程中存在的纸质文档多、整合成本高、数据利用率低等问题，提出以BIM与模型出图为核心交付物的数字集成交付模式。基于BIM的数字集成交付模式明确了交付的流程与交付要点，同时将数字交付划分为设计、施工准备、施工实施与竣工交付四大阶段，强调数字交付并非竣工时的一次性交付，其交付物满足数字建造全过程的使用需求。

1.4 数字建造实施效果

鄂州花湖机场转运中心主楼工程数字建造涵盖了地基基础、主体结构、装饰装修、机电安装、软件二次开发、构件数字化加工与安装、施工工艺创新等各个方面，树立了行业BIM正向实施应用标杆，实现了基于BIM造价管理的应用目标，取得了可观的经济与社会效益。

在深化设计方面，充分发挥BIM在数字设计中的优势，搭建超过1300万个构件的中心数字模型，以创建孪生模型的方式实现工程的虚拟建造。利用BIM技术进行建模图审，有效解决原设计图纸错误、含义表达不清以及多专业间碰撞、优化等1200余项问题，既保证了工期又节约了相应的成本。针对二维图纸复杂节点表示不明、设计意图理解困难等问题，基于BIM输出深化图纸，极大提升了交底的工作效率，保证工程质量。通过建立全专业高精度深化模型，精准预留各类构件安装点位，不仅满足分拣设备安装需求，同时实现工程量自动统计、输出，有效控制材料使用量。

在数字施工方面，创建以BIM技术、智能施工设备、数字监控系统、数字集中加工四大技术为核心的数字施工技术体系，针对各项工程特点，识别并匹配其中一项或多项技术，对实际工程开展数字施工作业，解决了大型机场工程体量大、交界面众多、施工协调困难等问题，实现转运中心主楼工程施工过程管控的可视化、信息化，相邻专业之间施工变得有序可控，保证了过程的流水搭接，进一步有效提升现场施工效率的同时，减少工程施工安全隐患，体现了数字技术在施工过程中的优越性，对相关技术在类似大型工程中的应用具有良好的示范作用。

在装配式工程施工方面，以BIM深化模型为唯一数据源，使用数字化设计加工安装一体化技术，有效搭建采购、下料、质检、生产、运输等施工环节的桥梁，极大地提高了工作效率。数字加工技术的引入，有效实现材料资源的动态管理，便于参建各方快速调取所需资料；数字吊装技术的使用，让劳动力、材料、机械设备的调用更为井然有序，使得大体量装配式工程的施工变得有条不紊，在保证工程质量的前提下，有效缩短了钢结构工程建设周期，实现 6 个月内完成 10 万余吨主体钢结构施工作业的目标。

在数字工地与项目管理方面，通过深入应用数字技术进行施工管理，大幅提升了现场的工作效率，有效避免现场返工，保证了工期与质量，具备可观的社会经济效益。在质量管理中，基于 BIM 技术的质量验评相较传统模式效率提升明显，平均每月可减少 25% 的验评时间，同时避免了线下纸质文档填写不规范、补录多等问题，保证验评结果的准确与真实性。

在造价管理方面，通过 BIM 进行一键式智能计价算量，极大地提升了施工单位造价计算以及建设单位计量审核的工作效率，相比同体量项目，商务配备人员减少 50% 以上，同时具有良好的复制性，能够在今后的大型工程造价管理中应用推广，对于造价管理改革具有良好的示范和推动作用。

在交付管理方面，创建了一套大型工程数字集成交付 BIM 应用模式，完善了数据资产创建、审核、存储、管理和应用路径，实现数据资产管理的数字化、标准化和科学化，竣工成果满足数字交付以及后续运维资产应用要求，对后续大型工程推进数字交付有积极的指导意义，最终推动行业全生命周期的数字化转型。

在荣誉与成果方面，数字建造实施过程中，多次获得建设单位表扬，且受邀作为全机场众多施工单位代表，为全国机场公司做数字建造实施经验分享。截至 2023 年 7 月，创建国家级示范工程 1 项、省级示范工程 8 项，获得国家级 BIM 大赛一等奖（含一等、一类成果）3 项、二类成果 1 项、省级单项应用二类成果 1 项，获得国家级绿色施工竞赛一类成果 1 项、质量管理标准化竞赛一等成果 1 项、工程建造微创新技术大赛二等成果 1 项，获得省级项目管理成果竞赛一等成果 1 项，获得国家级 QC 成果二等奖 1 项、省级 QC 成果 2 项，获得省级工法 4 项、发明专利 2 项、实用新型专利 3 项、软件著作权 5 项，合计发表 7 篇专业论文。

在行业创新方面，鄂州花湖机场作为亚洲第一个、全球第四个专业货运机场，同时也是国内首个由住房和城乡建设部批准应用 BIM 技术进行造价管理改革的试点项目，转运中心主楼工程则为机场体量最大的标段，遵循"工程建设全生命周期管理"的理念，基于 BIM 技术、智慧工地技术开展质量验评、造价管理、数字施工、数字交付等工作，打通了数字建造技术在施工生产各环节中的应用障碍，同时在 BIM 和工程造价领域实现重大突破，在数字建造发展史上具有里程碑意义，可为其他应用数字建造技术进行全过程施工管理的工程项目提供借鉴与参考。

第2章　数字建造策划

2.1　数字建造总体目标与原则

2.1.1　总体目标

（1）充分发挥深化模型及切图的优越性，开展按模、按图施工工作，树立 BIM 正向实施应用行业标杆；

（2）以数字化、信息化为手段，应用数字工地技术开展数字建造工作；

（3）应用 BIM 技术，借助项目管理平台进行质量管理工作，每建必优，确保"钢结构金奖"，争创"鲁班奖"与"詹天佑奖"；

（4）应用 BIM 技术，借助项目管理平台进行造价管理工作，实现按模计量、计价目标；

（5）应用 BIM 技术辅助进行安全管理、进度管理等工作，确保现场零伤亡、零事故，实现如期竣工交验的目标；

（6）在既定的工期、成本、质量、安全等要求内，于建设实施各阶段实现数字孪生模型与实体工程的双重交付。

2.1.2　实施原则

转运中心主楼工程应用 BIM、项目管理平台、数字工地等各项数字技术进行施工管理，为保证数字建造总体目标的如期实现，主楼工程在策划阶段便制定数字建造全过程实施原则。

1. 基于 BIM 的深化设计原则

与传统项目直接应用 CAD 软件对二维施工图中关键构件或者部位绘制局部剖面图进行深化设计不同，转运中心主楼工程充分利用 BIM 技术所特有的可视化、优化性以及高效出图的特点，对设计阶段的图纸与模型进行全专业深化设计，实现工程信息的高度集成，其深化模型包含完备的属性信息，如合同信息、项目管理信息、设备材料信息、空间位置信息、竣工交付信息等。深化人员基于 BIM 深化模型，通过对复杂部位进行剖切操作，快速得到表达详尽的节点切图，以指导后续现场施工。

2. 基于深化设计成果的施工原则

转运中心主楼工程结合三维 BIM 软件多专业协同设计、结构化信息表达的优势，其深化设计成果通过 BIM 咨询、设计、监理、造价咨询四方单位的综合会审，具备完整表达工程设计所有三维信息的要求，为后续施工与管理过程中唯一的数据源，而非传统项目中的设计蓝图。施工现场完全基于深化设计成果进行正向实施应用，不仅强调数据源的唯一性，还要求数据流转的连续性，追求"模、图、物"的完全一致性表达。

3. 基于 BIM 的工程质量验评及计量支付原则

通过赋予 BIM 模型构件分部、子分部、分项工程等质量管理字段信息，并与构件类别以及构件子类别关联，于项目管理平台进行模型轻量化，以此进行检验批划分及报审，同时将所有工序中的施工工艺、技术参数等转化为数据信息与 BIM 构件关联，质量巡检记录实人、实时、实地的全过程管理数据，将质量验评由传统的结果管控转变为过程管控。转运中心主楼工程所有 BIM 构件均包含完善的造价管理属性，检验批为项目最小的计量支付单位，在相应检验批验收合格的基础上，基于相匹配的轻量化 BIM 输出的工程量，发起计量支付流程并进行进度款申报。

4. 基于数字工地技术的数字化施工原则

转运中心主楼工程涉及专业众多，工程地质环境复杂，主楼工程执行基于大型施工设备可视化监控、专业传感器自动化监测技术进行施工管控的原则。针对地基与基础工程中复杂地质环境桩基础质量控制问题，采用自动化监测技术，搭建桩基施工监控与数字化预警平台系统；针对主体结构施工过程中多台履带式起重机（在施工现场也称为履带吊）、升降机同时运行冲突等问题，建立数字化监控系统，相关数据传送至数字工地平台，保证大型施工机械的高效运行。

2.2　数字建造管理组织设计

合理的管理组织是实现高效数字建造的前提。针对既定的数字建造总体目标及实施原则，转运中心主楼工程于策划阶段制定科学的组织机构，并且明确各机构的职责范围。

2.2.1　管理组织结构

转运中心主楼工程数字建造的实施协同过程中涉及众多的关联方，各关联方主要包括建设单位、BIM 咨询单位、工程造价咨询单位、工程设计单位、工程监理单位、施工总承包单位、分拣设备执行单位。

其中，施工总承包单位作为数字建造实施工作的责任主体，负责所有数字建造成果的输出、传递、共享以及应用。根据合同以及项目具体应用目标，同时为了实现建设单位、BIM 咨询单位等关联方工作的快速响应，施工总承包单位建立了完善的数字建造与管理组织机构，设置项目负责人、项目技术负责人、信息总监等管理岗位；数字建造工作的开展由施工总承包单位项目经理统一协调管理,各个应用模块主管负责数字建造与管理的具体工作,如 BIM 工作站由 BIM 负责人统筹,集团技术中心提供二次开发支持,同时根据深化设计专业划分设立土建、钢构、机电、幕墙等负责人,相应负责人下辖各自的团队,主要开展模型深化设计、平台流程报审、按模施工交底等工作。转运中心主楼工程施工总承包方数字建造与管理组织架构,如图 2-1 所示。

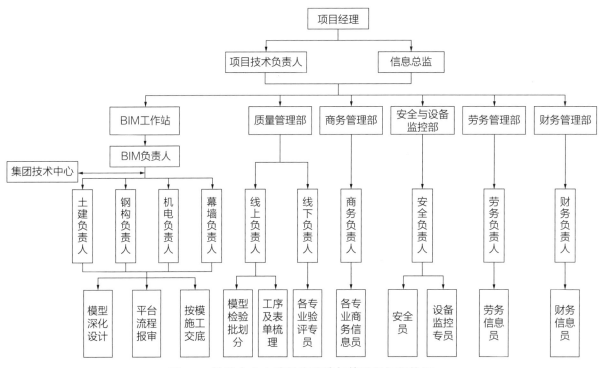

图 2-1　转运中心主楼数字建造与管理组织架构图

2.2.2　管理职责分解

施工总承包单位作为数字建造实施的主体,明确项目各部门的工作职责是部门之间能够高效协同工作、保证现场作业正常运行的前提。与传统项目不同的是,转运中心主楼工程增设信息总监岗位,负责各类施工信息的采集与分析。转运中心主楼工程主要部门工作职责,如表 2-1 所示。

转运中心主楼工程主要部门工作职责　　　　　　　　表 2-1

序号	主要岗位/部门	数字建造实施主要工作职责
1	项目经理	(1) 数字建造整体实施工作团队的人员配置; (2) 数字建造实施软硬件配置; (3) 数字建造应用目标的制定及相关工作考核、评价; (4) 跨部门统筹协调
2	项目技术负责人	(1) 施工技术(含 BIM)实施工作团队岗位划分、人员配置及岗位职责细化; (2) 确定施工技术(含 BIM)专项方案、管理流程、工作方式等内容,并负责全面落实; (3) 施工技术(含 BIM)工作的总体安排和进度把控,负责技术实施工作关联方的沟通、联系

序号	主要岗位／部门	数字建造实施主要工作职责
3	信息总监	（1）质量验评、监控监测设备的数据统计与分析，及时作出安全、进度、质量等预警； （2）BIM 技术实施团队人员的面试、录用、培训工作； （3）项目管理平台具体应用工作的安排和落实，跨部门间、关联方间工作的沟通与协调
4	BIM 负责人	（1）主持制定《BIM 实施方案》，并组织管理和贯彻实施； （2）BIM 实施各阶段具体任务的计划安排和落实，团队内部工作的沟通协调，模型成果提交相关单位审核流程的发起和审核结果的跟踪； （3）监督、协调及管理各分包单位的 BIM 实施质量及进度，并对项目范围内最终的 BIM 成果负责； （4）组织开展对各分包方的 BIM 工作流程和标准体系的培训； （5）负责全部建模、编码和数据、运用及输出成果内审工作； （6）对接集团技术中心，针对快速建模等目标，沟通、提出二次开发技术支持
5	BIM 工作站	（1）负责本专业设计模型与施工图纸一致性审查，根据现场实际开展深化设计和模型交底与施工应用； （2）根据项目施工进展对模型信息进行完善和扩展，包括施工属性信息、施工工序信息及造价属性信息、模型出量单位、项目编码、项目特征等； （3）根据项目施工进展创建新材料、构件的族文件及族类型，并完成标准化命名工作； （4）根据四方审核意见修改深化设计成果，直至通过综合会审； （5）根据设计变更指令完成已过会模型的设计变更调整工作，并且达到相关技术标要求
6	质量管理部	（1）基于深化设计模型发起轻量化申请并进行检验批划分、验收工作，同时建立相应的工序表单，完成平台报审工作； （2）应用质量验评平台，实时监督现场质量问题，并通知相应责任人进行整改； （3）负责收集各类质量检测数据，并将其上传至相应的线上平台
7	商务管理部	（1）基于 BIM 模型的各类造价管理信息平台录入以及维护工作； （2）核对相关平台线上的工程量与线下模型明细表中的工程量是否一致，造价信息是否完整，并发起中间计量支付流程； （3）对接造价咨询单位，跟踪模型计量支付情况，分析计量出错原因
8	安全与设备监控部	（1）负责将现场相关安全问题录入平台，并发起相关问题整改通知单至指定负责人完成问题整改工作； （2）相关安全管理资料上传工作； （3）相关视频监控、监测设备安装与数据分析、预警工作
9	劳务管理部	（1）制订劳务管理计划，组建项目劳务管理机构和制定劳务管理制度； （2）负责验证劳务分包队伍及人员资质，在数字工地平台办理登记备案；劳务分包合同签订，对劳务队伍进行培训以及现场施工管理情况考核评价； （3）将劳务人员合同、岗位技能证书、身份证等信息录入实名制管理系统，对劳务人员进行考勤以及统计管理； （4）结合考勤记录，于线上平台建立完整的劳务人员工资支付台账，实现人员工资和工时的关联计算
10	财务管理部	（1）编制项目资金计划，同时基于项目管理平台，进行项目资金使用申请； （2）各分包合同信息的录入，于线上平台审核项目部日常报销流程，同时编制、审核记账凭证，创建财务管理档案； （3）负责应收账款、应付账款，项目部内部报表汇总以及财政、税务、银行、工商等部门的联络沟通工作； （4）基于平台数据，编制项目部月度、半年度、年度财务报表及日常预算分析，为项目部预算编制及管理提供数据支持

2.3 数字建造任务规划

2.3.1 深化设计管理

1. 施工准备阶段

（1）深化设计模型创建

综合考虑转运中心主楼工程楼层、区块、施工段、专业等因素，对深化设计模型进行拆分，并且在相应专业的施工图设计模型以及设计图纸基础上对深化设计模型进行精细化创建。深化设计模型不仅要符合BIM实施精度标准[①]中关于几何精度的约束要求，还须对所有构件添加对应的分部工程、子分部工程、分项工程以及构件全编码等属性信息，不仅满足工程项目管理平台的工程量清单编码映射和工序库挂接需求，还满足设计、进度和安全等其他施工管理要求，同时基于深化设计模型完善、扩展各专业模型构件汇总表。

1）深化设计内容与范围

根据施工图设计成果、BIM管理标准和具体施工工艺特点，对现浇混凝土结构、钢结构、装饰装修、幕墙、机电设备及管线等所有专业进行深化设计，包括但不限于加工设计、节点设计、预留预埋设计、专业协调等内容。

结合工程实际施工特点，对施工图设计模型进行补充、细化、拆分和优化等深化工作，并对施工图设计模型的未建模部分、精度深度不够部分等问题进行处理，如表2-2所示。

深化设计范围 表2-2

序号	项目	说明	备注
1	补充	根据施工设计图纸和实施约束性文件，对施工图设计模型中未建模部分进行补充建模	如按实际施工补充构造层、垫层、二次结构（如构造柱、过梁、止水反梁、女儿墙、压顶、填充墙、隔墙等）、后浇带、钢筋（钢筋需全部创建并满足计量要求）、综合支吊架、配线管（DN32以下）、电缆（电线和智能化线缆除外，满足计量要求）、预埋件、预埋管、保温、预留预埋、内装吊顶主要支撑、龙骨、构件属性信息等
2	细化	根据实施约束性文件中的精度要求进一步细化施工图设计模型构件	如幕墙（主要配件、安装构件等）、门（实际外形，以及锁、把手等主要部件）、设备（实际外形、内部主要部件等）、钢结构节点的精细化建模、梁柱复杂节点以及内装节点细部构造等
3	拆分	根据实际施工要求、实施约束性文件和计量需要，将施工图设计模型中一个构件拆成多个构件	如增加构造柱后一面墙拆成了两面墙、后浇带楼板和后浇带梁等需拆分建模、管道模型及风管模型按照加工要求进行分段；钢结构梁、柱构件按深化设计要求进行拆分，满足构件下料、加工和安装等
4	优化	根据实际施工要求，遵循机电管线的排布原则，综合考虑与分拣系统间的协调配合问题，解决专业内及专业间的错漏碰缺问题，并完成空间优化	—

[①] BIM实施精度标准详见第3章数字建造标准与实施，其他标准同理。

2）深化设计节点计划

转运中心主楼工程执行先有深化设计模型后开工的原则，深化设计成果的如期交付与否直接决定后续施工作业能否正常进行。BIM 负责人从总进度计划分解而成的二级进度计划出发，基于各个既定工序的开工节点以及 BIM 工作站现有人员配置，再充分考虑深化时间，设计单位、监理单位、BIM 咨询顾问和造价咨询顾问四方审核时间，建设单位项目管理平台流程审批以及现场深化设计成果交底时间的前提下，倒排确定深化工作安排计划时间表，分批次完成深化设计工作。

3）深化设计构件编码

深化设计构件编码是深化设计模型中的重要组成部分，为保证全场构件的唯一性，同时满足后续施工应用及管理的要求，根据 BIM 分类及编码标准要求对深化设计模型的构件进行分类，基于专业、子专业、二级子作业、构件类别、构件子类别、构件类型等字段属性以及单位工程归属、施工阶段等模型属性，完成 36 位构件全编码的刷取工作，同时验证构件全编码与项目编码（即清单项目编码）的挂接关系，保证后续质量验评以及计量支付的正常进行。

（2）深化设计成果输出

1）构件属性信息表输出

根据 BIM 实施精度标准要求对深化设计模型的构件进行完整的属性设置、属性赋值，并输出《各专业构件编码表》和《各类型构件明细表》。《各专业构件编码表》包含模型构件各层级编码结构赋值和构件编码，由明细表导出后汇总形成各专业表提交，《各类型构件明细表》则包含各类型构件对应的属性参数。若由于设计变更或者其他因素导致已过审深化设计模型发生变动，且导致相应工程量发生变化，则须完成模型深化设计变更并制作相应的《构件数据变动对比表》，对比表应详细说明每一个变化构件的情况，包括构件的删除、新增、拆分、修改，以及数据变动的描述等。

2）深化设计图纸输出

基于深化设计模型生成深化设计二维图纸，同时保证深化设计模型与深化设计二维图纸的一致性，上传至工程项目管理平台，提交设计单位、监理单位、BIM 咨询顾问、造价咨询单位审核，并根据四方意见修改相应深化成果，达到按模、按图施工的要求。

（3）深化设计成果审核

1）成果内审

在成果报审前进行深化设计成果的内审，自审包括模型项目基准、构件几何与非几何信息、构件碰撞、模型计量、模型规范性等内容，同时完成深化设计成果自审报告，并确认关联标段间的边界（包括接口和碰撞）。

2）成果外审

通过项目管理平台上传深化设计模型（经过整合的相关模型）、深化设计二维图纸、构件明细表、《构件数据变动对比表》、本标段内审报告（含校审卡）、关联标段及转运中心工程标段间的边界审查确认签字文件等成果，并发起审核流程，由设计、监理单位、BIM 咨询、造价咨询顾问审核，建设单位审批。

转运中心工程标段众多，标段间的边界确认是深化设计工作的重要组成部分，主楼作为其中最大标段，不仅需进行标段内部的边界确认工作，同时还作为二级审核牵头单位，负责转运中心工程内的模型整合和边界联审工作，主要职责内容如表 2-3 所示。

转运中心边界确认各方职责

表 2-3

审核层级	工作内容	主责	配合	审核资料	备注
Ⅰ级审核	本标段内审及关联标段边界确认	转运中心主楼总承包	关联标段	本标段《自审报告》《边界确认文件》（关联标段审查确认签字）和经过整合的相关模型	关联标段包含转运中心指廊、灯光、弱电、综合管廊等
Ⅱ级审核	空侧／陆侧／分拣设备整体整合	转运中心主楼总承包	关联标段	《边界确认文件》	

（4）深化设计成果应用

1）施工组织设计模拟

基于深化设计模型和深化设计图纸、施工组织设计文档等，将工序安排、资源配置和施工场地布置（包含生活区及办公区临时设施、生产加工区、施工机械及机具、材料堆场、临时道路、水电管线、安全文明施工设施等内容）等信息与模型关联，输出施工进度、资源配置等计划，进行施工组织设计模拟，验证施工组织设计的合理性，同时在项目管理平台上传交付施工组织设计模拟视频文件。

2）施工工艺模拟

对于新工艺以及重难点部位的施工工艺，或施工过程中的重点工艺，基于深化设计模型和深化图纸、施工组织设计文档，将施工工艺信息与模型关联，输出资源配置计划、施工进度计划等，进行施工工艺模拟，验证施工工艺的合理性，便于交底工作的开展，同时在项目管理平台上传施工工艺模拟视频文件等。

3）净高控制

分析、复核建筑物净高，通过管路的综合排布和碰撞检查等手段优化建筑物的所有房间、过道和地下室等的净高。

2. 施工实施阶段

若无设计变更，则原施工准备阶段深化模型及图纸即为施工实施阶段模型与图纸；若在施工实施过程中，建设单位提出新的功能要求，并下达相应的设计变更指令，由监理单位转发相关指令至施工总承包单位后，由施工总承包单位根据设计变更指令对已完成的深化设计成果进行模型变更等工作，并将完成的设计变更成果通过项目管理平台提交四方审核，其中审查单位重点对设计变更模型变更部分以及构件数据变动表进行重点核查，审核通过后，相关深化设计变更成果即为施工阶段深化成果。

以深化设计模型、施工组织设计模拟和施工工艺模拟视频等辅助深化设计图纸对施工班组进行施工交底。基于 BIM 深化设计模型,导出相应的加工数据信息,并保证加工数据信息的准确性(例如,钢筋下料单、钢结构加工单等),开展构件数字化加工。

3. 竣工交付阶段

(1)竣工成果审核

除传统项目所要求的各单位工程验收合格及资料完整外,还应提交 BIM 成果审核,并且在工程验收前在工程项目管理平台发起竣工申请,同时需保证竣工模型、竣工图纸和实体项目的一致性。竣工成果由监理和 BIM 咨询顾问等单位审核,审核通过后,才能发起竣工验收流程。对竣工模型的具体要求如下:

1)竣工模型应包含各专业模型源文件及整合后模型,并附有模型使用说明文档;

2)信息完整、准确无误,并已经删除冗余信息;

3)模型构件的颜色设置符合技术要求,统一规范;

4)施工措施模型应单独存储,不在竣工模型交付范围内;

5)竣工模型应包括重要的施工资料、施工深化设计、设计变更、工程洽商及设备信息,并保证与现场一致;

6)竣工模型应挂接材料设备施工单位、品牌、规格、生产厂家、维保周期、使用年限、验收时间等信息,信息应具有开放性,需满足运营需求。

(2)竣工成果移交

工程验收后,完成相关深化设计成果的移交工作,内容包括但不限于竣工模型、竣工模型视图、竣工模型构件实例属性表、竣工结算工程量清单、竣工轻量化模型以及资源库(族、样板文件、模板库、构件库等)、模型与图纸和实物的核对报告等。

2.3.2　质量管理

1. 施工准备阶段

(1)工序表单配置与报审

根据《建筑工程施工质量验收统一标准》GB 50300—2013,将规模较大的建筑工程施工质量验收划分为单位工程、分部工程、子分部工程、分项工程、检验批,确定质量验评基本对象为检验批,结合施工工艺确定验评工序指标内容,配置相应的电子表单,验评工序及指标梳理完成后,录入质量验评平台,创建工序指标库,提交监理单位审批。

(2)模型轻量化与检验批划分

对深化设计模型进行轻量化处理,在减少模型内存大小的同时无损保持模型构件中的各类属性信息,同时保证文件格式具有较强的兼容性。BIM 深化模型轻量化完成后,根据既定的检验批划分原则及现场施工部署,对轻量化模型进行检验批划分,完成模型构件与检验批的挂接工作,并根据验评工序表单配置对应的验评工序及指标，完成验评准备工作。

（3）材料进场验收

材料进场验收所有相关资料均需上传平台进行报审、归档，并挂接至轻量化模型中，保证过程资料真实留痕且可溯源，主要资料包含材料质量合格证明文件、检测报告、厂家营业执照以及监理现场验收照片等内容。工程所用的原材料、半成品或成品构件等应有出厂合格证和材质报告单，其中进场材料若需作材质复试，项目试验员按规定的取样方法，在建设单位或监理工程师的见证下送至试验室进行试验。

（4）数字施工设备购置及方案编制

针对项目数字施工的应用目标，购置相关设备与系统。如大型机械施工的数字化监控系统，深基坑变形监测中的各类传感器以及数据集成分析系统，同时针对项目实施特点制定相应的实施监控、监测方案，相应数据接入数字工地平台，保证实施阶段数字施工的顺利进行。

2. 施工实施阶段

项目部巡检人员在巡检过程中利用项目管理平台，根据规范要求对检验批进行抽样检查，通过移动端实时记录质量问题，现场填报并附加定位，同时上传检查照片。流程流转至相关负责人处理，并上传整改后照片，同时照片均附加上传人员信息水印，记录审核人的操作信息，全程在线上进行，自动生成各类电子化表单，为施工管理提供准确的决策依据，同时为项目竣工验收保留真正可溯源的质量管理记录。采用自动化监测、传感器自动化数据采集等多种技术手段，通过数字工地平台对相应的采集数据进行处理分析，进行重点工程数字化质量管控。

3. 竣工验收阶段

分包单位对其承包的工程项目进行自检，按规定程序进行验收，验收时，施工总承包单位应派人参加。分包单位应将所分包工程的质量控制资料整理完整，并在平台归档备案后，移交给总承包单位。总监理工程师组织各专业监理工程师对工程质量进行竣工预验收，预验收通过后，于平台提交相应的预验收资料；由施工总承包单位基于项目管理平台向建设单位提交工程竣工报告，提交完整的质量控制资料以及各分部工程中有关安全、节能、环境保护和主要使用功能的检验资料，申请工程竣工验收。

2.3.3 造价管理

1. 施工准备阶段

深化设计时，各专业应根据既定的信息总表要求进行建模深化，完成包含模型结构、构件命名、设计属性在内的各类模型属性的赋值以及全编码刷取工作。同时主动复核信息总表库中构件类型，如遇新增类型构件，则应基于相应的总表规则在系统上发起扩库申请，完成总表维护工作[①]。在

---

① 造价管理相关实施流程详见第8章数字造价管理。

深化阶段完成构件信息总表相关属性维护的基础上，进行各类构件造价属性信息的维护，主要根据花湖机场计量计价规则及合同要求，对清单前 9 位项目编码、清单项目特征以及模型出量方式进行确定。

2. 施工实施阶段

施工实施阶段造价管理主要基于 BIM 开展计量支付工作，为了保证所有构件类别均能准确实现清单挂接，需在线上平台的标段子库中确定清单 12 位项目编码中的后 3 位以及库中的造价属性值，同时针对现有清单项无法覆盖部分构件的情况，主动进行新增构件标段子库工作，根据标段合同清单确定后 3 位项目编码、出量方式、出量属性等字段，提交造价咨询与建设单位审核。在对应检验批通过验评的基础上，通过规则触发、工程量核对以及数据推送，发起中间计量支付流程，完成基于 BIM 的计量计价工作。

3. 竣工结算阶段

在施工实施阶段造价管理应用模型的基础上，竣工结算阶段，根据设计变更文件和结算材料，附加竣工结算相关信息，按照结算需要的竣工资料、合同、规范等进行施工实施模型的深化与调整，形成竣工结算模型，同时保证竣工模型与现场实际工程的一致性，并利用此模型进行竣工结算的工程量计算，完成竣工结算工程量报表。

2.3.4　进度管理

在进度管理中，充分发挥 BIM 技术可视化、信息化的优势，将已有的进度计划与轻量化模型有机地结合起来，同时利用既有模型中涵盖的大量建筑信息，如施工区域、构造做法、材质、工程量等，通过三维展现的方式帮助项目管理人员验证当前计划的合理性，发现问题并对二维计划作出相应优化。转运中心主楼工程应用 BIM 技术辅助进度管理主要可分为以下几个方面：

（1）在制订施工进度计划时，通过导入数据源的方式，将初定的进度计划与三维模型构件元素进行关联附着，对进度计划进行可视化模拟分析，调整优化现有进度计划；

（2）在进度计划实施与监测时，对实际进度的原始数据进行收集、整理、统计和分析，并将实际进度信息附加或关联到进度管理模型，应用模型进行实际进度和计划进度的跟踪对比，完成进度预警和偏差分析，协助措施决策；

（3）在进度计划调整时，基于进度计划检查结果，通过调整关键工作、改变某些工作间的逻辑关系、重新编制剩余工作进度计划等方法，编制调整方案，将新计划与进度管理模型关联，并对重点工作进行突出展示。

2.3.5　安全管理

在安全管理中，基于深化设计模型，附加或关联安全生产或防护设施、安全检查、风险源、事故信息，并基于模型、可视化监控、自动化监测系统进行安全技术措施方案的编制、安全隐患和事故的处理、安全问题的分析。转运中心主楼工程应用数字技术辅助安全管理主要可分为以下几个方面：

（1）在制订安全技术措施计划时，使用模型辅助识别风险源，进行安全技术交底，并将安全交底记录附加或关联到相关模型中；

（2）在处理安全隐患和事故时，使用模型制定相应的整改措施，并将安全隐患整改信息附加或关联到相关模型元素中；当安全事故发生时，宜将事故调查报告及处理决定附加或关联到相关模型元素中；

（3）在分析安全问题时，利用模型按部位、时间等维度对安全信息和问题进行汇总和展示；

（4）充分利用各种大型设备可视化监控以及自动化监测系统，针对塔式起重机吊装（在施工现场也称为塔吊）、施工升降机运输、基坑变形监测等施工重点进行数字化分析，并进行相关危险源全天候不间断预警。

2.4 数字建造保障措施

2.4.1 制度保障

科学合理的制度是项目管理的保障，从转运中心主楼数字建造的总体目标出发，项目在前期策划阶段便制定了各种保障实施过程中数字施工的制度，主要可分为深化成果审核制度、例会制度、项目管理平台制度、数字工地平台管理制度，制度保障主要内容如表2-4所示。

制度保障 表 2-4

序号	分类	主要内容
1	深化成果审核制度	（1）基于设计阶段成果，施工单位开展深化设计工作，并组织成果内审，重点审查深化内容是否符合工程实际要求； （2）内审后交由设计、监理、BIM咨询、造价等单位进行综合会审，施工单位根据审核意见修改相关内容； （3）通过综合会审后，完成综合会签并存档
2	例会制度	（1）定期参与含建设、设计、监理等单位在内的成果审核会议，同时根据相关问题进行改进； （2）根据现场施工以及模型深化进度定期参与各标段间的BIM协调会，及时解决标段间碰撞优化问题； （3）定期召开内部协调会，组织标段内部专业间施工组织协调等问题
3	项目管理平台制度	（1）设计图纸接收、深化设计成果报批、审核等全过程设计管理、模型管理在项目管理平台进行； （2）模型轻量化、检验批划分、质量验评、质量巡检、质检资料接收等质量管理工作在项目管理平台进行； （3）造价推送、中间计量发起等造价管理工作在项目管理平台进行； （4）项目进度水平、里程碑计划、一级网络、二级网络计划制订与跟踪等进度管理在项目管理平台进行； （5）施工现场的不安全环境因素、实时追踪现场作业人员的不安全作业行为、预测不安全因素并对不安全信息进行流转与预警等安全管理在项目管理平台进行

序号	分类	主要内容
4	数字工地平台制度	（1）应用现代测绘技术、电子信息技术、设备传感技术等新技术对地基处理、基坑支护、桩基础等重点工程进行数字化监控； （2）应用智能门禁、智能安全帽等智能设备，对工区大门、生活区、高空作业设备区域的人员、工程车辆出入进行实时登记，对各种物料进场复试检验与管理； （3）对施工现场各大型机械设备以及重点监管区域分别布置监测设备，同时设立安装气象环境系统，构建立体化的远程实时监控、监测体系，并根据设定阈值实现多等级预警通知

2.4.2　人员保障

转运中心主楼工程数字建造与管理应用范围涉及施工准备、施工实施、竣工交付等阶段，内容涵盖 BIM 深化模型创建、整合及协同、模型补充、拆分及细化优化、基于深化成果的按模及按图施工、基于 BIM 的质量验评与计量计价、基于可视化监控与自动化监测系统的数字化施工等，为满足上述任务要求，施工总承包方成立了专门的数字建造与管理的工作实施团队。

转运中心主楼工程实施人员包括项目领导班子成员、集团技术中心开发工程师、各专业 BIM 深化设计人员、平台协同 BIM 工程师、技术培训 BIM 工程师、业务条线专业技术工程师、质量工程师、商务工程师、数字监控与监测设备工程师等，各岗位人员均具备丰富的数字建造实施经验，保证人员能力与岗位相匹配。

根据工作要求和实际情况，由项目技术负责人统筹数字建造技术实施的日常工作，数字建造实施工作团队中除提供二次开发技术支持的集团技术中心开发工程师以外，其余人员均驻场开展工作，信息总监、平台协同 BIM 工程师、线上质量工程师、商务工程师、数字设备工程师等则作为各个线上平台的实施主体，保障数字化实施平台在项目管理团队中顺利使用，并从使用和需求端对实际应用提出意见和建议，实施团队的岗位划分及人员配置如表 2-5 所示。

数字建造岗位划分及主要工作内容　　　　表 2-5

序号	岗位名称	数字建造工作内容	人数
1	项目经理	负责与各参建方沟通、协调，负责数字建造实施所需资源的调配	1
2	项目技术负责人	牵头完成数字建造实施方案的编制，负责数字建造工作的总体安排和进度把控	1
3	信息总监	负责数字建造过程中各类数据的流畅运转，负责项目管理平台的应用与管理	1
4	项目生产经理	负责深化设计成果的现场落实，负责工程质量、安全、进度等业务流程的运行	2
5	BIM 负责人	BIM 深化设计与实施等工作的安排和落实，具体工作的沟通协调	1
6	管理层人员小计	—	6

续表

序号	岗位名称	数字建造工作内容	人数
7	集团技术中心开发工程师	为项目快速深化建模提供二次开发支持	3
8	建筑 BIM 工程师	负责本专业设计模型审查、深化设计、模型应用以及模型信息的完善、扩展，新建族及族文件命名	5
9	结构 BIM 工程师		5
10	给水排水 BIM 工程师		4
11	电气 BIM 工程师		4
12	暖通 BIM 工程师		4
13	技术培训/技术成果 BIM 工程师	负责合同 BIM 条款培训、交底，BIM 实施约束性文件交底，团队内 BIM 技术应用培训及技术成果的总结	2
14	平台协同 BIM 工程师	辅助系统研发单位完成各类施工管理平台的开发（流程、表单方面），并负责相关平台的应用	4
15	幕墙 BIM 工程师	负责本专业设计模型审查、深化设计、模型应用以及模型信息的完善、扩展，新建族及族文件命名	5
16	钢结构 BIM 工程师		5
17	装饰装修 BIM 工程师		5
18	机电（专业设备）BIM 工程师		8
19	消防 BIM 工程师		2
20	BIM 深化设计人员小计	—	56
21	商务工程师	负责全专业模型与图纸的核对，于线上平台添加对应的工程量清单编码，工程量清单核查，计量支付流程的发起	5
22	线上质量工程师	负责各自专业模型的轻量化、检验批的划分以及相应工序表单的填写与申请	5
23	数字设备工程师	负责可视化视频监控、相关自动化监测设备、智能安全帽等数字化设备的选择、安装、数据分析与处理	3
24	人员合计	—	69

2.4.3 设备保障

为充分保障转运中心主楼工程数字建造的正常进行，项目部根据项目实施特点配置相应的硬件设备和系统，其主要配置的各类硬件与系统功能情况如表 2-6 所示。

数字建造主要硬件及系统配置　　　　　　　　　　　　　　　表 2-6

序号	项目	设备或系统名称	设备功能及说明
1	数字深化与交底技术	戴尔工作站（Precision T7920）	全场、全专业模型整合与碰撞检测，输出三维场布效果图、设计方案漫游、进度计划模拟视频等
		戴尔工作站（Precision T3650）	各专业深化设计模型创建、深化图纸输出，内部专业间方案优化
		华为平板电脑（M6）	轻量化模型与深化图纸查看，以及现场按模施工的交底工作

续表

序号	项目	设备或系统名称	设备功能及说明
2	桩基数字监控技术	角度传感器（WH-WTS）	测量相对于水平面的倾角变化量，以此监测桩身垂直度，通过控制终端对以上数据进行采集、处理和展示
		深度传感器（WH-WSL）	监测施工过程中桩基的贯入深度及标高，结合卫星定位及电流互感器的数据判断终孔电流与深度
3	深基坑安全监测技术	静力水准仪（WH-HSL）	测量支护结构顶部各个测点的相对沉降位移
		无线位移计（WH-WDS）	测量支护结构顶部各个测点的相对水平位移
		固定式测斜仪（WH-IFI）	测量基坑土体深层各个测点的相对水平位移
		测缝计（WH-CDD）	测量支护结构裂缝及变形情况
4	数字施工技术	三维激光扫描仪（天宝 Trimble SX10）	快速复建出被测目标毫米级的三维模型，获取线、面、体等各种图形数据，与 BIM 对比分析验证现场施工精度
		BIM 放样机器人（iCON robot60）	将 BIM 中的数据转变成施工现场精确点位，通过放样机器人进行施工放线
		墙面抹灰机器人（KSM-MH5）	由施工人员保证抹灰浆料的供应，BIM 数据引导，导航仪自动扫描并机器人设置基准工作面，进行墙面自动抹灰工作
		激光整平机（S-22E）	全自动控制混凝土摊铺、压实、整平等工作
		全自动数控套丝机（ZBPTS-50A）	通过数字化智能控制系统，自动控制螺纹长度及深度，保证标准部品质量
		电缆自动输送输机（DSJ-180）	长、大体量电缆的自动输送以及自动化敷设
		智能漏水检测仪（普奇 -L2000）	自动识别并过滤环境噪声，对埋地管道进行定位和测漏
5	数字加工技术	数控三维切割机（ZLTCP-800X）	成品管材的切割，在立体钢构件上的任意一个面进行加工，无需人工进行翻面或调转角度等操作
		焊接机器人（ER6-1400）	通过重复编程的自动控制操作机，利用自动机械臂进行连接件的加工、焊接
		全自动激光切割机（MFMC 12000）	通过软件自动排版，在预定的切割区域快速加工出理想的构件形状
6	智慧工地技术	智能门禁系统	含人员闸机、人脸识别设备、防疫测温设备等，施工人员考勤管理，即时检测人员体温，异常时发出报警
		智能安全帽（Glodon）	人员现场定位、活动轨迹记录，为项目管理提供大数据分析
		视频监控系统	对工地各区域施工情况进行全天候的实时监控，进行区域入侵报警、越界报警等
		施工电梯监控系统	显示升降机运行工况，发生超载、前后门异常、超出上下极限限位等情况时自动报警
		履带吊管理系统	采集原车通信数据并实时存储，外置传感器、定位器信号采集等功能，实现历史数据记录及各功能部件的工作时间统计功能
		车辆管理系统	加装监控和 GPS 定位，将运输车辆的信息进行实时监控与分析
		环境管理系统	实时监测 PM2.5 等扬尘数据，噪声数据，扬尘超标自动开启喷淋系统，噪声超标则自动报警
		无人机航测设备（大疆 PHANTOM 4PRO V2.0）	进行大体量工程长度、面积、体积以及构件数的统计，辅助现场相关部位的结算，直观展现实际施工进度

2.5　本章小结

　　数字建造策划是施工管理活动中的一个重要组成部分，策划的成功与否直接影响项目后续所能创造的社会经济效益。本章介绍了转运中心主楼工程数字建造的总体目标与实施原则，同时为保证项目数字建造与管理目标的顺利实现，作出了以下几点策划：

　　（1）介绍转运中心主楼工程数字建造与管理实施过程中涉及的各个关联方，明确施工总承包方为数字建造施工管理与生产实施的主体，重点阐述施工总承包方的机构设置及其相应职责详解。

　　（2）将数字建造全过程划分为深化设计、质量、造价、进度和安全五大管理目标，并对各目标进行详细分解与规划。深化设计管理主要为深化设计成果创建、审核与应用，形成后续 BIM 正向实施过程中的唯一数据源；质量管理以基于 BIM 的质量验评以及数字工地等多位一体的技术为手段，保证现场的施工质量；造价管理则基于高精度的深化模型，通过构件全编码、设计属性与项目编码于平台实现准确挂接，进行自动计量计价工作；进度与安全管理则充分发挥 BIM 技术信息化、可视化等特点，辅助相应工作的开展。

　　（3）从制度、人员、设备三大方面制定相应的保障措施，其中制度为数字施工与管理的基础依据，指导着相应工作的正确与顺利实施；人员为数字建造与管理的实施主体，明确的岗位分工与人员配置是施工作业的前提；设备是数字建造的基本硬件条件，合理的设备配置可有效保证现场施工的质量、安全和工期。

第3章 数字建造标准与实施

3.1 概述

BIM 作为工程领域中重要的数据载体，亦是数字建造技术中的核心组成部分，其工程信息具有数据源广泛、动态更新、数据结构多样性等特点。然而，目前行业内暂无统一的 BIM 实施标准体系，且由于工程项目的特殊性，参建各方的应用目标各不相同，使得数据在项目全生命周期内无法顺畅流转，由此导致 BIM 数据的异构和信息孤岛问题，而导致各参建方也无法快速获取自身所需的信息。为了更好地创造 BIM 技术在工程建设过程中的社会经济效益，确保 BIM 技术在项目设计、施工、造价、竣工交付等方面的实施效果，项目于前期启动阶段，在参考国内外众多 BIM 标准以及分析目前国内 BIM 应用现状的前提下，结合工程项目特点，制定本工程 BIM 实施技术标准，将 BIM 中的各类信息基于同一数据标准下进行表达与管理。BIM 实施技术标准主要包括软件选用标准、BIM 信息分类及编码标准、BIM 管理标准和 BIM 实施精度标准。

3.2 软件选用标准与实施

3.2.1 软件选用原则

本节所述的 BIM 软件是指：以建筑信息模型应用为目的，具有信息交换和共享能力，已经有一定应用范围和市场影响力，在转运中心主楼工程 BIM 实施关联方有一定应用基础的 BIM 软件，同时综合考虑工程全生命期的 BIM 和应用。

结合工程特点，在选择 BIM 相关软件时，主要遵循以下原则：

（1）综合考虑工程的长期发展目标、BIM 整体实施步骤和方法以及项目近期 BIM 实施的需求；

（2）BIM 软件需遵循共同的数据交换标准，在工程全生命期内可实现数据、模型、应用等不同层面的交换和操作；

（3）BIM 软件的数据格式标准兼容且成果可整合互用；

（4）满足工程范围广、模型容量大等特点；

（5）市场占有率靠前、用户基础好；

（6）软件操作简便、用户界面人性化；

（7）考虑到同一款 BIM 软件不同版本可能存在数据流转问题，所以在项目前期对于特定的软件（如 Revit 等）必须明确本工程所使用的软件版本；

（8）BIM 软件应为市场上技术成熟、采购服务供应充分且供应商生命周期长的软件。

3.2.2 建模软件

核心建模软件的选择应满足工程各专业建模、出图、专业间协同设计及模型整合的需要，同时满足质量验评和计量支付的需要，结合既定的软件选型范围及版本要求，项目团队选取的核心建模软件如表 3-1 所示。

建模软件选用表 表 3-1

编号	专业	类型	软件	软件公司名称
1	建筑与装修专业	常规建模	Autodesk Revit	Autodesk 公司
2	结构专业	常规建模	Autodesk Revit	Autodesk 公司
		钢筋建模	Autodesk Revit	Autodesk 公司
		钢结构建模	Autodesk Revit	Autodesk 公司
			Tekla Structures	Trimble 公司
3	幕墙专业	常规建模	Autodesk Revit	Autodesk 公司
			Rhino	McNeel 公司
4	机电专业	常规建模	Autodesk Revit	Autodesk 公司

除了对于核心建模软件的选择，为满足项目实际推进需求，提高模型创建效率，项目团队通过自研开发，引进高效建模插件，建模插件如表 3-2 所示。

建模插件选用表 表 3-2

编号	插件	主要功能	软件来源
1	中天 TTR 插件	Tekla 与 Revit 构件无损转换族构件信息批量修改	自研
2	中天企业族库	族构件管理、下载及调用	自研
3	中天建筑支吊架布置系统 V1.0	建筑给水排水、消防、供暖、通风、空调、燃气、热力、电力等工程支吊架的快速布置	自研
4	基于 Revit 软件的钢筋批量建模系统 V1.0	钢筋构件的快速批量建模	自研

3.2.3 应用软件

应用软件应满足 BIM 相关成果输出的要求，与核心建模软件具备良好的软件接口，使图形及数据在软件间可以达到无损传递。结合建设单位给定的软件选型范围及版本要求，项目团队选取的应用软件如表 3-3 所示。

应用软件选用表　　　　　　　　　　　　　　　　　表 3-3

编号	软件	应用内容	软件公司名称
1	Autodesk Revit	明细表应用 建筑、结构、机电专业深化设计 三维模型设计交底 二维切图	Autodesk 公司
2	Autodesk Navisworks	碰撞分析 施工方案模拟 净高优化	Autodesk 公司
3	Tekla Structures	钢结构深化设计	Trimble 公司
4	三维可视化技术交底系统 V1.0	基于 BIM 的现场可视化交底	自研
5	红瓦协同大师	模型协同管理	红瓦科技
6	BimET	赋予模型构件唯一识别码 编码校验 模型构件属性绑定	中国建筑标准设计研究院
7	风管管件面积计算	计算风管面积	联合研发

3.3　BIM 信息分类及编码标准与实施

3.3.1　项目分类编码

1. 编码目的

在花湖机场项目中，为保证模型构件的唯一性与可识别性，进行工程全生命周期信息的交换与共享，赋予 BIM 构件唯一识别码，同时充分考虑编码的迭代优化，预留字段，满足建设单位关于后期运维管理的需求，实现基于 BIM 的项目管理应用。

2. 编码对象

分类和编码对象为花湖机场项目 BIM 中的所有构件。

3. 编码方法

本标准采用面分法和线分法混合的分类法对 BIM 构件进行分类。

机场项目模型构件编码由项目管理属性代码组、设计管理属性代码组、构件管理属性代码组、构件实例属性代码组四个代码组构成。每个代码组内分类如下：

（1）"项目管理属性代码组"由项目代码、单项工程代码、单位工程代码、子单位工程代码顺次组成，每个代码均采用 2 位数字表示；

（2）"设计管理属性代码组"由阶段代码、专业代码、子专业代码、二级子专业代码顺次组成，每个代码均采用 2 位数字表示；

（3）"构件管理属性代码组"由构件类别代码、构件子类别代码、构件类型代码顺次组成，其中构件类别代码采用 2 位数字表示，构件子类别代码、构件类型代码采用 4 位数字表示；

（4）"构件实例属性代码组"由构件实例代码组成，采用 10 位数字表示。

不同组代码之间用半角下划线 "_" 连接；

同一组代码中，相邻层级代码之间用英文字符 "." 隔开。

本项目模型构件编码结构如图 3-1 所示。

项目管理代码组	设计管理属性代码组	构件管理属性代码组	构件实例属性代码组
项目代码.单项工程代码. 单位工程代码.子单位工程代码	阶段代码.专业代码. 子专业代码.二级子专业代码	构件类别代码.构件子类别代码. 构件类型代码	构件实例代码

图 3-1 模型构件编码结构

模型构件编码实例如表 3-4 所示。

模型构件编码实例   表 3-4

组别	项目管理属性				设计管理属性				构件管理属性			构件实例属性
代码类别	项目	单项工程	单位工程	子单位工程	阶段	专业	子专业	二级子专业	构件类别	构件子类别	构件类型	构件实例
代码位数	××	××	××	××	××	××	××	××	××	××	××××	××××××××××
代码范围	01-99	01-99	01-99	01-99	01-99	01-99	01-99	01-99	01-99	0001-9999	0001-9999	0000000001-9999999999
代码示意	01	01	01	01	04	02	06	01	01	0030	0001	0000000001
编码示例	01.01.01.01_04.02.06.01_01.0030.0001_0000000001											
示例说明	湖北国际物流核心枢纽项目.鄂州花湖机场转运中心工程.转运中心.转运中心_施工准备阶段.建筑专业.门窗工程.门_木门.单扇木门.M0921_单扇木门-0921-1											

3.3.2 工程代码

1. 项目代码

本标准只涉及"湖北国际物流核心枢纽项目"，项目数字代码使用 2 个字符"01"表示，英文代码为"EHE"。

2. 单项工程代码

代表"湖北国际物流核心枢纽项目"中不同的单项工程，数字代码使用 2 个字符表示。各单项工程代码如表 3-5 所示。

单项工程代码　　　　　　　　　　　　　　　　　　　　表 3-5

单项工程	代码（数字）	代码（英文）
鄂州花湖机场转运中心工程	01	TC
鄂州花湖机场民航工程	02	AC
……	……	……

3. 单位、子单位工程代码

单位工程代码代表不同单项工程中的不同单位工程，使用 2 个字符表示；子单位工程代码代表不同单位工程中的不同子单位工程，同样使用 2 个字符表示。花湖机场单项工程较多，本书数字建造实施的工程主体为转运中心主楼工程，由此仅对转运中心工程单位及子单位工程代码进行阐述。单位及子单位工程代码如表 3-6 所示。

单位及子单位工程代码　　　　　　　　　　　　　　表 3-6

单位工程	单位工程代码	子单位工程	子单位工程代码
转运中心	01	转运中心	01
		机组楼	02
		航材库	03
综合业务楼	02	综合业务楼	01
……	……	……	……

4. 阶段代码

代表建设工程的各个阶段，数字代码使用 2 个字符表示，阶段代码如表 3-7 所示。

阶段代码　　　　　　　　　　　　　　　　　　　　　表 3-7

阶段	代码（数字）	代码（英文）
方案设计	01	SD
初步设计	02	PD
施工图设计	03	CD
施工准备	04	CP
施工实施	05	CI
竣工	06	CA

5. 专业、子专业、二级子专业代码

专业代码代表建设工程的各个专业，数字代码使用 2 个字符表示，专业代码如表 3-8 所示。子专业代码代表不同专业中的子专业，同时也可以表示不同系统中的子系统，数字代码使用 2 个字

符表示；二级子专业代码代表不同子专业中的二级子专业，使用 2 个字符表示，若子专业不进行拆分，二级子专业即为子专业本身，数字代码值为 01。

专业代码 表 3-8

专业	代码（数字）	代码（英文）
总图	01	G
建筑	02	A
结构	03	S
给水排水	04	P
暖通	05	M
电气	06	E
智能化	07	T
内装	08	I
幕墙	09	CW
景观	10	L
标识	11	SE
设备工艺	12	EQ
……	……	……

6. 构件类别、子类别、类型代码

构件类别代码代表不同的构件类别，使用 2 个字符表示；子类别代码代表不同构件类别中的构件子类别，使用 4 个字符表示；类型代码代表不同构件子类别中的构件类型，使用 4 个字符表示。构件类别、子类别、类型字段命名应综合考虑传统构件命名习惯以及设计阶段图纸的构件命名规则。

3.3.3 编码生成与维护

1. 编码生成

建筑信息模型中模型构件的分类和编码应先建立完善的构件分类编码数据库，应用基于相应 BIM 软件的构件编码插件，借助信息化的手段进行自动编码、编码审核以及编码查询等。

扩展模型结构分类和编码时，前一版本中已规定的类目和编码应保持不变，包括已规定的项目、单项工程、单位工程、子单位工程、阶段、专业、子专业、二级子专业、构件类别、构件子类别、构件类型等。

2. 编码维护

根据工程中的设计要求及实际情况，进行各专业模型结构层级的调整与完善，提交 BIM 咨询、造价咨询等关联方审核，形成统一的模型结构分类编码表。

通过项目管理平台数据库模块进行编码的管理与维护，属性信息表入库时将进行校验，属性信息表中的各专业模型结构层级与本标准中已规定的层级相同时，将根据已规定的各层级编码进行赋值；新增的结构层级，将根据添加或上传至数据库的顺序在已有的层级编码基础上按顺序继续编码，保证各层级代码在相应的上述结构层级下唯一。最终通过数据库形成统一的模型结构分类编码表，实现对本工程中入库的所有构件进行编码管理。

模型结构各层级的代码如有调整，需统一调整，各关联方应配合进行各层级代码的调整，保证模型构件编码的整体协调性。分类和编码扩展应基于现有模型结构分类框架进行扩展。

3.3.4　实施案例

除对工程 BIM 构件进行标准化命名及管理外，BIM 构件字段与编码赋值在后续造价管理中起到十分重要的作用。转运中心主楼工程基于 BIM 开展计量支付工作，既定的工程量计算以及计价规则中，明确泥浆护壁成孔灌注桩按图纸示意尺寸长度计算，包括桩尖与嵌固长度，而桩内钢筋笼不另行计算。然而，现有的构件编码数据库中暂未对桩内钢筋作出区分，其构件管理属性中构件类别字段为"钢筋"，与其他基础钢筋一致，在后续造价管理过程中，平台基于同类别构件的检验批发起计量支付，极易出现将桩内钢筋与其余基础结构钢筋共同计量，桩内钢筋重复计算的情况，导致建设单位项目投资额增加。由此主楼工程主动对桩基础钢筋与其余基础结构钢筋做编码字段区分优化，将其构件类别改为"钢筋笼钢筋"，如图 3-2 所示。令其映射至空白清单项，实现计量支付过程中构件的快速区分，满足准确挂接清单的要求。

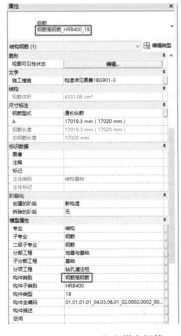

（a）纵向钢筋　　　　　　　　　　　　　　　　（b）箍筋

图 3-2　桩基钢筋编码字段优化

3.4 BIM 管理标准与实施

3.4.1 项目文件管理

在转运中心主楼工程 BIM 正向实施过程中，应用项目管理平台对各类 BIM 文件进行管理，主要分为知识管理文件、项目管理文件和共享文件三大类，同时对各类文件制定统一的命名规则，储存在相应的平台文件夹目录中，项目文件分类如表 3-9 所示。

项目文件分类   表 3-9

序号	文件类型	文件子类型	备注
1	知识管理文件	技术标准、管理规范和资源库等	可供使用的资源
2	项目管理文件	总体文件、前期资料、设计文件、施工文件、竣工文件、运维文件和归档文件等	—
3	共享文件	机场工程各标段间的提资需求与模型、图纸文件	用于标段间的模型整合工作

平台文件夹目录结构如图 3-3 所示，项目管理文件夹目录结构如图 3-4 所示。

```
▲ 🗁 CMP文档
  ▲ 🗁 01知识管理文件
      🗁 01技术标准
      🗁 02管理标准
      🗁 03资源库
  ▲ 🗁 02项目管理文件
    ▲ 🗁 01湖北国际物流核心枢纽项目
        🗁 01转运中心工程
        🗁 02顺丰航空基地工程
        🗁 03供油工程
      ▸ 🗁 04机场工程
  ▲ 🗁 03共享文件
    ▲ 🗁 01 CMP共享文件
        🗁 01安装包
    ▲ 🗁 02 模型共享
      ▲ 🗁 01 转运中心
        ▸ 🗁 03主楼标段提资
        ▸ 🗁 07精装设计
        ▸ 🗁 08关务
          🗁 09BIM咨询
          🗁 10北京安普
        ▸ 🗁 11中建四局
        ▸ 🗁 12中铁建设
        ▸ 🗁 13顺丰蒂森电梯
        ▸ 🗁 14顺丰富士电梯
          🗁 15宿舍楼蒂森电梯
          🗁 17转运中心光伏-中建三局
      ▲ 🗁 02机场工程
        ▸ 🗁 01管廊向转运中心提资
```

图 3-3 平台文件夹目录结构

```
▲ 🗁 CMP文档
  ▲ 🗁 02项目管理文件
    ▲ 🗁 01湖北国际物流核心枢纽项目
      ▲ 🗁 01转运中心工程
        ▲ 🗁 03设计文件#
          ▲ 🗁 03转运中心
            ▸ 🗁 07设计共享文件
        ▲ 🗁 04施工文件
          ▲ 🗁 02主楼标段
            ▲ 🗁 01主楼施工方
              ▲ 🗁 01土方深化模型
                  🗁 A2、A3、A4区土方开挖及回填深化模型
                  🗁 A1、A5、A6区土方开挖及回填深化模型
              ▸ 🗁 02桩基结构深化模型
              ▲ 🗁 03地坪板结构深化模型
                  🗁 A1区地坪板结构深化模型
                  🗁 A2区地坪板结构深化模型
                  🗁 A3区地坪板结构深化模型
                  🗁 A4区地坪板结构深化模型
                  🗁 A5区地坪板结构深化模型
                  🗁 A6区地坪板结构深化模型
                  🗁 A1-A6区地坪板结构深化模型（计量）
              ▸ 🗁 04基坑支护结构深化模型
              ▸ 🗁 05逃生通道深化模型
              ▸ 🗁 06地坪板建筑、装饰及防水深化模型
              ▸ 🗁 07地上钢框架结构深化模型
              ▸ 🗁 08钢筋桁架楼承板结构深化模型
              ▸ 🗁 09建筑装饰深化模型
              ▸ 🗁 10机电安装深化模型
              ▸ 🗁 11幕墙深化模型
              ▸ 🗁 12金属屋面深化模型
```

图 3-4 项目管理文件夹目录结构

1. 文件总体命名规则

BIM 文件总体命名规则与建模规则、项目数据管理、协同工作流程和最终交付成果等密切相关。统一、规范的命名规则，将极大地提高工作效率和成果质量。

文件命名应使用简明的词组，便于识别、存储和检索。其基本原则如下：

（1）BIM 命名应综合考虑以下各种因素，合理命名。

1）项目、子项、专业、功能区、视图、图纸；

2）文件、类型与实例；

3）不同 BIM 软件、文件格式、数据管理与共享。

（2）易于识别、记忆、操作、检索等。

1）分级命名：结合数据管理结构分级命名，避免太长的名称；

2）中英文：除专业代码、项目编号、构件标记等通用的缩写英文、数字代码外，其他名称可使用中文，方便识别，相关数字以及英文代码见 3.3 节"BIM 信息分类及编码标准与实施"；

3）使用连字符、下划线等：连字符"-"表示分隔或并列的文件内容，宜用于字段内部；下划线"_"表示不同层级的文件内容，宜用于字段之间。

（3）同一项目中，不同 BIM 实施关联方表达相同工程对象的模型构件命名应具有一致性。

（4）本节命名规则中，"【　　】"表示必选项，"[　　]"表示可选项。

2. 子文件命名规则及实施案例

转运中心主楼工程的文件类型主要为知识管理文件、项目管理文件和共享文件，为了便于文件管理，对文件类型及子类应进行统一编号。考虑文件排序和后续更新，文件类型代码由两位英文单词首字母简称组成，文件子类代码由一级子类代码和二级子类代码组成，一级子类代码和二级子类代码均由 01~99 之间的两位阿拉伯数字组成。各类子文件命名规则及示例如表 3-10 所示。

各类子文件命名规则及示例　　　　　　　　　　　表 3-10

文件类型及子类			命名规则	命名示例
标准规范文件	技术文件		文件代码 _ 文件名称 _ 文件版本 文件代码为：文件类型及子类代码／工程（项目）代码 - 单项工程代码	EHE/T BIM-101_EHE-BIM 模型结构标准 _V4.0
	管理文件			
资源库文件	族	系统族	软件自带	基本墙
		非系统族	构件名称 构件名称为：【构件子类别】或【构件子类别】+编号	变截面 H 型钢
	族类型／构件名称	土建	【构件类别】_【构件子类别】_【构件类型】	桩 _ 钻孔灌注桩 _800
		机电	【构件类别】_【构件子类别】_【构件类型】	管道 _ 冷热水供水系统 _ 无缝钢管 - 焊接
	样板文件		专业／多专业代码 _ 软件名称及版本 _ 描述 _ 版本	MEP_Revit2018_ 转运中心主楼 _V1.0
	材质		材质对象 _ 材质属性	现浇混凝土 _C40

续表

文件类型及子类		命名规则	命名示例
模型文件		模型代码_模型名称_模型版本 （模型代码为：工程（项目）代码-单项工程、单位工程及子单位工程代码-阶段代码-［专业代码］-［拆分单元］）	EHE-CP-TC0101-S-A1(DPB)_转运中心A1区地坪板结构模型_V4.0-混凝土
图纸文件		模型代码_图纸名称_［描述］ （图纸代码为：工程（项目）代码-单项工程、单位工程及子单位工程代码-阶段代码［专业代码］-［拆分单元］）	EHE-CP-TC0101-A-F1_数据处理办公室装饰深化详图_V3.0
应用文件	分析模型文件	参照BIM模型文件命名	EHE-CD-TC0101-A_1号楼梯首层入口
	其他应用文件	文件代码_文件名称 （文件代码为：工程（项目）代码-单项工程、单位工程及子单位工程代码-阶段代码-文件类型及子类代码）	EHE-CD-TC0101-AF03_室内自然通风模拟分析报告
管理文件	前期文件 采购文件 项目管理文件 竣工文件	文件代码_文件名称 （文件代码为：工程（项目）代码-单项工程、单位工程及子单位工程代码-文件类型及子类代码-［文件编号］）	EHE-TC-TC0101_转运中心主楼工程施工准备阶段地坪板结构BIM成果送审表

3.4.2　模型创建管理

模型创建应满足工程项目各阶段、各专业的应用需求，以模型构件作为基本对象，按相关标准要求，设置模型构件命名、表现形式等。模型构件主要以几何信息和属性信息表达工程对象设计内容。

1. 几何信息

模型构件的几何信息主要为构件的空间位置和几何形状尺寸，由空间定位、空间占位和几何表达精度三项指标控制。

（1）空间定位

空间定位应与项目工程的坐标、高程基准一致。模型内部构件单元采用笛卡尔直角坐标系，模型外部采用施工坐标系（P，H）坐标为机场工程建设专用坐标系统。有安装要求的构件单元应标明定位基点，便于几何测量及后期模型在施工阶段的应用。

（2）空间占位

1）模型构件的空间占位应能反映设计意图，满足不同阶段设计和施工需求；

2）不同材质的模型构件不应相互重叠或剪切，如：混凝土强度等级不同时，为不同材质，模型构件不应重叠或剪切；

3）模型构件之间满足正确的扣减顺序，优先级高的模型构件不应被优先级低的模型构件重叠或剪切，建筑和结构模型构件优先级，从高到低依次为：基础、结构柱、结构梁、结构墙、结构板、建筑柱、建筑墙等；

4）结构梁、结构墙扣减顺序还应符合工程量的计算规则。

（3）几何表达精度

模型构件的几何信息表达精度应能满足设计或应用需求，符合 3.5 节"BIM 精度标准与实施"的要求。

2. 属性信息

（1）模型构件属性信息应能够反映模型构件的所有工程定义，包括模型构件的属性名称、属性值、属性值来源等。

（2）属性信息应根据设计和施工阶段的发展而逐步完善，并能够为模型构件添加满足相应施工管理应用的属性信息。

（3）模型构件信息深度应能满足设计或应用需求，不同的模型构件可选取不同的信息深度，应符合 3.5 节"BIM 精度标准与实施"的要求。

3. 属性信息表

属性信息表以数据条目的方式反映模型构件所承载的全部信息，是模型构件信息移交的良好方式。属性信息应采用统一的数据模板，并对关键属性字段进行编码，便于人机交互，数据的查询、检索。

（1）属性信息表输出原则

属性信息表按子单位工程、单专业模型进行输出，无子单位工程按上一级单位工程输出。如果有特殊需求，各参与方协商确定。

（2）属性信息表内容要求

1）属性信息表的内容应基于模型构件几何信息和属性信息导出，并与模型构件一一对应。

2）属性信息表的表头字段按确定的规则进行排序，如：身份属性、设计属性、定位属性、计量属性。

3）属性信息表的内容格式、单位及有效位数应统一。

4）属性信息表的内容应能满足各阶段应用需求。

4. 模型创建实施案例

转运中心主楼工程所有 BIM 创建之初，根据专业深化特点分别采用各自的样本文件，同时统一设置能够准确表达工程空间单位的项目基准点。主楼项目专业众多，各类构件空间占位表达复杂，属性信息繁多。以 A1 区某三桩承台为例，根据现场实际施工工艺以及后续应用 BIM 进行施工管理等要求，三桩承台构件创建如图 3-5 所示。该承台不仅与灌注桩相连，还与基础梁、地坪板、钢柱脚等构件直接接触，基于空间占位标准，需以承台基础与桩基础为第一优先级，剪切结构基础梁、钢柱脚以及垫层等构件；同时，赋予承台构件专业属性、分部分项工程属性、构件及全编码属性、空间坐标属性、材质及出量属性、施工单位、监理单位属性等，可准确体现模型构件完备的工程含义，实现项目管理的核心目标。

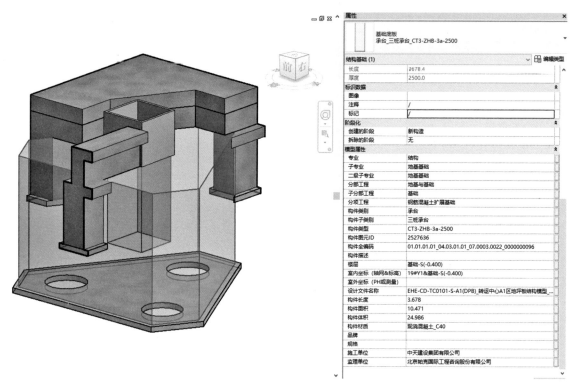

图 3-5　三桩承台构件创建

　　此外，为实现众多专业中模型构件属性信息的系统化管理，综合考虑构件专业、类别以及造价管理等因素，统一选定构件分类编码、构件图元 ID、分部工程、子分部工程、分项工程、专业、子作业、二级子专业、构件类别、构件子类别、构件类型、材质为 12 个必选字段，按需确定长度、面积、体积、投影面积、抗渗等级、构造做法等作为补充字段，输出模型构件属性信息明细表，结构专业 BIM 构件信息样表如表 3-11 所示。

结构专业 BIM 构件信息样表　　　　　　　　　　　　　　　　　表 3-11

分类编码	图元 ID	分部工程	子分部工程	分项工程	专业	子专业	二级子专业	构件类别	构件子类别	构件类型	构件属性
03.01.01_01.0001.0001	—	地基与基础	基础	钢筋混凝土扩展基础	结构	地基基础	地基基础	独立基础	阶形基础	DJJ01-300/300	材质、宽度、长度、高度、抗渗等级、基础编号
03.01.01_01.0002.0001	—	地基与基础	基础	钢筋混凝土扩展基础	结构	地基基础	地基基础	独立基础	坡形基础	DJP01-300/300	材质、宽度、长度、高度、抗渗等级、基础编号
03.01.01_02.0001.0001	—	主体结构	混凝土结构	现浇结构	结构	混凝土结构	混凝土结构	墙	地下室外墙	200-C40	材质、基底宽度、基底高度、基顶宽度、基顶高度、基础编号、长度、抗渗等级
03.02.01_01.0001.0001	—	主体结构	混凝土结构	现浇结构	结构	混凝土结构	混凝土结构	墙	地下室内墙	200-C40	材质、抗渗等级、抗裂等级、厚度、长度、面积、体积

3.4.3　模型拆分管理

1. 模型拆分原则

模型拆分时采用的方法，应尽量考虑所有相关 BIM 应用团队的需求。避免在早期创建孤立的单用户文件，然后随着模型的规模不断增大或设计团队成员不断增多，被动进行模型拆分的做法。

为密切有效地进行 BIM 协同实施，对于转运中心主楼工程这样的大型工程 BIM 需要按照下列规则进行拆分、建模和整合，模型拆分管理规则见表 3-12，具体规则如下。

模型拆分管理规则表　　　　　　　　　　　　　　　表 3-12

序号	专业	模型拆分管理原则
1	建筑	（1）依据项目拆分； （2）依据工程拆分； （3）依据楼层拆分； （4）依据施工缝拆分； （5）依据建筑构件拆分
2	结构	（1）依据项目拆分； （2）依据工程拆分； （3）依据楼层拆分； （4）依据施工缝拆分； （5）依据建筑构件拆分； （6）参照建筑拆分
3	机电	（1）依据项目拆分； （2）依据工程拆分； （3）依据楼层拆分； （4）依据施工缝拆分； （5）依据工作要求拆分； （6）依据系统／子系统拆分； （7）参照建筑拆分
4	幕墙	（1）依据建筑楼体划分进行拆分； （2）依据幕墙系统类型进行拆分； （3）依据单独楼层进行拆分； （4）依据幕墙安装区域和批次进行拆分； （5）依据模型构件材料进行拆分

（1）按专业拆分：子单位工程应按专业进行拆分；各专业可按子专业或系统进行拆分，如给水排水专业可以分为给水、排水、消防、喷淋等子专业模型；同时考虑到管线综合的需要，深化设计阶段机电管线可不按专业进行拆分；

（2）按物理位置拆分：建筑、结构专业模型按照楼层、施工缝进行拆分为单体模型，其他专业根据建筑、结构划分方式进行拆分，保证单体模型的完整性；若分完之后模型面积超过 10000m² 可考虑进一步拆分；幕墙、照明、景观等不宜按层划分的专业例外；

（3）按施工分包拆分：根据不同施工分包的作业面，对分包区域单独划分，明确各分包的作业及交叉作业；

（4）按工作要求拆分：根据特定工作需要拆分模型，如考虑机电管线综合，将专业中的末端点位单独建立模型文件，与主要管线分开。

2. 模型拆分实施案例

转运中心主楼工程体量巨大，仅一层地坪板结构面积便达 16 万 m²，划分为 6 个区之后，单个区块面积仍有 2 万～3 万 m²，基于目前模型拆分标准，以 A3 区为例，若将 A3 区进一步按面积、施工缝细分，部分贯穿施工缝的现浇构件不满足整体性要求且界限难以确定，而将整个区块作为一个模型深化与提交更是存在以下问题：

（1）目前的 Revit 对钢筋优化不佳，钢筋构件数量过多时，极易造成软件卡顿，深化设计效率过于低下；

（2）工作站电脑硬件水平虽已为行业高端配置，但依旧难以流畅创建当前拆分规则下的深化设计模型，进一步提升硬件配置，成效不大；

（3）模型构件数量过大直接引起轻量化平台负荷过载，导致后续检验批划分以及计量推送失败或者构件缺失。

针对以上问题，主楼 BIM 工作站牵头，联合项目部商务、质量等部门进行深入研究，同时对接平台商、BIM 咨询、造价咨询以及建设单位，在综合考虑深化难度、现场实际施工情况以及对线上平台进行多方面测试后，对现有 A3 区地坪板结构模型拆分优化，将单个模型拆分为混凝土模型、钢柱脚模型、钢柱脚钢筋模型、基础梁钢筋模型、承台＋柱帽＋独立基础钢筋模型、板钢筋模型，如图 3-6 所示。

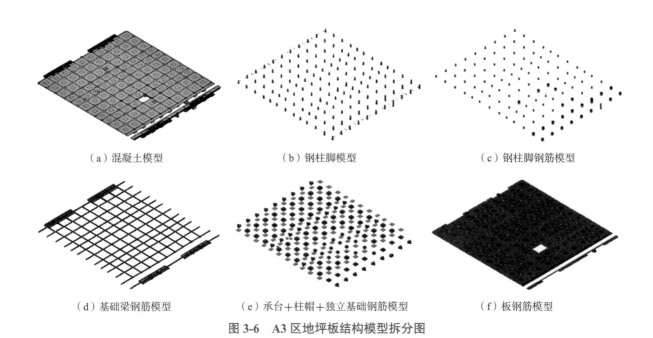

（a）混凝土模型　　　　（b）钢柱脚模型　　　　（c）钢柱脚钢筋模型

（d）基础梁钢筋模型　　（e）承台＋柱帽＋独立基础钢筋模型　　（f）板钢筋模型

图 3-6　A3 区地坪板结构模型拆分图

3.4.4　模型整合管理

1. 模型整合原则

（1）统一基准

整合模型的单位、轴网、高程、定位应满足项目基准的要求。同时，对于子单位工程、单位工程、标段、单项工程和整个项目的模型整合，模型的项目原点（项目基点）应与机场专用（P，H）坐标原点一致，模型的标高（高程）应与实际高程一致。

（2）颜色设置

建筑信息模型的表达应充分考虑数字交付和彩色表达方式，以充分发挥 BIM 的优势和特点，能够迅速通过色彩视觉判断出地质分层、岩土工程组成系统和建筑工程组成系统等信息。地质、岩土、建筑和结构专业涉及的种类和材料搭配比较复杂，同时在设计阶段中，担负着更多的设计表达用途，如设计效果展示等，因此对于地质、岩土、建筑和结构专业的颜色加以规定，反而会增加设计人员负担。所以并未规定地质、岩土、建筑和结构专业的颜色设置，各构件使用系统默认的颜色进行绘制，地质层的颜色可依据专业内的相关要求设置。建模过程中，发现问题的构件使用红色进行标记。然而针对设备系统，颜色设置较为简单，且依据系统区分颜色，可以有效提高识别效率。另外，着重强调消防系统，考虑到消防系统较为重要，也是设计及审查环节的关键，同时消防系统单行颜色规定，有利于信息模型在运维和管理方面的应用。

一般情况下，建筑工程的消防设计和审查，以及后期的管理都非常重要，因此当某个模型构件同时属于消防系统以及其他系统，则优先采用消防系统的颜色，以保障消防系统的完整性。

给水排水、暖通空调、电气、智能化等系统参照模型色彩表进行颜色设置，如表 3-13 所示。其他专业颜色设置应优先考虑实际材质情况，同时要求色彩搭配美观、真实。

模型色彩表（节选）　　　　　　　　　　　　　　　　表 3-13

一级系统	二级系统	三级系统	颜色设置值			
			红（R）	绿（G）	蓝（B）	色块
给水排水系统	给水系统	生活热水回水系统	255	150	255	
		生活热水给水系统	255	150	255	
		生活加压给水系统	0	255	0	
		战时给水系统	0	255	0	
		市政给水系统	0	255	0	
	中水系统	中水处理系统	255	255	0	
		中水供水系统	255	255	0	
	循环水系统	循环冷却水给水系统	0	0	128	
		循环冷却水回水系统	0	0	128	

续表

一级系统	二级系统	三级系统	颜色设置值			
			红（R）	绿（G）	蓝（B）	色块
给水排水系统	排水系统	重力污水系统	204	153	0	
		市政污水系统	204	153	0	
		重力废水系统	155	51	51	
		压力废水系统	155	51	51	
		重力雨水系统	0	255	255	
		虹吸雨水系统	0	255	255	
	消防系统	消火栓系统	255	0	0	
		自动喷水灭火系统	255	0	0	
		防火冷却水幕系统	255	0	0	
暖通空调系统	供暖系统	供暖供水系统	200	90	40	
		供暖回水系统	200	90	40	
		供暖补水系统	200	90	40	
	通风系统	送风系统	0	205	0	
		排风系统	255	196	159	
		排气系统	255	196	159	
	防排烟系统	排烟系统	192	0	0	
		补风系统	192	0	0	
		送风兼补风系统	192	0	0	
		加压送风系统	192	0	0	
	空调风管系统	空调新风系统	0	205	0	
		空调送风系统	0	0	255	
		空调回风系统	0	153	255	
	空调水管系统	冷热水供水系统	255	128	128	
		冷热水回水系统	255	128	128	
		冷水供水系统	158	208	255	
		冷水回水系统	158	208	255	
		热水供水系统	255	150	255	
		热水回水系统	255	150	255	
		冷媒系统	100	130	100	
		冷凝水系统	51	51	153	
	燃气系统	燃气系统	204	51	0	
	压缩空气系统	压缩空气系统	196	189	151	

续表

一级系统	二级系统	三级系统	颜色设置值			
			红（R）	绿（G）	蓝（B）	色块
暖通空调系统	热力系统	市政自来水系统	0	255	0	
		空调冷水供水系统	158	208	255	
		空调冷水回水系统	158	208	255	
		冷却水供水系统	158	208	255	
		冷却水回水系统	158	208	255	
		空调冷热水供水系统	255	128	128	
		空调冷热水回水系统	255	128	128	
		机组冷凝器回水系统	51	51	153	
		地源地下换热供水系统	180	110	255	
		地源地下换热回水系统	180	110	255	
电气系统	供配电系统	高压供配电系统	160	32	240	
		低压配电系统（普通电力）	160	32	240	
		低压配电系统（消防电力）	255	0	0	
	照明系统	普通照明系统	160	32	240	
		消防应急照明和疏散指示照明	255	0	0	
	防雷与接地系统	防雷与接地系统	160	32	240	
	消防报警系统	消防报警系统	255	0	0	
	电缆		70	70	70	
智能化系统	信息设施系统	综合布线系统	255	246	143	
		有线电视系统	255	246	143	
	公共安全系统	视频监控	255	165	0	
		安全防范系统	255	165	0	
		门禁系统	255	165	0	
	机房工程	功能中心工程	139	105	20	
		UPS 及配电	139	105	20	
	电子设备系统	停车库（场）管理系统	150	130	210	
		建筑设备监控系统	150	130	210	
	信息化应用系统	信息化应用系统	225	215	0	
	智能化集成系统	智能化集成系统	238	221	130	

注：（1）系统颜色只针对管线和桥架；（2）供路和回路同一色块的，供路管线的边线用实线，回路管线的边线用虚线。

2. 模型整合实施案例

模型整合主要是把拆分后的模型合成为整体，整合方式主要基于 BIM 设计建模软件或项目管理平台。其应用如下：

（1）基于 BIM 建模软件

BIM 设计建模软件整合，是在 BIM 设计建模软件中，把建筑、结构、水、暖、电、智能化等各专业拆分后的模型整合到一个模型中。

模型整合取决于创建的拆分模型建模软件及文件格式。当采用同一建模软件创建的 BIM 拆分模型，且满足建模整合规则，可直接在建模软件进行模型整合。当采用不同 BIM 设计软件创建的模型，通过数据接口插件，转存为主模型格式文件；或保存为国际通用的 IFC 标准数据格式，规范 BIM 的数据信息存储与交换，通过预定义的类型、属性、方法及规则来描述建筑对象及其属性、行为特征，实现不同 BIM 软件间模型的转化整合。

对整合后的模型，进行校核，检查各专业搭建的模型是否错漏碰缺，并对模型进行调整。调整过程中，根据设计内容的重要性，保证各专业设计意图，实现各专业优化设计。以 A6 区地上模型整合为例，其全专业模型整合由结构模型、建筑及装饰模型、机电模型、金属屋面模型、幕墙模型组成，如图 3-7 所示。

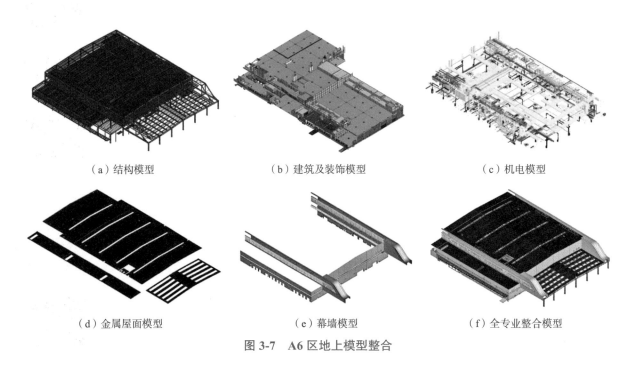

（a）结构模型 （b）建筑及装饰模型 （c）机电模型

（d）金属屋面模型 （e）幕墙模型 （f）全专业整合模型

图 3-7　A6 区地上模型整合

（2）基于轻量化平台

通过基于建模软件的二次开发插件，把拆分模型文件格式转换成轻量化平台能够读取的数据格式，按照统一基准，整合到一个模型。对整合后的模型，可在轻量化平台中，进行模型可视化展示、综合会审等应用，A6 区地上全专业轻量化整合模型如图 3-8 所示。

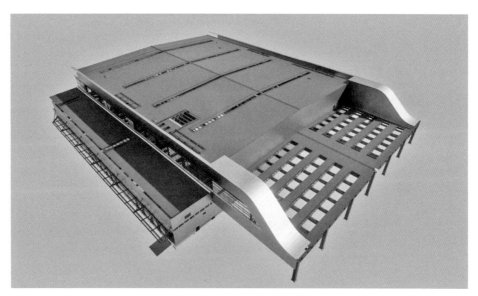

图 3-8　A6 区地上全专业轻量化整合模型

3.5　BIM 精度标准与实施

3.5.1　模型精度内容

建筑信息模型精度是评估和控制模型成熟度一项关键性指标，它不仅是建模工作投入的参考依据，更是直接决定了模型是否具备信息的传递价值，可否适配管控所需的颗粒程度，其设置主要包含下列内容：

（1）模型构件单元几何信息及几何表达精度；

（2）模型构件单元属性信息及信息深度。

3.5.2　几何信息

1. 几何信息规定

几何信息泛指物体在空间中的形状、尺寸及位置描述。在建筑信息模型中，模型构件单元的几何信息应符合下列规定：

（1）建筑信息模型中模型构件单元的几何信息表达应包含空间定位、空间占位和几何表达精度；

（2）应选取适宜的几何表达精度呈现模型构件单元几何信息；

（3）在满足设计深度和应用需求的前提下，应选取较低等级的几何表达精度；

（4）不同的模型构件单元可选取不同的几何表达精度；

（5）几何表达精度的等级划分应符合表 3-14 的规定。

几何表达精度的等级划分 表 3-14

等级	几何表达精度要求	代号
1 级几何表达精度	满足二维化或者符号化识别需求的几何表达精度	G1
2 级几何表达精度	满足空间占位、主要颜色等粗略识别需求的几何表达精度	G2
3 级几何表达精度	满足建造安装流程、采购等精细识别需求的几何表达精度	G3
4 级几何表达精度	满足高精度渲染展示、产品管理、制造加工准备等高精度识别需求的几何表达精度	G4

2. 几何表达精度划分示例

针对表 3-14 中对于模型几何表达精度的要求，以门、结构梁、水阀三种构件单元为例，分别代表建筑、结构及机电专业进行几何表达精度划分的说明。

（1）建筑专业——门

门构件的几何表达精度示例如表 3-15 所示。

门构件的几何表达精度示例 表 3-15

构件	等级	模型要求	示例
门	G1	宜二维图形表示	
	G2	应表示框材、嵌板和洞口	
	G3	应表示框材、嵌板、主要安装构件	
	G4	应按照实际尺寸建模表示框材、嵌板、门套、门槛石、主要安装构件	

（2）结构专业——结构梁

结构梁构件的几何表达精度示例如表 3-16 所示。

结构梁构件的几何表达精度示例 表 3-16

构件	等级	模型要求	示例
梁	G1	宜二维图形表示	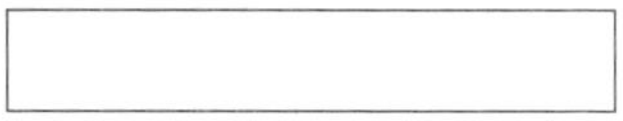
	G2	应建模表示空间占位和外部轮廓	
	G3	应区分矩形梁和异形梁，按设计尺寸进行建模	
	G4	应按照实际尺寸进行钢筋及相关措施内容的建模	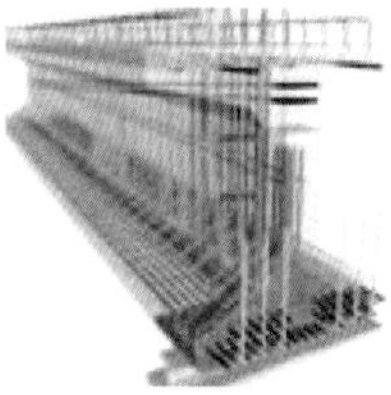

（3）机电专业——水阀

机电水阀构件的几何表达精度示例如表 3-17 所示。

机电水阀构件的几何表达精度示例 表 3-17

构件	等级	模型要求	示例
水阀	G1	宜二维图形表示	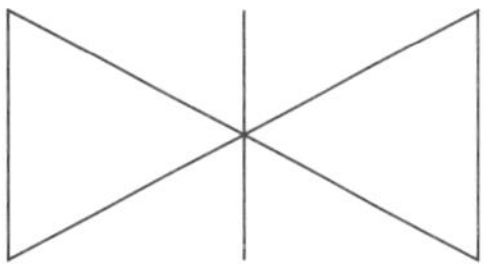
	G2	应建模表示管道、管件空间占位和外部轮廓	

构件	等级	模型要求	示例
水阀	G3	应按管道、管件的设计尺寸及材质建模	
	G4	保温层、法兰片、喷头应按实际尺寸及材质建模	

3.5.3 属性信息

1. 属性信息规定

属性信息是建筑信息模型实现管理目标的核心所在，模型构件单元的属性信息应符合下列规定：

（1）应选取适宜的信息深度体现模型构件单元属性信息；

（2）属性应包括中文字段名称、编码、数据类型、数据格式、计量单位、值域、约束条件等。交付表达时，宜至少包括中文字段名称、计量单位；

（3）属性值应根据建设阶段的发展而逐步完善，并应符合下列规定：应符合唯一性原则，即属性值和属性应一一对应，在单个应用场景中属性值应唯一；应符合一致性原则，即同一类型的属性、格式和精度应一致；

（4）模型构件单元信息精度等级划分应符合表3-18的规定。

模型构件单元信息精度等级划分 表 3-18

等级	几何表达精度要求	代号
1级信息深度	宜包含模型构件单元的身份描述、尺寸等信息	N1
2级信息深度	宜包含和补充 N1 等级信息，增加定位信息、系统信息、功能信息和模型构件信息	N2
3级信息深度	宜包含和补充 N2 等级信息，增加技术信息、模型结构分类编码信息	N3
4级信息深度	宜包含和补充 N3 等级信息，增加生产和安装信息	N4

2. 模型构件单元属性分类

建筑信息模型中，对应不同的信息深度等级，应将模型构件单元的属性分类设置，属性分类应符合表 3-19 的要求。

模型构件单元属性分类　　　　　　　　　　　　表 3-19

信息深度	属性类	常见属性组	宜包含的属性名称
N1	身份信息	基本描述	名称
	尺寸信息	占位尺寸	长度、宽度、高度、厚度、深度、直径等
N2	定位信息	项目内部定位	楼层、区域位置、房间名称等
	系统信息	系统分类	系统类型
	功能信息	功能描述	用途
N3	技术信息	构造尺寸	长度、宽度、高度、厚度、深度、半径、内径、外径、公称直径、距离、间距、跨度、角度、坡角、斜率、坡比、周长、高差、坡度、面积、体积、容积等
		组件构成	主要组件名称
		设计参数	规格、型号、材质、混凝土强度等级、额定功率、电机功率、电压、额定电压、电流、额定电流、防护等级、防火等级、重量、风量、制冷量、制热量、噪声、系统图等
		技术要求	材料做法、施工要求、安装要求等
	模型结构分类编码信息	模型结构	专业、子专业、二级子专业、构件类别、构件子类别、构件类型
		编码信息	构件编码
N4	生产和安装信息	生产信息	生产厂家、联系方式、出厂日期、使用说明、维护说明
		采购信息	采购单位、进场日期
		安装信息	安装单位、安装日期、安装方式、交付日期
N5	资产信息	资产登记	—
		资产管理	—
	维护信息	巡检信息	—
		维修信息	—
		维护预测	—
		备件备品	—

3.5.4　精度等级

BIM 按阶段可划分为方案设计模型、初步设计模型、施工图设计模型、深化设计模型、施工过程模型、竣工模型，模型精度等级划分应符合表 3-20 的规定。模型阶段介于基本等级之间时，可扩充等级的划分。模型精度等级所包含的模型构件单元及其几何和属性信息应满足本阶段各项专业任务对模型的需要，施工准备阶段、施工实施阶段、竣工阶段模型中所有构件需满足该阶段计量支付的要求。

模型精度等级划分 表 3-20

阶段模型	等级代号	几何精度等级	信息深度等级	形成阶段
方案设计模型	LOD100	G1	N1	方案设计阶段
初步设计模型	LOD200	G2	N2	初步设计阶段
施工图设计模型	LOD300	G3	N3	施工图设计阶段
深化设计模型	LOD350	G4	N4	施工准备阶段
施工过程模型	LOD400	G4	N4	施工实施阶段
竣工模型	LOD500	G4	N4	竣工阶段

3.6 本章小结

转运中心主楼工程以 BIM 技术为主要核心，开展施工全过程数字建造与管理。科学合理的 BIM 实施标准可以实现工程数据信息在施工各阶段的高效流转，让各参建方在建筑周期内共享信息资源，提高业务协作的效率，对工程建造的质量与水平有着明显的提升作用。本章系统介绍了转运中心主楼工程 BIM 实施标准与相应实施案例，具体分为以下几点：

（1）综合考虑市场相关建模、应用软件现状以及工程实际应用需求的前提下，明确软件选用原则，并对 Revit、Tekla、中天 TTR 等建模软件，红瓦协同大师、BimET 等应用软件的选择以及应用内容作相应阐述。

（2）制定了 BIM 信息分类及编码标准，对 BIM 内部所有构件以 36 位全编码的形式赋予项目管理属性、设计管理属性、构件管理属性以及构件实例属性，搭建起 BIM 与施工管理应用间的桥梁。以桩基工程为例，对现有编码字段进一步优化，便于后续造价管理工作的开展。

（3）对知识管理文件、项目管理文件和共享文件以及相应的子文件制定统一的命名规则，辅以相应的文件命名案例进行说明；明确模型精度内容、几何信息、属性信息、精度等级等规则，以 A1 区某三桩承台为例介绍模型创建管理实施情况；分别以 A3 区地坪板模型拆分优化以及 A6 区地上全专业模型整合案例，进一步阐释模型的拆分与整合管理原则。

第4章　数字深化技术与管理

4.1　概述

如今，数字技术在工程领域中得到了广泛的应用。在施工准备阶段，以 BIM 为主要手段的数字深化技术，凭借其三维可视化、参数化、协同化等优势，赋能建筑从蓝图到实物的高质量转换。作为国内深度应用数字深化技术的代表，转运中心主楼工程在地基与基础、主体结构、装饰装修以及机电等专业中，以深化设计模型作为数字底盘，通过对施工工艺与管理信息的高度集成，充分发挥 BIM 技术在图形表现与信息处理等方面的优势，为工程实现按模施工、质量验评、计量支付等工作提供助力。

4.2　数字深化技术实施管理流程

工程各主体间依照既定的流程进行工作内容的实施与推进，是保障工作有序开展的前提。施工准备阶段涉及建设、设计、施工总承包、BIM 咨询、监理及造价咨询等单位的协作内容，各单位间的高效联动是保证数字深化工作时效性的关键；与此同时，施工总承包方如何把控专业分包单位的深化工作质量与进度，如何推进技术条线与工程条线的协同作业，也是整体流程设计中需要考虑的重要内容。项目团队根据工程初期各方的磨合与反馈情况，积极协助建设单位优化流程路径，降低冗余程度，提高评审效率，逐步迭代形成了相对高效且质量受控的数字深化技术实施管理流程，如图 4-1 所示。

（1）设计成果文件接收

施工总承包方于项目管理平台下载设计成果文件，包括施工图设计模型、设计图纸等，并开展对设计成果文件的校核工作。

（2）综合交底

施工总承包方技术与工程条线共同参与设计成果交底会议，明确设计意图，并将设计成果中错误或遗漏部分汇总成《施工图设计模型复核报告》报送至建设单位。

（3）专业拆分

施工总承包方根据专业对设计成果文件进行拆分，明确各专业边界。

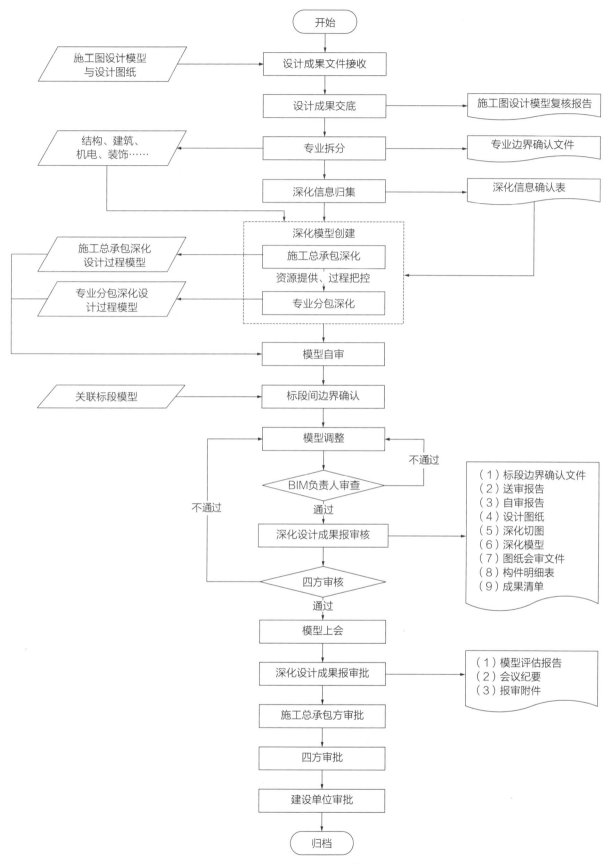

图 4-1 数字深化技术实施管理流程

（4）深化信息归集

施工总承包方深化团队与施工班组之间保持联动，深化工作根据现场实际情况与工艺做法要求，结合集团作业标准文件与施工人员操作习惯，对材料类型、措施选用、深化点及深化原则等前置条件进行约束与确认，形成《深化信息确认表》。

（5）深化模型创建

施工总承包方、各专业分包方根据工程实际施工特点，结合《深化信息确认表》中深化的前置条件，对施工图设计模型进行补充、细化、拆分和优化，并对施工图设计模型的未建模部分、精度与深度不足部分等问题进行处理。施工总承包方为各专业分包方提供必要的场地、软硬件与网络环境等深化资源，并对各专业分包方的深化工作进行质量与进度把控。

（6）模型自审

施工总承包方各深化组、各专业分包方深化组进行深化设计成果的内部审查，内容包括模型项目基准是否统一、构件几何与非几何信息是否完整、构件碰撞是否消除、模型计量是否有误等内容。施工总承包方组织各专业间的模型整合工作，检查专业冲突，消除数据壁垒。

（7）标段间边界确认

施工总承包方组织与关联标段间的模型整合工作，避免因边界不清晰而导致的纠纷问题。

（8）模型调整

各深化组根据自审结果与标段间边界确认情况进行模型的更新维护，调整完成后由施工总承包BIM负责人进行审查，审查通过后申请进行深化设计成果审核。

（9）深化设计成果报审核

施工总承包方将报审文件上传至项目管理平台并发起审核流程。报审文件包括：边界确认文件、送审报告、自审报告、设计图纸、深化切图、深化模型、图纸会审文件、构件明细表及成果清单等。报审文件由设计方、BIM咨询方、监理方及造价咨询方按照各自对于成果的既定要求及相关约束性文件进行审核。

（10）模型上会

四方审核通过后，施工总承包方参加深化成果审核会，各参建方就深化设计成果中，关于边界、构件编码等涉及专业协同的问题集中评审。

（11）深化设计成果报审批

施工总承包方基于审核会议通过的相关成果，整理模型评估报告、会议纪要及报审附件，于平台发起深化设计成果审批流程。

（12）施工总承包方审批

施工总承包方项目经理进行深化设计成果的审批。

（13）四方审批

施工总承包方审批通过后，设计方、BIM咨询方、监理方及造价咨询方进行审批。

（14）建设单位审批

四方审批通过后，建设单位进行审批。审批后，深化设计成果进行归档。

4.3 地基与基础工程深化技术与管理

4.3.1 土方工程深化技术与管理

1. 土方工程概况

转运中心主楼土方工程按分区划分为 6 个施工段，涉及地坪板垫层、承台、基础梁、地坪独基等类型的土方开挖工作，总开挖量约为 17 万 m^3，施工工期 30 天。图 4-2 为转运中心主楼土方工程挖方 BIM。

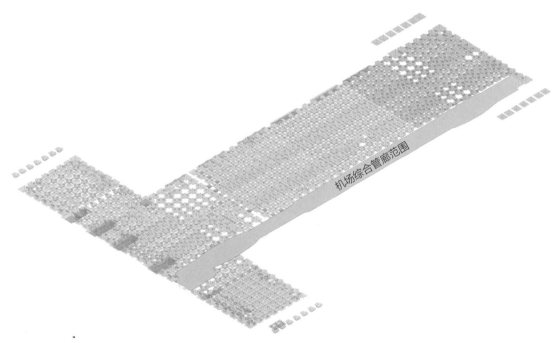

图 4-2 转运中心主楼土方工程挖方 BIM

本工程实行按模施工的工作模式，深化设计模型及相关的输出成果将作为施工建造的唯一数据源。土方工程作为整体数字深化过程中的前期内容，其深化进度如果无法保证，势必造成后续工作节点的持续偏离。因此，如何快速并准确地进行土方工程模型搭建是项目团队面临的首要问题。除此之外，如何通过数据的分析与计算实现施工机械资源的合理配置；如何联动各参建方协同工作避免因界面模糊导致的纠纷，同样是在土方工程开展过程中项目团队亟须解决的问题。

2. 土方工程数字深化实施思路与特点

作为项目团队进场后的首项数字深化任务，土方工程深化工作的开展，伴随着团队对于标准体系的持续理解与工作流程的不断熟悉，在识别了土方工程深化工作的难点之后，项目团队以问题为导向，充分发挥核心软件的参数化建模优势，保质保量地完成深化模型的创建；应用模型构件携带的信息数据，实现施工资源的优化配置；通过各参建方协同工作的可视化平台，降低沟通成本，快速解决纠纷。

转运中心主楼土方工程数字深化实施特点主要体现在：

（1）参数驱动，提升效能

BIM 类软件中的参数化建模功能是模型搭建效率的重要保障之一，作为此类软件中的代表，Revit 软件同样提供了强大的以参数驱动形体的创建逻辑。转运中心主楼土方工程中涵盖了大量尺寸各异的模型构件，参数化的建模方式提高了同类构件在项目环境中的复用能力，通过修改尺寸参数及预设的公式驱动，快速实现不同尺寸构件的生成，提高模型搭建的整体效率；同时，借助软件中的参数驱动，项目团队可从容面对相关变更导致的构件修改，进一步保证了模型指导施工的时效性。

（2）数据引领，优化配置

BIM 从概念的产生便强调信息的重要性，深化设计模型的创建如果仅止于图形维度则缺乏数据内核，无法对相关管理工作进行有效支撑。在传统粗放的管理模式下，经验性数据往往作为决策的基础来源，数据的偏离易造成判断的偏差，导致资源的浪费。而在数字深化的语境下，构件携带的相关信息可以为决策者提供更加合理、精确的统计数据，通过字段的定义进行数据归集，可实现不同管理维度的数据动态汇总，提高管理者对于工程的整体把控力度。

（3）高效协同，避免纠纷

在大型项目的推进过程中，因毗邻标段间界面不清晰而导致的各方纠纷问题层出不穷，各参建方由于专业的差异与利益的考量，在工程的灰度区域不断地进行消耗与拉扯，致使整体的施工目标无法顺利完成。而深化设计模型在图形维度上具备"所见即所得"的特点，这也为工程各参建方提供了一种新型的协同工作模式。各参建方可以在统一的模型视角下，共同审视界面交叉问题，提高协同工作的效率与质量，避免纠纷问题的出现与持续，推动工程良性、有序的发展。

3. 土方工程数字深化实施具体应用

（1）参数化模型创建，保证如期施工

由于本工程土方模型深化工作量大且时间紧迫，项目团队按照土方开挖顺序，分三组进行模型的同步搭建，有效保证了施工开挖的正常实施。在开展大规模深化工作之前，项目团队根据工程开挖类型进行参数化族的策划与创建。按照基础形状（六边形承台、矩形独立基础、矩形梁槽等）创建构件基本形态；结合开挖方案设置相关参数与驱动公式，如图 4-3 所示，为开挖工作面尺寸、开挖坡度等内容设置数字驱动逻辑，实现不同尺寸构件模型的快速搭建。

在解决了构件参数化的问题以后，项目团队又面临如何快速并准确地扣减交错重叠构件的问题。扣减问题影响模型工程量输出的准确性，而传统的手工扣减效率低、易遗漏，难以满足工程对于模型质量的要求。项目团队最大限度地利用软件本身的特性，通过调整族类型的方式进行构件的自动扣减，满足土方工程计量要求，图 4-4 为土方工程构件扣减前后的模型对比示意。更进一步使项目团队与集团技术支持部门进行联动，将构件扣减逻辑转化成程序语言，实现构件的一键扣减，在模型创建端消除构件的干涉与重叠，保证模型出具工程量的准确性，自动扣减模块界面如图 4-5 所示。

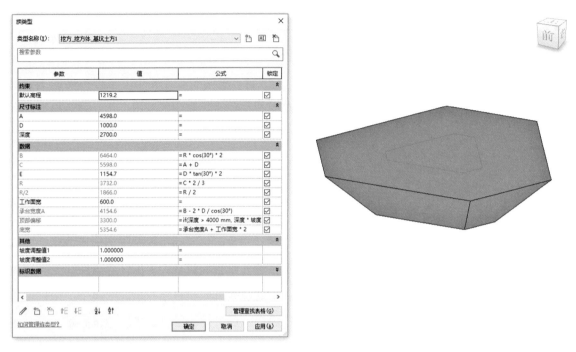

图 4-3　六边形承台土方开挖构件及参数设置

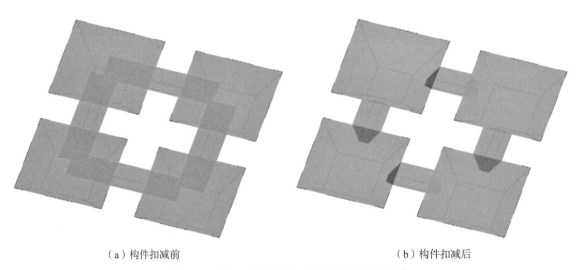

（a）构件扣减前　　　　　　　　　　　　　　　（b）构件扣减后

图 4-4　土方工程构件扣减前后模型对比示意

图 4-5　自动扣减模块界面

（2）多维度信息管理，指导资源配置

深化设计模型的创建是构件在图形与信息维度上的持续补全，当模型完成后，搭载信息的构件便组成了后续实施应用的数据基底，而基于模型出具成果的过程，仅是对模型中数据的提取以及显示。项目团队可以在土方工程的数据模型的基础上，任意输出用于指导施工的相关内容，例如通过标注挖方体的开挖深度，形象地指导现场实际的土方开挖工作，避免出现超挖或欠挖等现象，如图 4-6 所示。

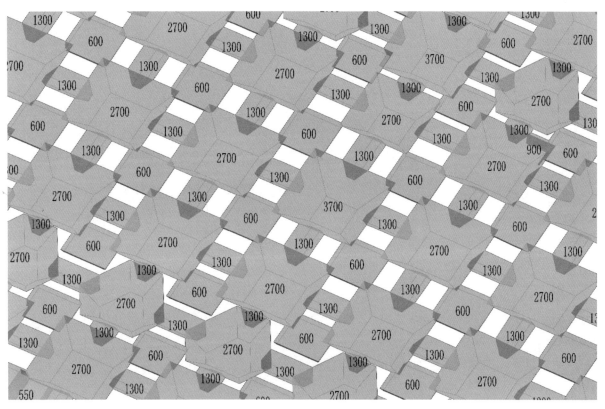

图 4-6　开挖深度标注示意

除此之外，项目团队对土方工程模型构件的属性进行赋值，结合实际情况对挖土方式、运距、岩石类别等字段进行信息补全；结合质量验评要求对分部工程、子分部工程、分项工程等内容进行划分，挖方、填方模型属性如图 4-7、图 4-8 所示，确保构件中的信息数据可以在后续的管理工作中发挥实效。

长期以来，土方施工机械的资源配置以估算数据为基础，结合方案编制人员的现场经验进行计划的创建，一旦估算数据偏离度较大，极易造成资源配置的不合理。项目团队结合土方施工部署方案，利用软件明细表功能进行分区、分段的土方工程量统计，如图 4-9 所示，结合投入施工机械的性能参数，精准进行资源配置。与此同时，项目团队可对现场实施过程中已完与未完的工程量进行快速提取，根据进度情况动态调整机械投入，使资源配置的过程在高精度数据的加持下有条不紊地开展。

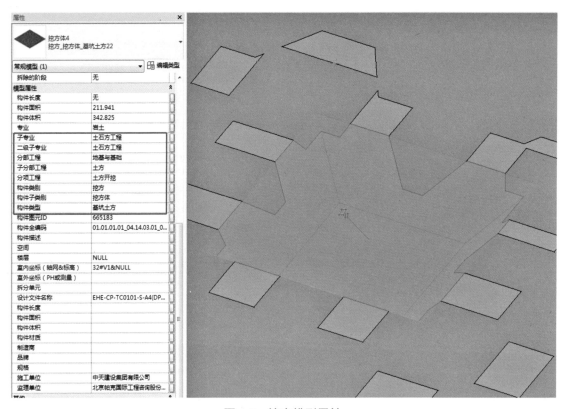

图 4-7　挖方模型属性

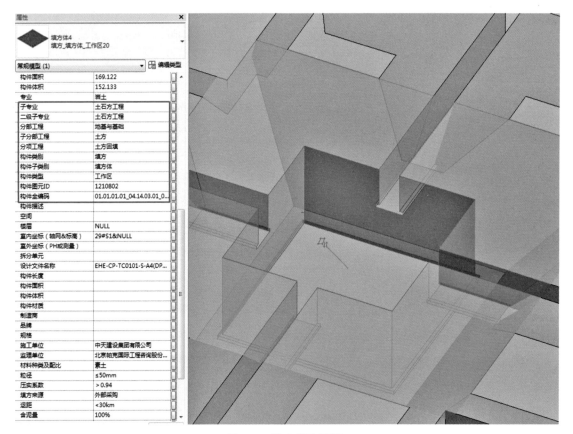

图 4-8　填方模型属性

构件全编码	构件族元ID	专业	子专业	二级子专业	分部工程	子分部工程	分项工程	构件类型	构件类型	体积	材料种类及配比	挖土方式	压实系数	含泥量	土质	填方厚度	填方来源
01.01.01.01_04	1364875	岩土	土石方工程	土石方工程	地基与基础	土方	土方回填	填方	全场	560020.909	素土	挖土机	>0.94	100%	回填土	400~1500	外部采购
01.01.01.01_04	1185992	岩土	土石方工程	土石方工程	地基与基础	土方	土方回填	填方	工作区	1821.915	素土	挖土机	>0.94	100%	回填土	400~1500	外部采购
01.01.01.01_04	1185994	岩土	土石方工程	土石方工程	地基与基础	土方	土方回填	填方	工作区	1789.437	素土	挖土机	>0.94	100%	回填土	400~1500	外部采购
01.01.01.01_04	1185996	岩土	土石方工程	土石方工程	地基与基础	土方	土方回填	填方	工作区	1792.829	素土	挖土机	>0.94	100%	回填土	400~1500	外部采购
01.01.01.01_04	1186051	岩土	土石方工程	土石方工程	地基与基础	土方	土方回填	填方	工作区	22.104	素土	挖土机	>0.94	100%	回填土	400~1500	外部采购
01.01.01.01_04	1185888	岩土	土石方工程	土石方工程	地基与基础	土方	土方回填	填方	工作区	0.211	素土	挖土机	>0.94	100%	回填土	400~1500	外部采购
01.01.01.01_04	1185546	岩土	土石方工程	土石方工程	地基与基础	土方	土方回填	填方	工作区	1018.910	素土	挖土机	>0.94	100%	回填土	400~1500	外部采购
01.01.01.01_04	1185579	岩土	土石方工程	土石方工程	地基与基础	土方	土方回填	填方	工作区	65.770	素土	挖土机	>0.94	100%	回填土	400~1500	外部采购
01.01.01.01_04	1185580	岩土	土石方工程	土石方工程	地基与基础	土方	土方回填	填方	工作区	65.770	素土	挖土机	>0.94	100%	回填土	400~1500	外部采购
01.01.01.01_04	1185581	岩土	土石方工程	土石方工程	地基与基础	土方	土方回填	填方	工作区	65.770	素土	挖土机	>0.94	100%	回填土	400~1500	外部采购
01.01.01.01_04	1185583	岩土	土石方工程	土石方工程	地基与基础	土方	土方回填	填方	工作区	65.771	素土	挖土机	>0.94	100%	回填土	400~1500	外部采购
01.01.01.01_04	1185584	岩土	土石方工程	土石方工程	地基与基础	土方	土方回填	填方	工作区	65.771	素土	挖土机	>0.94	100%	回填土	400~1500	外部采购
01.01.01.01_04	1186042	岩土	土石方工程	土石方工程	地基与基础	土方	土方回填	填方	工作区	128.669	素土	挖土机	>0.94	100%	回填土	400~1500	外部采购
01.01.01.01_04	1185265	岩土	土石方工程	土石方工程	地基与基础	土方	土方回填	填方	工作区	42.363	素土	挖土机	>0.94	100%	回填土	400~1500	外部采购
01.01.01.01_04	1185267	岩土	土石方工程	土石方工程	地基与基础	土方	土方回填	填方	工作区	4.767	素土	挖土机	>0.94	100%	回填土	400~1500	外部采购
01.01.01.01_04	1185291	岩土	土石方工程	土石方工程	地基与基础	土方	土方回填	填方	工作区	42.440	素土	挖土机	>0.94	100%	回填土	400~1500	外部采购
01.01.01.01_04	1185292	岩土	土石方工程	土石方工程	地基与基础	土方	土方回填	填方	工作区	6.872	素土	挖土机	>0.94	100%	回填土	400~1500	外部采购
01.01.01.01_04	1185293	岩土	土石方工程	土石方工程	地基与基础	土方	土方回填	填方	工作区	19.030	素土	挖土机	>0.94	100%	回填土	400~1500	外部采购
01.01.01.01_04	1185294	岩土	土石方工程	土石方工程	地基与基础	土方	土方回填	填方	工作区	5.574	素土	挖土机	>0.94	100%	回填土	400~1500	外部采购
01.01.01.01_04	1185297	岩土	土石方工程	土石方工程	地基与基础	土方	土方回填	填方	工作区	37.735	素土	挖土机	>0.94	100%	回填土	400~1500	外部采购
01.01.01.01_04	1185298	岩土	土石方工程	土石方工程	地基与基础	土方	土方回填	填方	工作区	5.732	素土	挖土机	>0.94	100%	回填土	400~1500	外部采购
01.01.01.01_04	1185299	岩土	土石方工程	土石方工程	地基与基础	土方	土方回填	填方	工作区	5.931	素土	挖土机	>0.94	100%	回填土	400~1500	外部采购
01.01.01.01_04	1185300	岩土	土石方工程	土石方工程	地基与基础	土方	土方回填	填方	工作区	22.726	素土	挖土机	>0.94	100%	回填土	400~1500	外部采购
01.01.01.01_04	1185301	岩土	土石方工程	土石方工程	地基与基础	土方	土方回填	填方	工作区	4.523	素土	挖土机	>0.94	100%	回填土	400~1500	外部采购
01.01.01.01_04	1185306	岩土	土石方工程	土石方工程	地基与基础	土方	土方回填	填方	工作区	31.873	素土	挖土机	>0.94	100%	回填土	400~1500	外部采购
01.01.01.01_04	1185307	岩土	土石方工程	土石方工程	地基与基础	土方	土方回填	填方	工作区	75.647	素土	挖土机	>0.94	100%	回填土	400~1500	外部采购
01.01.01.01_04	1185308	岩土	土石方工程	土石方工程	地基与基础	土方	土方回填	填方	工作区	26.202	素土	挖土机	>0.94	100%	回填土	400~1500	外部采购
01.01.01.01_04	1185309	岩土	土石方工程	土石方工程	地基与基础	土方	土方回填	填方	工作区	131.798	素土	挖土机	>0.94	100%	回填土	400~1500	外部采购
01.01.01.01_04	1185310	岩土	土石方工程	土石方工程	地基与基础	土方	土方回填	填方	工作区	195.018	素土	挖土机	>0.94	100%	回填土	400~1500	外部采购
01.01.01.01_04	1185400	岩土	土石方工程	土石方工程	地基与基础	土方	土方回填	填方	工作区	18.760	素土	挖土机	>0.94	100%	回填土	400~1500	外部采购
01.01.01.01_04	1185401	岩土	土石方工程	土石方工程	地基与基础	土方	土方回填	填方	工作区	5.341	素土	挖土机	>0.94	100%	回填土	400~1500	外部采购
01.01.01.01_04	1185533	岩土	土石方工程	土石方工程	地基与基础	土方	土方回填	填方	工作区	19.691	素土	挖土机	>0.94	100%	回填土	400~1500	外部采购
01.01.01.01_04	1185535	岩土	土石方工程	土石方工程	地基与基础	土方	土方回填	填方	工作区	78.000	素土	挖土机	>0.94	100%	回填土	400~1500	外部采购
01.01.01.01_04	1185925	岩土	土石方工程	土石方工程	地基与基础	土方	土方回填	填方	工作区	1.150	素土	挖土机	>0.94	100%	回填土	400~1500	外部采购
01.01.01.01_04	1185927	岩土	土石方工程	土石方工程	地基与基础	土方	土方回填	填方	工作区	0.604	素土	挖土机	>0.94	100%	回填土	400~1500	外部采购
01.01.01.01_04	1185928	岩土	土石方工程	土石方工程	地基与基础	土方	土方回填	填方	工作区	1.197	素土	挖土机	>0.94	100%	回填土	400~1500	外部采购
01.01.01.01_04	1185929	岩土	土石方工程	土石方工程	地基与基础	土方	土方回填	填方	工作区	0.718	素土	挖土机	>0.94	100%	回填土	400~1500	外部采购
01.01.01.01_04	1186039	岩土	土石方工程	土石方工程	地基与基础	土方	土方回填	填方	工作区	18.606	素土	挖土机	>0.94	100%	回填土	400~1500	外部采购
01.01.01.01_04	1185264	岩土	土石方工程	土石方工程	地基与基础	土方	土方回填	填方	工作区	352.528	素土	挖土机	>0.94	100%	回填土	400~1500	外部采购
01.01.01.01_04	1185290	岩土	土石方工程	土石方工程	地基与基础	土方	土方回填	填方	工作区	347.717	素土	挖土机	>0.94	100%	回填土	400~1500	外部采购
01.01.01.01_04	1185500	岩土	土石方工程	土石方工程	地基与基础	土方	土方回填	填方	工作区	265.836	素土	挖土机	>0.94	100%	回填土	400~1500	外部采购
01.01.01.01_04	1185526	岩土	土石方工程	土石方工程	地基与基础	土方	土方回填	填方	工作区	265.806	素土	挖土机	>0.94	100%	回填土	400~1500	外部采购
01.01.01.01_04	1185993	岩土	土石方工程	土石方工程	地基与基础	土方	土方回填	填方	工作区	158.651	素土	挖土机	>0.94	100%	回填土	400~1500	外部采购
01.01.01.01_04	1185534	岩土	土石方工程	土石方工程	地基与基础	土方	土方回填	填方	工作区	71.938	素土	挖土机	>0.94	100%	回填土	400~1500	外部采购
01.01.01.01_04	1185536	岩土	土石方工程	土石方工程	地基与基础	土方	土方回填	填方	工作区	77.254	素土	挖土机	>0.94	100%	回填土	400~1500	外部采购

图 4-9　土方回填明细表

（3）标段间模型整合，明确施工边界

大型项目中，标段间工作界面问题屡见不鲜，阻碍工程的顺利开展。在本工程中，机场综合管廊工程横穿主楼 A1～A4 区域，存在大量的标段间作业面的归属问题，单纯用文字表达此类问题不够直观，易产生歧义，不利于各参建方协同工作的开展。为使施工边界问题高效解决，项目团队积极联系建设单位组织召开边界确认会议，各参建方根据设计范围进行边界沟通，明确各自施工红线范围，并输出会议纪要。会后，项目团队根据会议纪要内容进行模型范围的调整并组织开展标段间的模型整合工作，如图 4-10 所示，经各方确认无误后签订边界确认文件。基于可视化的三维讨论环境，通过各方的协同联动，采用集中开展专项会议等形式，解决了沟通碎片化、重复化、无效化等问题，节约了工程在推进过程中的问题响应与处理时间，避免了后续施工过程中相关争议与纠纷问题的发生。

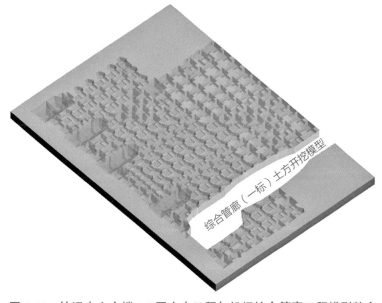

图 4-10　转运中心主楼 A1 区土方工程与机场综合管廊工程模型整合

4.3.2 基坑工程深化技术与管理

1. 基坑工程概况

转运中心主楼工程局部区域地下一层,设置四处避难走道。基坑总周长约327m,垂直开挖面积约1023m²,开挖深度5.6m。本工程基坑支护形式分为两类:基坑大面支护形式为二级放坡,表面采用钢板网喷射混凝土护坡,放坡坡率为1:1;临近承台区域支护形式为钻孔灌注桩排桩支护,桩径为700mm与1000mm。图4-11为本工程基坑BIM。

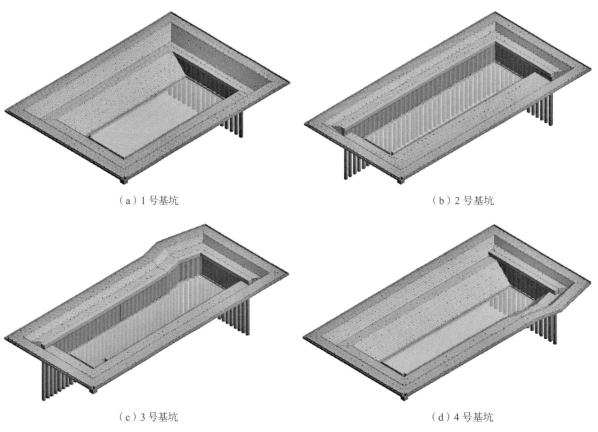

(a) 1号基坑   (b) 2号基坑

(c) 3号基坑   (d) 4号基坑

图4-11 转运中心主楼基坑工程BIM

基坑工程风险系数高、难度大,基坑支护更是关系到地下结构施工及基坑周边环境的安全,其重要程度不言而喻。但在既往的工程实施案例中,如何将设计意图进行完整、有效地进行实体还原是困扰基坑工程开展的一项痼疾;同时,由于专业壁垒与信息不对称等原因,不同专业各自为战的现象也屡有发生。因此,项目团队希望借助数字深化技术形成一道整合相关要素的数据链条,以高质量BIM为载体,串联设计到施工的上下游信息,协同技术、生产、商务各条线集中发力,互通有无,共同推进工程的顺利开展。

2. 基坑工程数字深化实施思路与特点

将以BIM技术为代表的数字技术引入到转运中心主楼工程的深化工作中,在技术层面是对传统深化工具的维度升级与优化迭代，利用 BIM 三维可视化的优势，深化设计人员可以更加明晰构件的空间位置关系，为深化设计的质量与效率提供保障；而在管理维度上，数字技术更是催生流程与理念的变革与重塑，在技术的加持下，工程实现了信息的正向传递、条线的紧密协同，更加重要的是，数字基因正改造着传统的管理模式，在施工安装、质量验评、计量支付等工作推进过程中，模型的首位度得到提升，"用数据说话"已成为管理人员根深蒂固的思维模式与行为准则。

转运中心主楼基坑工程数字深化实施特点主要体现在：

（1）模型精确，应用导向

BIM 创建的精细程度是数字深化工作中需要着重考虑的方面之一，精度不足易导致信息载体缺失，模型指导意义不足；精度过剩则造成投入与产出不成正比，引发资源配置浪费。行业内对于精细度的要求不一而足，但究其根本，模型的搭设要与后续应用互相匹配。转运中心主楼基坑工程体量虽小但构件类型较多，相关构件的创建完全以按模施工、质量验评与计量支付等管理需求为导向，在准确还原图形的基础上，通过相关管理信息的赋予，积极响应管理工作中的开展要求，使 BIM 不仅作为深化设计的产物，更是成为指导施工、服务管理的数据源头。

（2）多方协同，数据共享

在信息传递和交换的过程中，由于各类因素的影响与干扰，易导致信息失真、沟通受阻。工程建设活动中，受限于沟通方式与沟通渠道等原因，加之各参建方的专业屏障与利益诉求，沟通协同工作往往被贴上了冗长与低效的标签，严重影响工程的顺利推进。而数字深化技术的出现，替代了传统羸弱的信息传递媒介，使各参建方、各专业部门基于对等的信息维度展开交互工作。各单位可实时调用模型中的基础数据，并对数据进行引用、评判及多方讨论，且相关过程可追溯、易查询，从机制上消除传统协同工作中造成沟通低效的因素，降低内耗。

3. 基坑工程数字深化实施具体应用

（1）高精度模型搭建，匹配管理应用需求

转运中心主楼基坑工程的模型创建遵循应用导向，模型精细度与管理颗粒度相互匹配，在图形与信息两个维度上进行构件的数字还原，以充分满足相关管理目标的实现。

项目团队除对基坑工程中冠梁、支护桩、集水坑等混凝土构件进行创建以外，还利用 BIM 三维可视化的优势，对工程中的钢筋构件进行精确排布，基坑工程深化模型如图 4-12 所示，并结合工艺标准与现场施工人员作业习惯，对钢筋排布形式作进一步调整与优化；研判泄水孔、土钉等构件布置的间距及位置合理性，把控各构件的空间位置关系，分析是否存在干涉问题，确保基于模型出具的相关成果可以有效指导实际施工，通过技术层面的精准映射保障工程实体的完成质量。

考虑到后期管理推进中对于以模型为基础进行质量验评及计量支付的要求，项目团队对基坑工程中构件信息进行分类赋予，提高数据在归集与应用方面的规范性与便捷性。以钢筋构件为例，基坑工程中钢筋构件数量多达 20 万余，且钢筋构件隶属于不同的分项工程，如果构件分类出现混淆，则导致数据在分项与汇调用过程中产生偏离。项目团队通过完善不同分项工程中的钢筋字段属性，对包括支护桩钢筋、排水沟钢筋、喷锚支护钢筋等在内的构件进行清晰区分，如图 4-13 所示，确保了验评与计量工作中各分项中构件含量的正确性，为后续管理工作的正常开展提供技术保障。

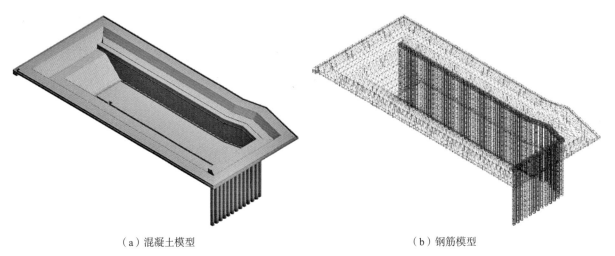

| （a）混凝土模型 | （b）钢筋模型 |

图 4-12　基坑工程深化模型

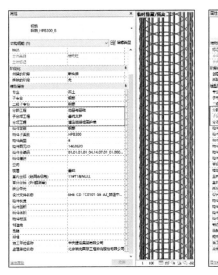 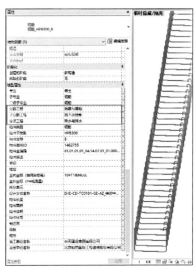 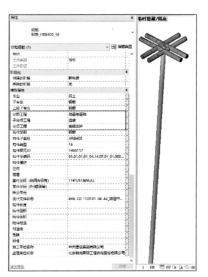

| （a）支护桩钢筋 | （b）排水沟钢筋 | （c）喷锚支护钢筋 |

图 4-13　不同分项下的钢筋构件属性

（2）多主体协同办公，实现数据信息共享

准确地了解设计意图是开展深化工作的前提条件，是确保深基坑工程安全开展、支护措施有效的重要保障。在深化设计阶段初期，项目团队积极开展与上游设计端的数据对接工作，联动建设单位与设计单位共同办公，如图 4-14 所示。基于施工图设计模型明确工程范围以及重点部位的设计意图，施工单位同步将施工流程、施工工艺等引入集中讨论，加快设计与施工的信息互通共融，实现各参建方的数据共享，为工程管理提质增效。

图 4-14　协同办公沟通会议

在充分了解设计意图之后，施工单位开展专项施工方案的编制工作。项目团队借助 BIM 进行全方位、全要素的施工方案可行性分析，尤其对于专业性强、工艺复杂的部位，借助模型的可视化优势进行重点研讨，基坑工程三维节点模型如图 4-15 所示，通盘考虑施工过程中的潜在问题，预先排演，未建先知。数字深化技术与施工方案编制工作的结合，并非仅局限于表象上的三维插图支持，提高方案的可读性与内容展示的直观性。数字深化技术所形成的数据基底，为方案的编制增加了信息攫取与捕获的渠道，提供了全局审视的观察角度与思维模式。施工方案编制力求落地，而数字深化技术则为其落地保驾护航。

（a）桩间钢筋处理

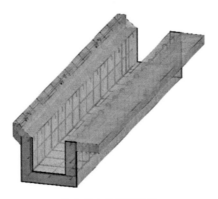
（b）排水沟钢筋排布

（c）泄水孔做法

图 4-15　基坑工程三维节点模型

大型工程常因各项因素的影响而产生频繁变更，变更信息如无法及时有效传递，则易引发工程运转不畅，甚至出现返工等严重影响工程进度与质量的现象。在以 BIM 为载体的深化设计模式下，各参建方、各专业可以通过模型信息的实时共享，充分了解工程变更带来的包括工作范围、材料选用、构造做法等内容要素的调整，基坑工程信息属性查看如图 4-16 所示。

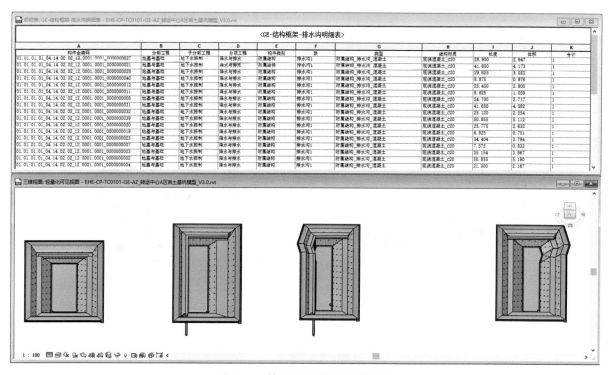

图 4-16 基坑工程信息属性查看

4.3.3 基础工程深化技术与管理

1. 基础工程概况

花湖机场转运中心主楼工程采用钻孔灌注桩基础及柱下独立基础等形式,混凝土设计强度 C40,持力层为中风化细砂岩。主楼桩基均为抗压桩,桩径分为 700mm、800mm、1000mm 和 1100mm,均采用桩端后注浆。图 4-17 为转运中心主楼基础工程的 BIM。

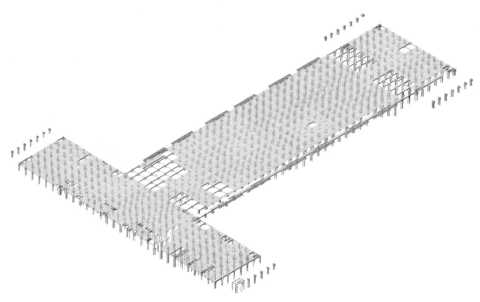

图 4-17 转运中心主楼基础工程 BIM

基础工程是保障上部结构稳定、可靠的关键所在，其重要程度不言而喻。针对大体量与高复杂的工程实施，如何确保数据在设计与建造之间的双端流转；如何保证技术与工程的条线联动；如何明确关联标段之间的工作边界，是项目团队需要解决的核心所在，同时也为数字技术提供了应用的土壤与推进的方向。

2. 基础工程数字深化实施思路与特点

转运中心主楼基础工程的深化输入端源自施工图设计模型与技术文件，并结合实际施工工艺进行补充、细化，以模型构件为载体，将上下游数据进行链接。结合工程实际特点，应用 BIM 技术在图形表现与信息集成等方面的优势，突破传统二维设计手段的限制，在高精度模型深化、三维可视化施工交底、多单位施工界面协同等工作开展中，赋能项目提质增效。

转运中心主楼基础工程数字深化实施特点主要体现在：

（1）模型精细，应用匹配

模型创建的精细程度需要匹配技术应用与工程管理的颗粒度。在本工程深化设计阶段中，为实现按模施工、质量验评及计量支付等工作的顺利开展，基础结构构件的精度等级需达到 LOD350，对应几何精度等级为 G4，即需要按实际尺寸进行钢筋建模。三维图形的介入提升了设计人员的可视化维度，助力其在复杂构件空间排布与位置关系判别等工作中更加得心应手，保障输出成果的质量与效率，进而为后续工作开展奠定基础。

（2）交底可视，沟通顺畅

高质量模型作为指导后续施工的数据基底，解决了传统交底过程中信息不对称的弊病，使技术与工程条线人员的沟通工作可以在同一维度上进行，消除了专业壁垒与信息屏障。

基础工程钢筋排布错综复杂，钢柱脚与基础钢筋存在大量的空间避让关系，仅凭二维图纸进行关键节点的描述，需要被交底人具备强大的空间想象能力以及识图转译能力，在频繁的升维与降维过程中需要耗费巨大的沟通成本，交底质量难以保障。项目团队结合被交底人的信息接收习惯，通过模型切图的方式，高效、精准地在虚拟模型数据与实体工程构造之间进行映射，提高成果交底质量与效率，使深化设计成果在实体建造层面有效落地。

（3）界面明晰，协同高效

以 BIM 技术为主导的数字深化技术，为多专业的协同工作推进提供一种新型的解决方案。机场综合管廊横穿转运中心主楼 A1 至 A4 区，标段之间存在界面不清的问题隐患，项目团队主动协调并开展模型整合工作。各专业参建方基于统一的模型语境，在三维可视化的协同状态下，通过模型整合进行毗邻标段、交叉专业的界面划分与明确工作，将实体建造过程中可能出现的施工界面模糊问题前置，将工程的不确定性降至最低。

3. 基础工程数字深化实施具体应用

（1）高精度模型搭建，服务深度应用

长期以来，基于 BIM 技术的钢筋模型创建与深化设计工作被视作行业领域的"深水区"。囿于计算机软、硬件的客观限制以及节点构造的复杂与专业程度，钢筋应用成为深化设计人员不愿触及的领域。转运中心主楼工程践行"BIM正向实施"思路，通过三维可视化模型的搭建与结构化的信息集成，基于模型开展按模施工、质量验评及计量支付等深度应用。钢筋作为建筑工程的主要材料之一，是决定后续相关工作开展的一项重要因素，因此，对于钢筋的模型创建与深化设计工作势在必行。

钢筋构件创建的瓶颈主要限于软件搭建效率与硬件承载能力。项目团队为匹配后续深度应用的需求，积极探寻高质量、高效率的基础结构模型创建方法。在效率提升方面，结合核心软件的钢筋建模功能，针对不同构件中钢筋排布的特点，采取高效的定向解决方案，具体详见表4-1。

基础构件钢筋高效模型搭建策略　　　　　　　　　　表4-1

编号	典型构件	模型搭建策略
1	桩	桩构件尺寸常规，规格较少，按桩径搭建基准钢筋布置样板，基于样板进行相同桩径的钢筋批量复制，调整钢筋参数，以满足不同桩长的钢筋布置要求
2	柱帽	柱帽、地坪板等构件钢筋排布规律，采用钢筋集进行钢筋的批量创建，通过调整钢筋集中的布局参数可进行钢筋的定距排布，换算钢筋集内的钢筋总长度作为后续结算依据
3	基础梁	基础梁搭建采用某钢筋插件批量生成，结合自研Dynamo开发程序进行特定功能的补充，涉及钢筋弯折部分进行手动建模
4	承台	针对规律排布部分采用钢筋集进行钢筋的批量布置；涉及特殊节点部位进行手动建模

对构件按钢筋排布特点进行分类，结合对应的高效模型搭建方案，使得深化工作更加有的放矢。深化设计人员按组别进行单类构件的模型创建，专注于某一类别构件的钢筋排布，以流水线思维注入深化工作，建模效率与模型质量得到了大幅提升。

与此同时，对构件的分类也解决了制约钢筋深化的另一个难题，即硬件对于模型创建的限制。Revit 软件中，钢筋数量的激增极易导致程序的卡顿甚至崩溃。转运中心主楼地坪面积达 16 万 m²，即便按抗震缝进行分区，单区的钢筋构件数量级也在 20 万左右，在现有的硬件条件下极难顺利地开展工作。对构件进行分组深化后，相当于将钢筋模型进行了有效拆分，降低了硬件宕机的风险，进一步提升了整体的工作效率，为工程的顺利实施提供了保障。

项目团队经过转运中心主楼基础工程的历练，总结出了一整套针对钢筋模型创建的高效方法，并将经验进行积淀与转化，同时集合集团研发力量，将相关标准植入程序语言，通过持续的功能迭代，自主研发了基于 Revit 软件的钢筋工程数字建造深化插件——FastRebar，并取得计算机软件著作权证书，如图 4-18 所示。该系列插件用于提升结构构件的钢筋布置效率，基于模型自动生成符合现场应用习惯的钢筋料单，布置效率较手工操作提高近 8 倍。FastRebar 插件现已在集团范围内广泛应用，功能模块设置及钢筋布置效果示例如图 4-19 所示。

图 4-18　FastRebar 系列插件计算机软件著作权证书

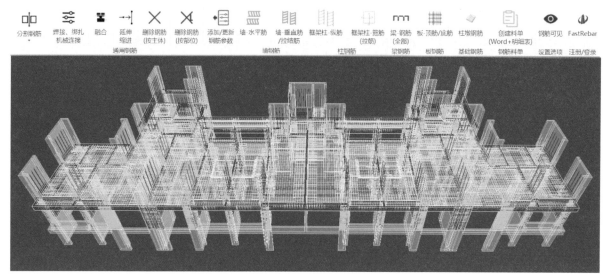

图 4-19 FastRebar 插件功能模块及模型布置示例

（2）可视化交底实施，消除信息壁垒

沟通成本是工程活动中最常见的隐性成本之一，"词不达意""百人百解"等现象层出不穷，阻碍项目信息的有效流转，其中对于成果交底工作的影响最为显著。深化设计成果转换为实体构件的过程中，需要通过高效的沟通媒介搭建起技术与工程条线信息共享的平台。

转运中心主楼基础工程中，承台上部的钢框架柱脚埋入基础，导致柱脚与基础内钢筋存在大量复杂的空间位置关系。涉及多层穿筋、绕筋等位置的复杂节点，如图 4-20、图 4-21 所示，传统以二维图纸为主的交底手段，优势在于对平面尺寸的清晰表达，但无法精准地描述钢筋构件在三维空间中的位置关系，低效的沟通方式易导致信息在流转过程中产生失真，阻碍工程顺利、高效地推进。

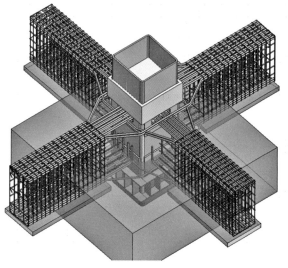

图 4-20 基础梁双向穿筋节点

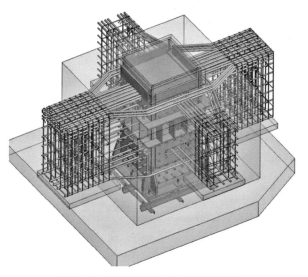

图 4-21 基础梁双向双排穿筋节点

项目团队应用数字深化方式，将转运中心主楼基础工程中 750 余处复杂节点进行三维模型搭建，图 4-22 为典型复杂节点的三维示意，涉及穿筋、绕筋部位的钢筋排布，联动工程条线相关人员共同参与，在三维可视化的环境下，共同研判合理的钢筋布置方式，将施工工艺深植于模型之中，确保输出成果的可实施性。图 4-23 为技术与工程条线人员对复杂钢筋节点进行讨论的照片。

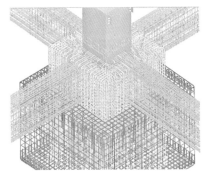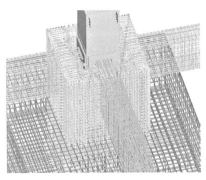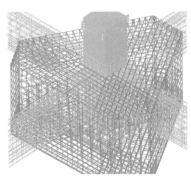

（a）四面穿筋三维节点　　　　　　（b）三面穿筋三维节点　　　　　　（c）承台钢筋三维节点

图 4-22　典型复杂节点三维示意图

图 4-23　技术与工程条线人员对复杂钢筋节点进行讨论

在高精度基础工程数字深化模型的保障之下，项目团队采用更为高效的三维可视化交底模式，基于模型出具符合施工人员读图习惯的图纸并进行详细的尺寸标注，结合三维模型图表述构件空间位置关系，发挥平面标识与三维表达的各自优势，提高交底的质量与效率，如图 4-24 所示。

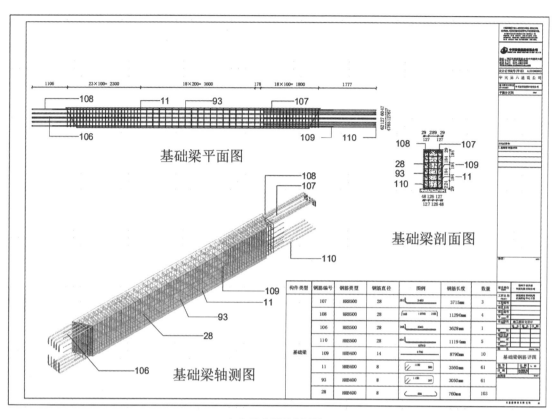

（a）基础梁深化切图

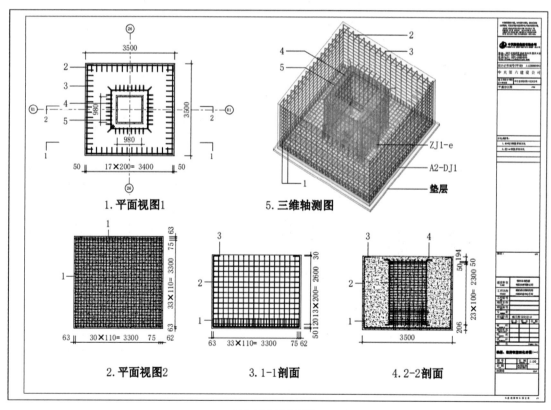

（b）承台深化切图

图 4-24　基础工程深化切图

此外，将基础工程数字深化模型进行轻量化处理，允许操作人员无需借助核心建模软件，在网页端或移动端快捷地进行模型访问，实时查看钢筋构件数据信息，如图 4-25 所示，进一步提升数据信息在设计与施工的双端流转，为工程实现质量与进度目标保驾护航。

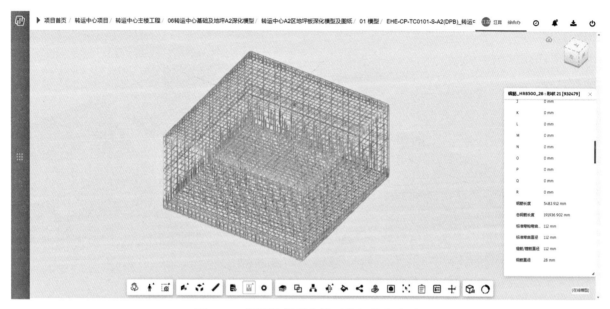

图 4-25　网页端轻量化模型数据信息查看

（3）多标段模型整合，提高协同效率

机场综合管廊工程从主楼地下沿南北方向纵贯而过，即图 4-26 中红色的区域范围，导致其与转运中心主楼基础工程存在大量的工作界面交叉，毗邻标段间的界限划分与空间协调工作极其繁杂，如果处理不当，极易造成标段间参建方的利益纷争，影响项目整体推进实施进度。

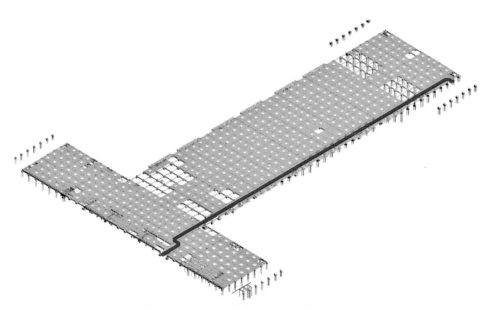

图 4-26　机场综合管廊工程位置示意图

项目团队在完成深化设计模型创建之后，考虑到与相邻标段间潜在的交叉协同问题，主动配合建设单位发起模型整合流程，在统一的信息维度上提前预警并解决由于边界划分不清而可能导致的纠纷问题。通过多标段模型整合后发现，转运中心主楼承台、基础梁及地坪板等构件均存在与管廊发生空间干涉的情况，如图 4-27 所示，在深化设计阶段将问题提前暴露，预先解决，避免了后续实施过程中因拆改返工导致的工程进度滞后。

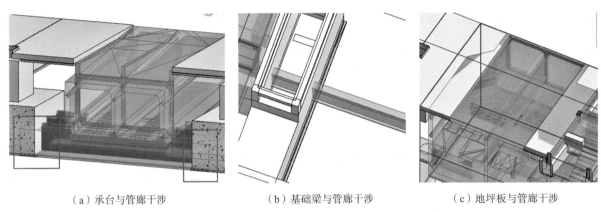

(a) 承台与管廊干涉　　　　　(b) 基础梁与管廊干涉　　　　　(c) 地坪板与管廊干涉

图 4-27　转运中心主楼基础工程与机场管廊工程干涉部位

4.3.4　应用情况与成效分析

项目团队在地基与基础工程中运用数字深化技术，开展了土方、基坑、基础工程的模型搭建与构件深化工作，涉及构件类别 98 种，深化构件数量约 320 万个，参加模型审核会 96 次，形成可用于指导施工的深化图纸 360 张。

在大体量、多类型的基础钢筋深化建模中，技术团队应用了精准拆分、参数化驱动、Dynamo 编程、钢筋集轻量化技术解决了钢筋建模效率低，和信息量过大导致硬件宕机的问题，提升了钢筋构件的布置效率，实现了快速出图的目标，为后续现场施工奠定工作基础。研发团队通过经验萃取和程序语言转化，自主研发出钢筋深化插件 FastRebar，为其他项目的钢筋深化提供了工具。

技术团队在地基基础工程深化过程中协助建设方开展信息模型的管理和共享，主动发起多主体集中办公，联动多标段模型整合，解决边界纠纷，提高全场协同效率。深化模型的精细化出图指导施工助力了成本管控，也为数字建造全过程创新应用的形成奠定了基础。

地基与基础工程的数字深化是开工后摆在技术团队面前的第一个难题，时间紧任务重，但是中天建设集团发挥团队作战优势和研发先锋力量，只用了 70 天就完成了 16 万 m^2 的地坪板钢筋、土方、桩基钢筋以及 4 个基坑支护的钢筋深化模型，如图 4-28、图 4-29 所示，获得了业主和各参建方的认可。

地基与基础阶段BIM深化模型内容		
序号	项目	进度
1	A1-A6区桩头结构模型（2529根）	模型深化完成　通过四方会审（12.11）
2	指廊L2-L4区桩基结构深化模型（376根）	模型深化完成　通过四方会审（12.14）
3	A3区地坪板结构深化模型（2.6万方）	模型深化完成　通过四方会审（12.21）
4	A1-A6区土方挖方及填方深化模型（16万方）	模型深化完成　通过四方会审（12.22）
5	W1-W8区桩基结构深化模型（1563根）	模型深化完成　通过四方会审（12.28）
6	A3区地坪板防雷接地模型（2.6万方）	模型深化完成　通过四方会审（12.29）
7	A4区地坪板结构深化模型（2.6万方）	模型深化完成　通过四方会审（1.6）
8	A4区地坪板防雷接地模型（2.6万方）	模型深化完成　通过四方会审（1.12）
9	A1区基坑支护深化模型（四个区域）	模型深化完成　通过四方会审（1.15）
10	A2区地坪板结构深化模型（2.6万方）	模型深化完成　通过四方会审（1.12）
11	A2区地坪板防雷接地模型（2.6万方）	模型深化完成　通过四方会审（1.12）
12	A1区地坪板结构深化模型（3.1万方）	模型深化完成　通过四方会审（1.24）
13	A1、A5、A6区地坪板防雷接地模型（6万方）	模型深化完成　通过四方会审（1.25）
14	A5、A6区地坪板结构深化模型（3万方）	模型深化完成　通过四方会审（1.27）

图 4-28　进场 70 天深化设计成果

鄂州丰泰启盛物流发展有限公司

<u>表扬信</u>

中天建设集团有限公司：

　　新建湖北鄂州民用机场转运中心工程，在非比寻常的2020年中，工程建设稳步推进。经过 70 天艰苦奋斗，贵司深化设计团队积极响应我司建设需求，提供可靠专业技术与优质设计服务，其中团队牵头人江昆，团队成员余炎胜、吴广凡、陈凌文等人完成了 16 万方的地坪板钢筋、土方、1939 根桩基钢筋以及 4 个基坑支护的钢筋深化模型和对应的检验批划分，在我司平台通过审核后为现场施工创造了有利条件。对贵司项目团队在本项目中的优质服务表示感谢。以资鼓励，希望贵公司继续保持 BIM 技术高效、优质的工作作风，进一步提高模型质量，确保顺利完成本标段所有 BIM 深化工作。

鄂州丰泰启盛物流发展有限公司
2021 年 2 月 2 日

图 4-29　建设单位表扬信

4.4　主体结构工程深化技术与管理

4.4.1　钢结构工程深化技术与管理

1. 钢结构工程概况

　　花湖机场转运中心主楼上部主体为钢框架结构，首层钢柱为矩形钢管混凝土柱，柱内填充 C40 自密实混凝土，2～4 层为矩形钢管柱，钢梁为 H 型钢，钢结构工程总重量达约 10 余万吨。转运中心主楼钢结构工程 BIM 如图 4-30 所示。

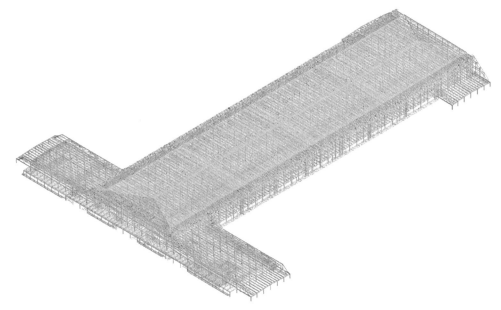

图 4-30　转运中心主楼钢结构工程 BIM

作为国内迄今为止首个以 BIM 技术为核心深入进行造价管理的工程，转运中心主楼工程对于钢结构专业的深化细节要求极高，除进行常规梁、柱的构件创建之外，还须对细部节点构造，甚至铆钉及螺栓等构件进行虚拟还原，保证后续计量支付的正常推进。与此同时，项目团队还面临着由于软件间底层结构差异，导致图形与数据传递损失的风险，如何解决上述问题是决定钢结构工程深化成败的关键所在。

2. 钢结构工程数字深化实施思路与特点

在工厂化加工、物流化运输、装配化施工等特点的加持下，钢结构展现出了强烈的工业化特色，但是如何准确地获取构件的加工尺寸、身份标识以及空间定位等信息，如何高效地管理过程中产生的海量数据，是实现钢结构工程顺利实施的前提，也是项目引入数字深化技术的原因所在。

转运中心主楼钢结构工程数字深化的特点主要体现在：

（1）数模集成，应用匹配

深化设计模型除了是对构件在图形维度的高度还原，同时也需要对构件进行属性信息的集成管理。项目团队采用 Tekla 软件开展钢结构工程的数字深化工作，利用软件强大的节点建模能力，对转运中心主楼钢结构工程进行构件级模型搭建，基于模型构件中携带的加工尺寸、安装定位等信息内容，出具图纸与物料清单，通过真实的数据信息指导后续工作的有效开展。

（2）异构数据，无损交换

数字深化工作中的软件数据交换问题，是影响工程的顺利开展的因素之一。在转运中心主楼工程中，传统以 IFC 格式为交互标准的转换形式，无法满足模型从 Tekla 到 Revit 软件的无损转换要求。项目团队与集团后端技术支持部门主动探索，另辟蹊径，研发一种异构数据之间无损转换的工作流程，并将其以插件形式进行封装，打破软件间的数据壁垒，确保数据信息的无损交换。

3. 钢结构工程数字深化实施具体应用

（1）模型与工艺高度融合，指导生产加工

深化设计模型的创建不仅仅是出于可视化的需求考虑，更要结合现场实际生产加工、运输安装的具体要求。为确保工程的高效开展，项目团队按 A1～A6 区域划分组建深化小组同时开展工作，钢结构工程模型区域划分如图 4-31 所示。除 A5、A6 区进行整体建模以外，A1～A4 区结合钢结构吊装中的退吊方案，按照从中间跨到两边跨的吊装顺序进行模型搭建，匹配现场进度需求。图 4-32 是以 A2 区模型创建顺序为例进行描述，其他区域采用类似方式。

项目团队应用 Tekla 软件对转运中心主楼进行高精度模型创建，构件总数量多达 250 万余，所创建构件均被赋予加工工艺信息，利用零件前缀与构件前缀进行分区、分层标识，便于模型数据的筛选与汇集，钢结构模型构件属性查看如图 4-33 所示。

在模型搭建完毕后，相当于形成了完整的深化数据基座，所以在此基础上进行的成果输出便显得水到渠成。项目团队基于模型出具包括构件加工图、构件布置图、物料计量清单等在内的多种类型深化设计成果，用以指导现场的生产加工与施工安装工作，如图 4-34、图 4-35 所示。

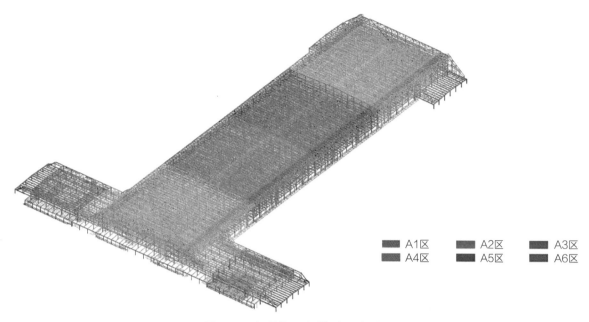

图 4-31 钢结构工程模型区域划分

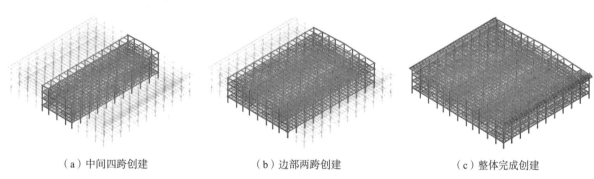

（a）中间四跨创建 　　　　（b）边部两跨创建 　　　　（c）整体完成创建

图 4-32 A2 区模型创建顺序示意图

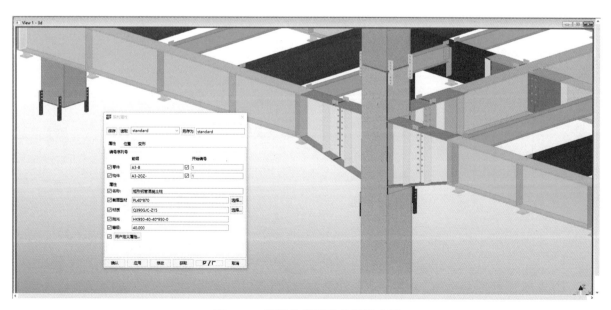

图 4-33 钢结构模型构件属性查看

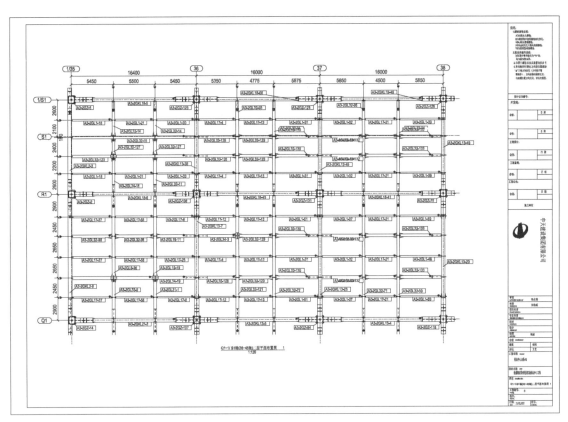

图 4-34　钢结构平面布置图

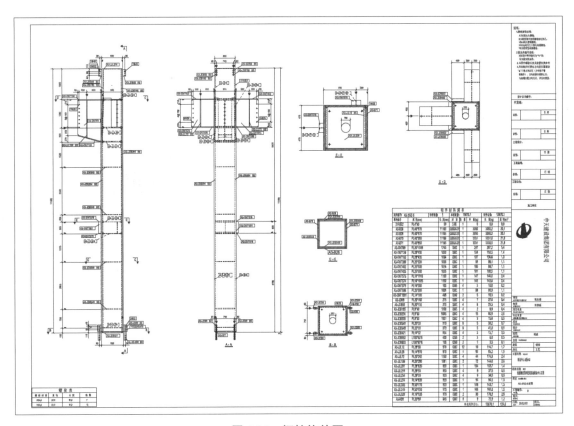

图 4-35　钢柱构件图

（2）图形与信息无损转换，突破软件屏障

Tekla 软件在创建钢结构模型及成果输出方面为项目团队提供了有力的支持，在既往的钢结构工程中，软件应用从深化设计、生产加工直至落地实施，皆可形成完整的技术路径闭环。但在转运中心主楼工程的技术标准体系下，编码与字段的赋予是基于 Revit 软件的架构，以族构件作为数据存储单元开展实施，涉及图形与信息在不同软件间的无损转换问题。然而传统的以 IFC 格式为交换标准的转换方式，虽然允许使上述两款软件进行交互，但由于软件底层架构的差异，Tekla 软件中的构件在转换后出现了无法成族编辑、族类型数量异常等问题，严重影响后续信息赋予工作的开展，导致技术路径的阻塞。

在求助软件厂商支持无果后，项目团队与集团技术支持部门共同探讨解决方案，回归模型创建最简单、最朴实的思路，经过技术迭代与敏捷开发，最终将思路封装成为插件，形成"中天建设 TTR 工具集系统"，并取得计算机软件著作权登记证书，如图 4-36、图 4-37 所示。

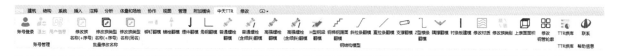

图 4-36　中天建设 TTR 工具集系统界面

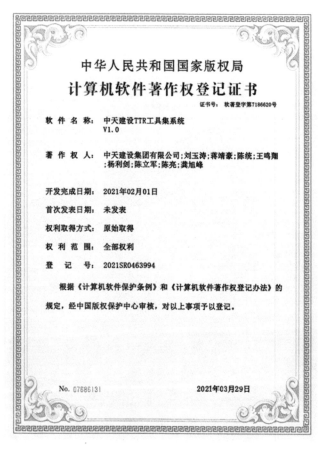

图 4-37　中天建设 TTR 工具集系统软著证书

中天建设 TTR 工具集系统的研发，在软件鸿沟处架设起了一道互通桥梁，以图 4-38 所示的技术路径，实现了 Tekla 软件与 Revit 软件之间图形及信息数据的无损传递，使两种软件在发挥各自优势的同时，完成图形及信息维度的精准映射。

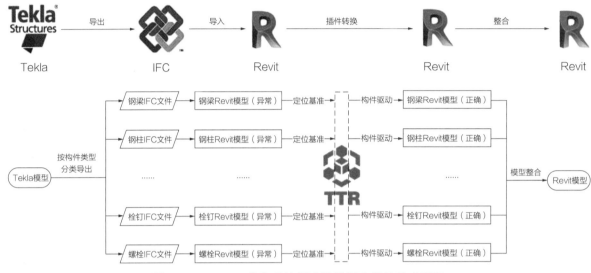

图 4-38　TTR 工具集系统解决软件间交换的技术路径

项目团队使用中天建设 TTR 工具集系统开展构件的转换工作，将 Tekla 模型无损转换成 Revit 模型，为构件的编码及信息赋予提供了模型保障。以 A6 区域为例，图 4-39 为原始的 Tekla 模型，图 4-40 为利用 TTR 工具转换的 Revit 模型。

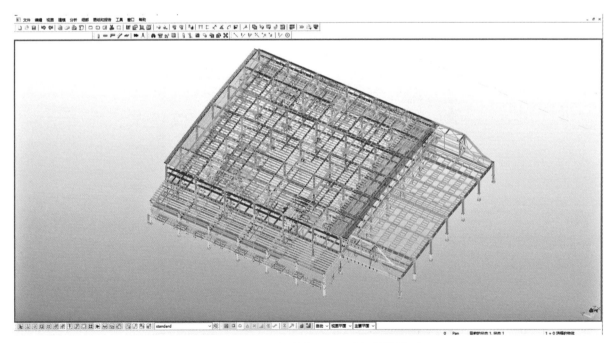

图 4-39　Tekla 软件中 A6 区域钢结构模型

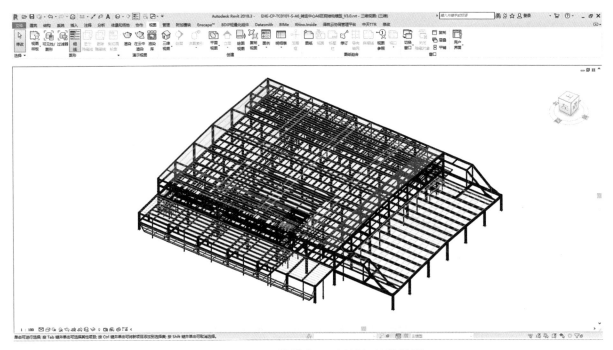

图 4-40　Revit 软件中 A6 区域钢结构模型

经转换后的模型构件即可根据项目标准体系要求，在 Revit 软件环境中添加字段信息、赋予构件编码，如图 4-41 所示，为后续质量验评及计量支付工作的顺利开展奠定了基础。

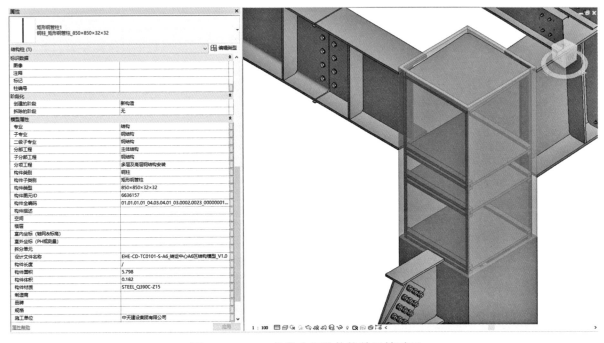

图 4-41　Revit 软件中钢结构构件属性赋予

4.4.2 楼承板结构工程深化技术与管理

1. 楼承板结构工程概况

花湖机场转运中心主楼楼承板结构工程总面积约 45 万 m²，采用"钢筋桁架＋镀锌钢板"的组合形式，如图 4-42 所示。底板与钢梁之间用圆柱头栓钉进行穿透焊，支座负筋隔一布一，分布筋通长布置，如图 4-43 所示。

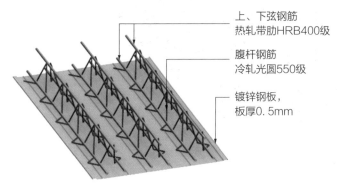

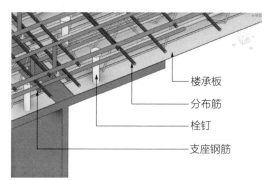

上、下弦钢筋
热轧带肋HRB400级

腹杆钢筋
冷轧光圆550级

镀锌钢板，
板厚0.5mm

楼承板

分布筋

栓钉

支座钢筋

图 4-42 转运中心主楼楼承板组合形式　　　　图 4-43 楼承板与结构连接形式

楼承板适应主体钢结构快速施工的要求，能够在短时间内提供稳定的作业平台，应用广泛且技术成熟，但在本工程的应用推进过程中，项目团队仍面临诸多挑战，集中体现在：工程量大，深化周期紧张；节点错综复杂，交底工作困难；交叉专业众多，存在拆改隐患。

2. 楼承板结构工程数字深化实施思路与特点

钢筋桁架楼承板在钢结构项目中的应用较为广泛，在面对一项较为成熟的技术应用时，数字深化的目标导向应偏重解决工程活动中长期存在的痛点问题，结合精益建造思想，以高质量 BIM 深化设计模型为图形及数据载体，打通从设计到施工的隔阂与壁垒。

转运中心主楼楼承板结构工程数字深化的特点主要体现在：

（1）模型引路，表达直观

可视化往往被视作数字技术的一项基础应用，但在信息交流的过程中，尤其是在对于复杂节点的描述上，往往"一图胜千言"。转运中心主楼楼承板结构工程钢筋排布密集，错综复杂，钢筋桁架与分布钢筋、搭接钢筋等空间位置关系如何表述，柱边节点、洞口节点的加强筋的添加如何交底，这些问题均可以通过模型在可视化的维度上精准、快速地解决。

（2）数据精确，支撑有力

BIM 可视为工程多维结构化的数据库，通过相关字段信息的赋予，可在快速提取数据的基础上，进一步对数据进行统计与分析。在主楼楼承板结构工程深化过程中，项目团队利用 BIM 进行数据输出，整体统筹构件布置，优化断料方案，指导构件的集中加工工作；结合工程作业范围广的特点，对材料进行分层、分区、分作业段统计，为后续实现楼承板定点配送提供数据基础。

3. 楼承板结构工程数字深化实施具体应用

（1）高质量模型生成，匹配工程进度

转运中心主楼楼承板结构工程深化面积 45 万 m²，深化周期 2 个月，为满足后续按模施工、质量验评及计量支付要求，模型需要通过高颗粒度的构件创建进行各维度信息数据的承载，钢筋桁架、镀锌钢板、各类结构钢筋、连接构件等内容需在模型上进行精确表达。

项目团队在模型创建初期进行精细策划，统筹分析工程中各类构件特点及后续信息管理需求，采用针对性的建模策略及实用工具，保证模型质量，兼顾工作效率。借助参数化建模功能，使用可参变族进行钢筋桁架的模型创建，如图 4-44 所示，将构件形体的变化转换为调整参数的过程，通过公式的有效、合理驱动，快速完成各类尺寸的钢筋桁架创建，适应不同条件下的形体创建需求。

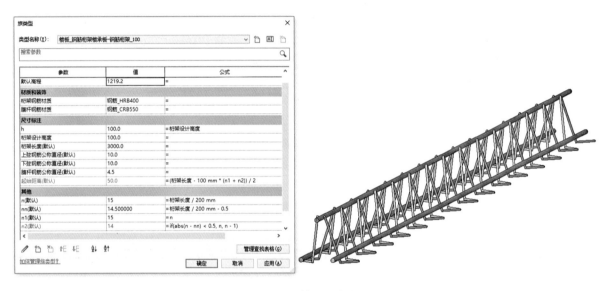

图 4-44　钢筋桁架参数族

项目团队与集团后端技术支撑部门进一步进行联动，开展楼承板自动化布置的程序开发工作。通过识别链接至 Revit 软件中的排版图层，按照钢筋桁架与镀锌钢板之间的尺寸逻辑关系进行运算，利用 RevitAPI 批量驱动族构件中的参数，达到快速进行楼承板布置的效果。程序经项目团队试用后，基于畅通的反馈机制，在双方的不懈努力下进行优化迭代，最终固化为 TTR 插件中的子功能模块，为高效的模型创建提供了支撑，如图 4-45 所示。经测试，面积约 5000m² 的常规楼承板模型创建仅需耗费 10min 左右，较人工作业效率提升近 20 倍，使深化人员可以倾注更多的时间在复杂节点的推敲及构件信息的管理等方面，为深化工作匹配工程进度保驾护航。

（2）可视化场景创建，提高沟通效率

转运中心主楼楼承板结构工程钢筋排布错综复杂，柱边、洞口等复杂节点的钢筋排布关系更加难以通过二维图纸及文字等媒介进行精准描述。既往的工程案例中也出现过因交底不畅而导致的返工问题，例如分布钢筋应按要求内穿钢筋桁架，如图 4-46 所示，但因交底质量存在缺陷，致使施工人员对于分布钢筋的位置不够清晰，直接将其铺设在钢筋桁架的上弦钢筋上部，导致混凝土保护层厚度不足，造成返工或采取事后的补救措施。

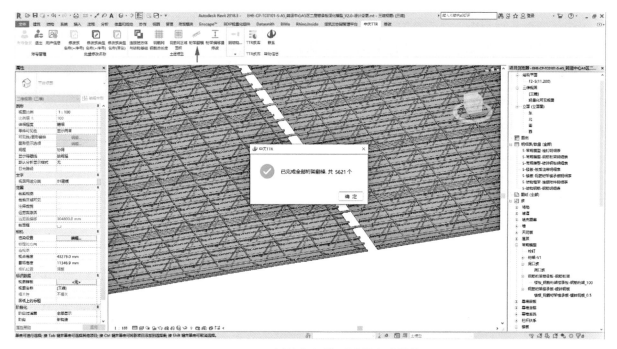

图 4-45　TTR 插件桁架模型批量生成模块

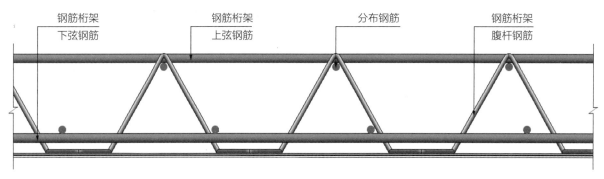

图 4-46　分布钢筋与钢筋桁架的关系示意图

　　项目团队借鉴既往工程中的案例教训，通过创建数字深化模型串联起设计端与施工端的信息流转，以模型为载体直观地描述各类钢筋之间的位置关系，明确表达钢筋的构造做法，包括搭接长度、弯钩类型等内容，如图 4-47 所示，精准进行模型与实物之间的映射。

　　本工程柱边复杂节点约 3500 余处，项目团队通过三维可视化的模型创建环境，研究节点部位做法，综合考虑施工安装空间的预留、边缘加强钢筋的布设等具体施工工艺问题，并及时采纳施工作业人员的实际施工诉求，形成具备落地性的钢筋排布方案，为后续以"按模施工"为推进思路的实体建造过程提供数字保障，柱边钢筋深化节点模型如图 4-48 所示。

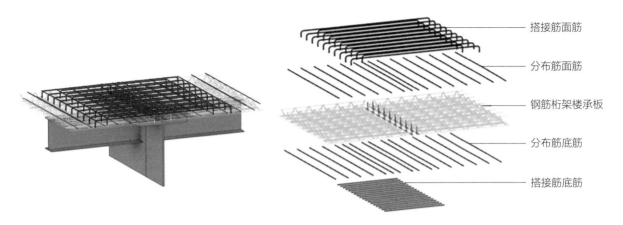

搭接筋面筋

分布筋面筋

钢筋桁架楼承板

分布筋底筋

搭接筋底筋

图 4-47　楼承板钢筋分层排布三维示意

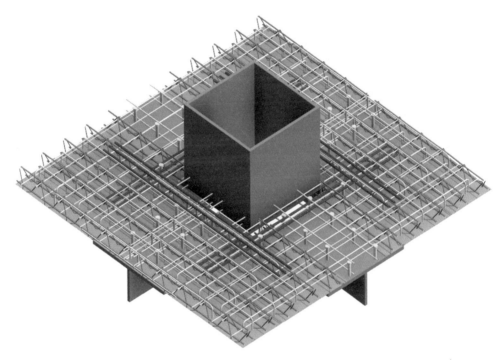

图 4-48　柱边钢筋深化节点三维模型

（3）多维度信息应用，提升技术价值

基于 BIM 携带的丰富信息，项目团队根据具体应用充分挖掘模型中的数据价值，输出可用于指导加工生产的技术成果，以本工程中镀锌钢板为例进行说明。镀锌钢板宽度方向为固定模数，仅在长度方向上进行裁切，具备集中加工的条件。项目团队以主体钢结构模型为参照，遵循楼承板与钢梁的搭接规则，以全局视角统筹考虑，合理确定起始位置，对镀锌钢板的排布进行深化，图 4-49 为 A3 区二层的镀锌钢板排布模型。待模型稳定后，项目团队通过 BIM 输出镀锌钢板排布图纸，根据镀锌钢板尺寸进行分类编号，形成可指导后续集中加工工作的材料清单，如图 4-50所示。

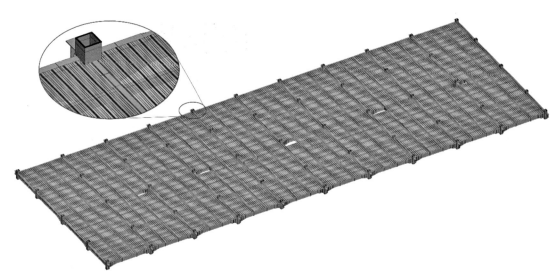

图 4-49　A3 区二层镀锌钢板排布模型

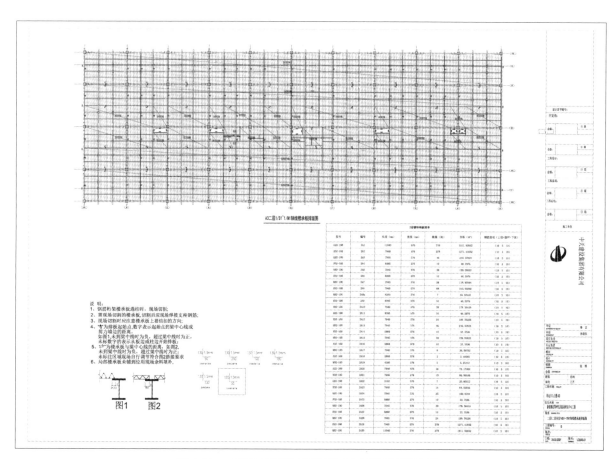

图 4-50　A3区二层镀锌钢板排布图纸及材料清单

　　本工程楼承板铺设作业面积大，需在安装实施之前对材料组织进行精细策划，避免因二次转运导致的安装低效问题。项目团队基于 BIM 深化设计模型，通过对楼承板赋予打包字段参数并分类统计，如图 4-51 所示，指导材料的分批次打包以及定点配送工作。为优化施工组织，提高安装作业效率提供数据基础。

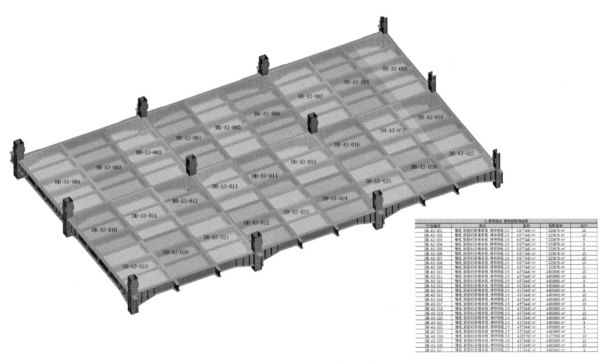

图 4-51 A3 区域局部楼承板打包编号图

4.4.3 砌体结构工程深化技术与管理

1. 砌体结构工程概况

花湖机场转运中心主楼砌体结构工程方量总计约 2 万 m³，采用规格 100mm 及 200mm 厚的 B06 级蒸压加气混凝土砌块，屋面女儿墙采用 Mu7.5 专用砂浆砌筑，其余部位采用 Mu5.0 专用砂浆砌筑。转运中心主楼砌体结构工程 BIM 如图 4-52 所示。

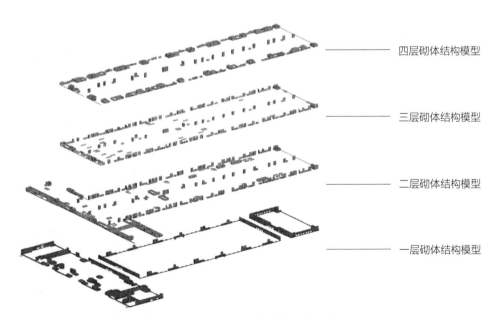

四层砌体结构模型

三层砌体结构模型

二层砌体结构模型

一层砌体结构模型

图 4-52 转运中心主楼砌体结构工程 BIM

砌体结构工程长期面临着由于深化标准不统一造成的成果不受控，难以在实施层面落地的问题；另外，由于相关专业间沟通不及时，信息获取不准确而造成的后期拆改情况也屡见不鲜；同时，由于传统深化设计手段的限制，砌体结构工程的实物量提取精度不足，难以实现对于物料管控的目标设定与工程计量计价的诉求。在砌体结构工程实施推进的过程中，如何落实深化设计成果对于施工的指导；如何推进相关专业对于协同工作的实施；如何确保构件信息对于造价管理的支撑，是项目团队亟待解决的关键问题。

2. 砌体结构工程数字深化实施思路与特点

由于工程体量较大，即便是细小的优化都可以被放大为可观的提质增效内容；反之，任何深化的疏漏也会发展成阻滞工程推进的重大障碍。项目团队在砌体结构工程的深化过程中，利用数字深化技术在图形展示、信息集成以及协同工作等方面的优势，结合精益建造思想，于细微处见知著，以模型数据为基本出发点辅助管理决策，将工程的不确定性降至最低。

转运中心主楼砌体结构工程数字深化的特点主要体现在：

（1）标准统一，指导实施

在满足规范相关要求的前提下，砌体结构工程的深化输出成果受人员个体知识水平的影响较大。不同深化人员由于对工程理解、规范解读以及现场经验的差异，造成对同一内容的深化产生偏离，为成果指导施工的可落地性增加了不确定因素。项目团队在深化设计阶段初期确定了工程深化的内容，如表 4-2 所示，基于集团长期以来的优秀做法总结与实施经验固化，遵循统一的标准开展砌体结构工程的数字深化，使深化设计成果切实具备对现场施工的指导作用。

转运中心主楼砌体工程深化内容　　　　　　　　　　　　　　　　　表 4-2

序号	深化内容	模型示例
1	构造柱及钢筋	
2	圈梁及钢筋	
3	过梁及钢筋	

序号	深化内容	模型示例
4	窗台梁及钢筋	
5	砌体拉结筋	
6	反坎	

（2）专业整合，提高协同

项目团队应用数字深化技术，除了可以对砌体结构工程进行专业内部的可视化设计，判别各深化构件之间的位置关系，还可以通过模型整合的工作方式筛选出砌体结构工程与其他专业的碰撞干涉部位，提前进行洞口的预留，消除工程拆改隐患，提高工程整体的推进效率与实施质量。

（3）数据为先，精确计量

项目团队利用数字深化技术，以 BIM 中集成的数据为载体，形成了基于模型进行计量计价的高效、连续工作流。在消除碰撞、完成扣减的模型基础之上，通过建模软件内置的实物量运算方法，根据构件相关字段进行分类，项目团队可提取符合计量规则、真实准确的模型工程量信息，再结合构件编码与工程量清单之间的映射关系，完整的实现"从量到价"的工作闭环。

3. 砌体结构工程数字深化实施具体应用

（1）统一模型深化原则，确保标准植入

数字深化技术相较于传统的二维深化在设计工具、协作方式等方面均存在一定的优化或变革，但究其深化本质，无论从深化点的选取还是深化原则的遵循，两种深化模式却异曲同工，其导向均是在满足规范的前提下，通过施工过程中提质增效做法的植入，消除影响施工质量与进度的不利因素。中天建设集团重视对于深化工作内容的传承与转换，经由若干项目的实战积累与总结，结合一线人员的作业习惯与经验固化，逐渐形成了一整套契合自身的深化标准体系。

项目团队在实施数字深化工作伊始，明确砌体结构工程中相关深化切入点，参照集团编制的《基于 BIM 技术的砌体深化设计指导手册》中相关深化原则，如图 4-53 所示，统一深化的思路与标准，以既往工程中沉淀下优秀施工经验为基础，进一步提高转运中心主楼砌体结构工程的深化设计落地性，使成果到实体的转换过程更加顺畅，为指导后续施工，提升工程质量提供了技术保障。

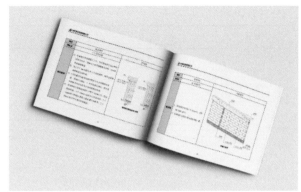

| （a）手册封面 | （b）手册内容 |

图 4-53　基于 BIM 技术的砌体深化设计指导手册

（2）突破传统设计限制，提高深化质量

CAD 技术利用计算机及其图形设备辅助相关人员开展设计工作，解决了手工绘图效率低下的问题，但这一变革在本质上仅是从图板到键鼠的工具演变，其核心仍以出图为导向，图元与信息之间缺乏强有力的内在关联，并且以二维为主的设计及协同方式，难以适应复杂化、多专业的工作开展需求。

项目团队采用以 BIM 为基础的数字深化技术，在设计的空间维度上进行了升级，带动工作协同方式的优化，使深化设计人员统筹专业内与专业间的复杂空间关系，以全局视角处理深化问题，进而提高深化成果质量。

以转运中心主楼砌体工程的圈梁优化为例，由于本工程层高较高，在墙体中段需要进行圈梁的等距布置，而在传统的设置圈梁的过程中，二维设计无法直观地表现圈梁与过梁的结合情况，若将两者分开考虑，易导致现场的施工整体性降低，造成大量的浪费。项目团队以 BIM 为三维研讨沙盘，统筹考虑工程中圈梁与过梁可结合的部位，优化圈梁排布，在满足规范的前提下进行圈梁与过梁的结合，达到设计优化的目的，如图 4-54 所示。

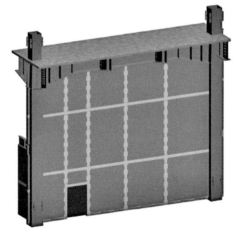
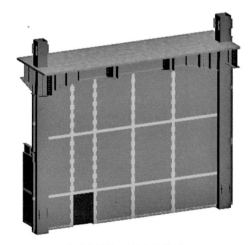

| （a）圈梁与过梁独立设置 | （b）圈梁与过梁合并设置 |

图 4-54　砌体结构工程圈梁优化示意图

深化设计模型应用于指导实体建造，除深耕于专业内部，更要打通关联专业间的信息屏障。砌体结构工程中，因洞口预留不到位而造成的后期补凿、垃圾清运等现象，是影响工程推进进度与施工质量的痛点所在。项目团队通过开展专业模型整合工作，全方位筛查出砌体与机电工程中的干涉部位，设置预留洞口保证专业间构件的位置协调关系，减少后期因拆改导致的资源浪费，如图 4-55 所示。

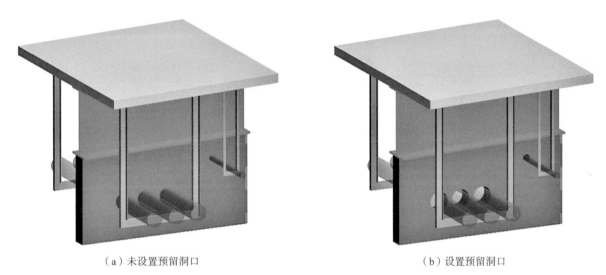

（a）未设置预留洞口　　　　　　　　　　　　　　（b）设置预留洞口

图 4-55　砌体结构工程管线预留洞口示意

（3）提取构件物料信息，辅助工程结算

基于模型出具的物料信息是进行现场施工与工程结算的数据基础，通过创建标准的深化设计模型，结合专业间的碰撞协调与专业内的扣减关系，形成精准的砌体结构工程 BIM，如图 4-56 所示。

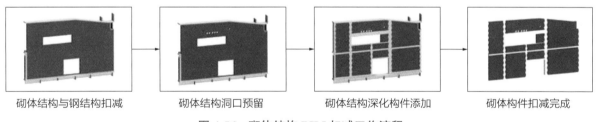

砌体结构与钢结构扣减　　　　砌体结构洞口预留　　　　砌体结构深化构件添加　　　　砌体构件扣减完成

图 4-56　砌体结构 BIM 扣减工作流程

项目团队基于扣减完成的砌体结构 BIM，利用软件内置的构件实体量计算逻辑，提取砌体结构中各类深化构件的材料用量，如图 4-57 所示，同时结合相关字段与编码，可实现对于物料信息的归集与整理，并支持将工程量与计价清单进行挂接，实现工程对于造价管理的相关要求。

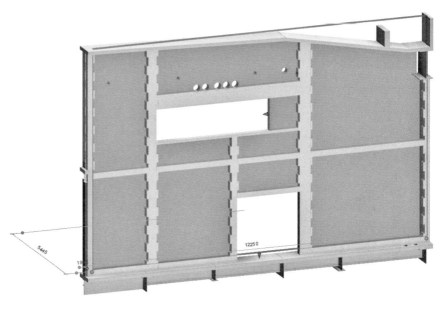

图 4-57　砌体结构工程构件属性查看

4.4.4　屋面结构工程深化技术与管理

1. 屋面结构工程概况

本工程金属屋面系统约 15 万 m^2，屋面板为板宽 420mm，肋高 90mm，厚度为 0.8mm 的镀铝锌直立锁边板，屋面板最大长度为 72m，属于超长板。金属屋面系统包括金属屋面板、底板、支座、保温层、檩条、支架、紧固件等，屋面整体美观大气，图 4-58 为花湖机场转运中心主楼屋面工程 BIM。

图 4-58　花湖机场转运中心主楼屋面工程 BIM

本工程屋面防水等级为二级，根据《单层防水卷材屋面工程技术规程》JGJ/T 316—2013 设计为一种不可滑动钢板与 TPO 相结合的屋面板防水体系。屋面建筑做法示意如图 4-59 所示。

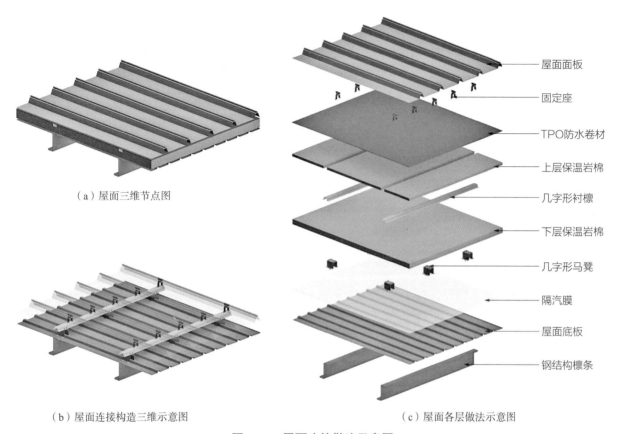

（a）屋面三维节点图

（b）屋面连接构造三维示意图

（c）屋面各层做法示意图

屋面面板
固定座
TPO防水卷材
上层保温岩棉
几字形衬檩
下层保温岩棉
几字形马凳
隔汽膜
屋面底板
钢结构檩条

图 4-59　屋面建筑做法示意图

屋面工程深化设计的重点难点在于展开面积大，屋面板排版对于整体功能性和美观性影响较大，由下至上的各结构层必须精细建模，节点部位需要反复推敲，确保天窗、检修口、伸缩缝、屋面空调井及货梯机房等位置连接完整交圈。另外，本屋面工程处于机场空旷地带，防水等级要求高，屋面抗风揭性能要求高。

2. 屋面结构工程数字深化实施思路与特点

屋面结构工程的深化首先要对其构造做法进行明确，在满足防水、保温、防风揭等功能要求的前提下，优选市场上优质通用的材料便于供货，其次要体现出美观大气的设计理念，在面板排版、节点处理、界面衔接方面务必做到均匀、饱满、闭合、统一，转运中心主楼屋面结构工程数字深化的特点主要体现在：

（1）化整为零、各个击破

转运中心主楼屋面覆盖面积大，深化过程中既要考虑屋面的整体性，也要兼顾各构造层次、各节点连接的合理性，再复杂的系统也能逐层分解为若干子系统和子模块，通过梳理各组件部件零件的所属关系，摸清其构造原理，达到从微观到宏观的协调统一。

（2）标准化设计、工厂化加工

本工程屋面深化设计秉承标准化、模块化的设计理念，尽量减少材料规格，深化成果可以作为料单提供给工厂快速备料，材料到达现场后也能尽量减少裁切、拼合等操作，为装配式施工创造条件。

（3）统一平台、协同管理

金属屋面深化设计的专业性较强，二维图纸难以精确表达，可视化的模型平台有助于总承包单位、建设单位、监理单位快速理解设计意图，消除知识壁垒，沟通过程中对于提质增效的优化建议能够更好地吸收采纳，节约沟通的成本。

3. 屋面结构工程数字深化实施具体应用

（1）精细建模，样板引路

屋面工程体量大，体系复杂，每个系统均需针对性地专业深化，对于关键部位关键节点需一一详细列明深化细节。节点做法是实现屋面系统功能的一部分，根据各个部位的不同设计要求，需要做针对性的设计，以保证防水、防风、保温、隔热等功能，实现不同造型、不同材料或系统之间顺利过渡和连接，满足结构伸缩、沉降等动态要求。

本次深化参照施工顺序分区进行深化，从钢底板－隔汽膜－几字形马凳－下层岩棉－几字形衬檩－上层岩棉－防水卷材－固定座－屋面板依次建模，过程中每两个区之间进行合模检视，避免构件重复，屋面层拆分后需整合检查构件之间的空间位置是否能衔接，对应节点检查其他专业之间的衔接关系，确保深化节点无误，如图4-60所示。

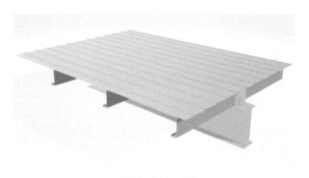
（a）深化屋面底板

（b）深化隔汽层

（c）深化几字形衬檩及马凳

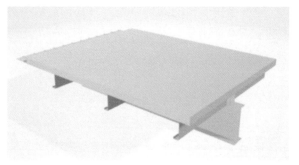
（d）深化岩棉保温层

图 4-60 金属屋面整体深化流程（一）

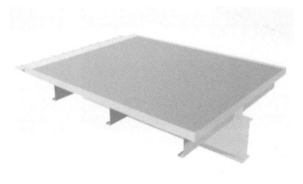

（e）深化防水层　　　　　　　　　　　　（f）深化屋面板

图 4-60　金属屋面整体深化流程（二）

通过制作各项屋面质量样板，在材料加工、安装工艺、施工方法、管理水平等方面确定各主要分部分项工程工艺标准。利用三维模型对工人进行交底，确保一次成优，直立锁边金属屋面样板如图 4-61 所示。

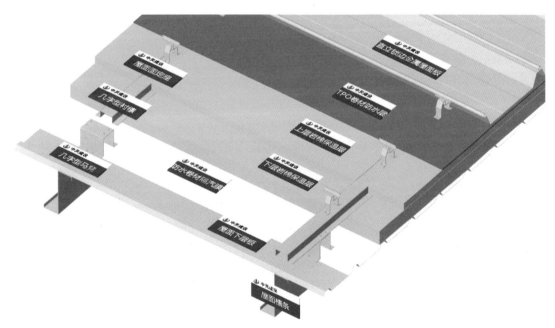

图 4-61　直立锁边金属屋面样板

（2）优化结构，批量生产

在深化建模过程中识别出原设计屋面的保温层厚度为下层 70mm，上层 50mm，对应配套支撑层所用的几字形衬檩高度应为 50mm，而实际具备批量化生产条件几字形衬檩厚度为 40mm，50mm厚度的规格需要重新开模、调试、排产等一系列的准备工作后才能到货，既增加了成本又影响了施工进度。因此，技术团队联合设计院、建设单位进行集中办公，通过设计论证和校核，将几字形衬檩厚度修改为 40mm，保温岩棉下层厚度调整为 80mm 齐平几字形马凳，上层调整为 40mm 齐平几字形衬檩，屋面结构剖切面示意如图 4-62 所示。这样既保证了总体厚度不变，又解决了供货周期过长的问题，实现了施工单位和建设单位的共赢。

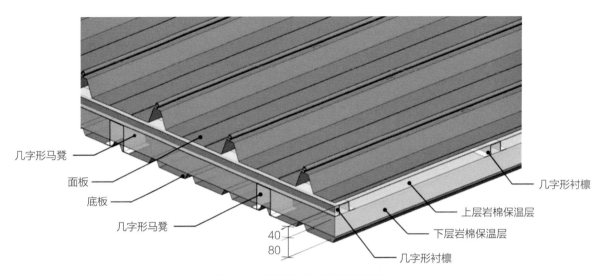

几字形马凳
面板
底板
几字形马凳
几字形衬檩
上层岩棉保温层
下层岩棉保温层
几字形衬檩
40
80

图 4-62　屋面结构剖切面示意图

（3）排版优化，合理美观

屋面面板在高空由滚轴压板机一体压制成型，它的排版方式对屋面的防水性能及美观效果都有很大的影响，而且在天窗、检修口、屋面空调井及货梯机房等位置需要开洞，屋面面板的裁切不仅影响美观而且浪费材料，因此非整板尽量布置在隐蔽部位，或通过调整泛水件宽度来进行遮蔽，如图 4-63 所示。

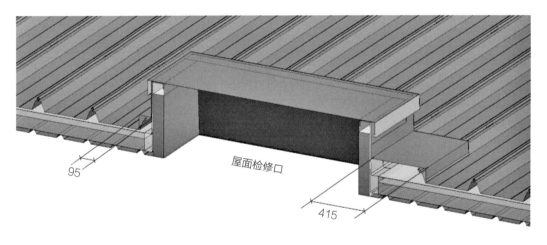

95
屋面检修口
415

图 4-63　屋面面板排版示例示意图

（4）细化节点，明确做法

本屋面工程按照 5% 的坡度起坡，屋脊，坡脚，天沟、变形缝等部位节点处理是保障屋面各项性能的关键，结合 BIM 建模深化，在相关节点部位细化特殊功能构件，例如屋脊节点，设计有伸缩缝内收边、屋脊挡水板、屋脊外盖板，有效进行防水处理，如图 4-64 所示。施工人员在相关节点施工时可以在移动端调用轻量化模型了解具体的做法，做到精准备料，一次成活，避免了做法不详造成的窝工和返工。

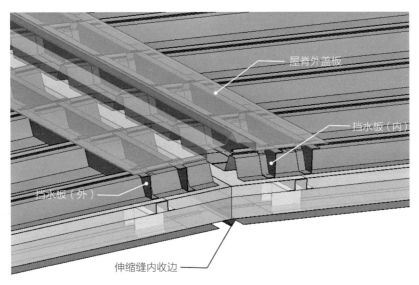

图 4-64 屋脊节点深化示意图

（5）内外合模，避免拆改

屋面系统模型涉及的专业较多，如土建、钢结构、机电、幕墙等工程，各专业接驳会存在一些问题，通过内部合模的方式识别和消除"错漏碰缺"，避免施工拆改现象。

在与建筑、结构模型合模时发现陆侧一层屋面与墙体之间存在较大镂空情况，设计平面与立面的二维图纸无法表现整体的空间关系，经过合模碰撞后直观反映此类问题，技术团队与各方联动组织会商填补缺漏，给现场施工提供了有效的技术支撑，如图 4-65 所示。

（a）屋面缺失部分　　　　　　　　　　　　　（b）屋面模型修改后

图 4-65 屋面与墙体未闭合问题示意图

在与其他标段合模中涉及多处雨篷交接处，两侧雨篷高差不一致，存在无法收口的问题，技术团队提议由建设方牵头，组织驻场设计师、双方施工单位深化人员及技术人员，就雨篷碰撞问题进行协商讨论，按照双方变更最少的原则，调整相邻交接处雨篷外沿造型板，使两个标段交接处外沿造型一致。最终形成会议纪要及边界确认文件进行模型修改，杜绝了各标段之间接驳碰撞的问题，如图 4-66 所示。

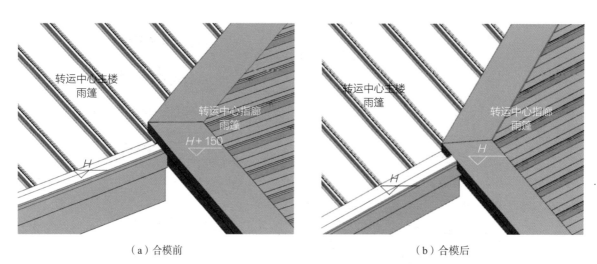

（a）合模前　　　　　　　　　　　　（b）合模后

图 4-66　屋面与雨棚交接问题示意图

4.4.5　应用情况与成效分析

项目团队运用数字深化技术，对主体结构工程开展高精度、全要素的模型搭建与构件深化工作，涉及构件类别 75 种，深化构件数量约 521 万个，参加模型审核会议 165 次，共形成可用于指导施工的深化图纸 3.8 万余张。

项目团队在深化设计实施过程中，积极探索，持续创新，以结果导向进行相关工作推进。尤其在钢结构工程深化设计中，通过工作流程的优化与迭代，解决了软件数据互导性差的问题，响应了建设单位对于模型信息应用的工作闭环要求，为基于模型开展质量验评与计量支付工作提供了技术保障。

深化设计模型作为后续施工与管理过程中唯一的数据源，将虚拟数据信息与实体工程建造紧密串联。项目团队在搭建模型过程中，充分融入高效施工工艺，结合现场一线人员作业习惯，形成具备落地实施属性的数据基底，保证深化设计成果在技术与工程条线之间的有效传递，并通过建造端与技术端的实时反馈，进一步提高工程完成质量。

利用数字深化技术提供的全新协同方式，项目团队积极协调各参建方进行数据的互通，消除专业间的信息孤岛，基于三维可视化的设计环境，共同筛查工程中的拆改隐患。据统计，项目团队在主体结构深化设计阶段共计消除各类有效碰撞问题 1.5 万余处，在深化设计阶段集合各方力量协同推进，避免实际施工过程中产生补凿、拆改等影响工程质量与进度的不利因素。

4.5　装饰装修工程深化技术与管理

4.5.1　室内装修工程深化技术与管理

1. 室内装修工程概况

鄂州花湖机场转运中心主楼室内装修工程主要涉及海关办公室、安检判图室、安检实验室、邮路监管用房、会议员工室等功能房 347 间，装修建筑面积 1.2 万 m²，其中顶棚装修工程约为 1.6 万 m²，墙面装修工程约为 2.1 万 m²，地面装修工程约为 1.1 万 m²，涉及协调专业多、装修功能区域分布散是本工程的特点，如图 4-67～图 4-71 所示。室内装修工程作为建筑工程的最后一道工序，其成型观感直接，是保证整体效果的压仓石。室内装饰环节各专业间的协同、工艺界面的衔接、收边收口节点的优化等内容是项目团队实施数字化深化技术与管理的重要工作。

图 4-67　员工安全出口

图 4-68　消防控制中心

图 4-69　员工小办公室

图 4-70　员工休息室

图 4-71　员工办公室

2. 室内装修工程数字深化实施思路与特点

室内装修深化需要兼顾最终成型效果与各专业构件位置之间的关系，是一个反复推敲、各专业动态调整的过程，同时装修材料多、种类繁，如何利用深化成果开展装修材料管控是关键。转运中心主楼工程装修深化工作，基于全专业、同平台BIM协同，通过全专业合模，快速解决碰撞，并实时渲染效果，缩短装修效果决策周期，提高深化效率；同时基于BIM的装修深化过程中，对部品构件细化赋值，为各类装修材料精准下料、现场管控提供依据，实现一个深化模型多场景使用。

（1）专业协同，反复推敲

以主体结构和机电安装干线（干管）模型为基础，各专业模型同平台进行精准合模深化，完成净高优化、支管（支线）和末端点位布置、可视面装饰材料排布。在竖向以"净高最大化"为原则，拟合机电支管（支线）和末端与吊顶的关系；在顶棚面以"成排成线、居中布置"为原则，确定末端点位；在墙面和地面方向以"居中、对齐"为原则确定末端点位。借助合模成果方案和可视化渲染技术，快速实现装修效果实时更新。同时可利用深化模型一键剖切功能，辅助优化节点设计，提高深化效率。

（2）精细建模，一模到底

精装修模型深化过程中细化部品构件模型，并多维度赋值。多维度的参数信息，保证了一个深化模型在多个场景中应用。深化过程中将吊杆、吊架、地漏预埋管等"隐蔽"材料均进行建模深化，在合模过程中可识别细微碰撞，减少现场二次拆改；所有装饰构件深化建模时，构件信息在几何信息基础上增加技术参数、计量参数、单价等非几何信息，可用于清单对比、班组结算、材料管控等场景。

3. 装饰装修工程数字深化实施具体应用

（1）全专业合模，提升深化效率

基于BIM技术可视化的精装修深化，借助高精度部品标准化做法族库技术和成型效果快速光影渲染技术，可快速呈现功能房间成型效果。以参数化、模块化开发建立的标准化做法及室内部品部件对象族库为基础，固化天、地、墙六面做法和内部布置物品类型。室内精装深化过程中以功能房间为单元，借助光影渲染引擎，让所选取的功能房间单元装饰效果快速呈现、快速切换，大幅缩短装饰效果决策周期。

员工休息室和员工安检通道室内装修深化过程中，室内布置方案渲染效果对比如图4-72、图4-73所示。

基于高精度模型和全专业合模技术，精准识别碰撞点，提高净空优化效率，辅助节点优化设计。精装与机电专业同平台深化，优先确定风口、灯具、烟感等末端在装饰构件上的点线成型效果，反推吊顶排布、机电支管的定位。吊杆、吊架、龙骨等隐蔽构件均为高精度模型，合模过程中可快速识别细微碰撞点，辅助功能房间净高优化，确保现场施工一次成型；效果确认后的合模成果自动一键剖切，快速展示专业边界部位节点，辅助收边收口部位节点优化设计。

以海关办公室为例，室内装修深化过程中，通过土建工程、电气工程、消防工程等专业同平台合模，避免了吊杆、龙骨与管道、桥架等构件的细微碰撞，杜绝了现场的拆改，优化了吊顶灯具、风口、烟感、喷淋等末端的排布，如图4-74、图4-75所示。

图 4-72　员工休息室 BIM 深化排版

图 4-73　员工安检通道 BIM 深化排版

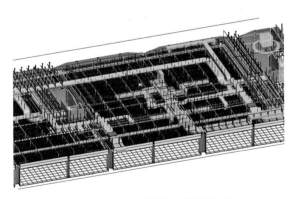
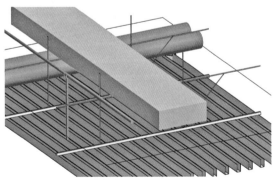

图 4-74　吊顶内管道合模　　　　　　　图 4-75　协同深化无碰撞

研判室地面为防静电地板，施工过程中地板下部桥架的路由，会影响地板立柱的排布，进而直接影响防静电地板的排布成型效果。上述问题通常都是在现场解决此类问题，造成大量拆改和破坏。在深化过程中建立高精度防静电地板模型，可准确显示其立柱位置，优先满足其面板排布美观的需求。地面模型和机电模型合模过程中，以地板排布效果为主，调整其下桥架路由，解决二者碰撞关系，如图4-76、图4-77所示。

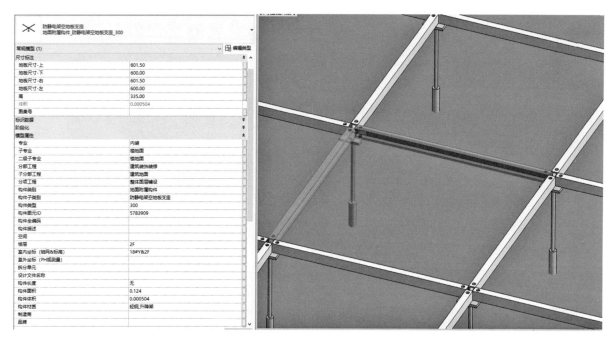

图 4-76　防静电地板支柱及参数

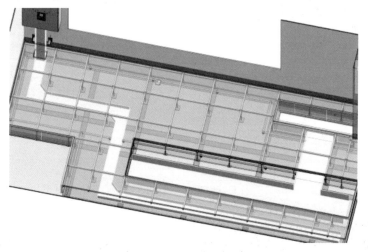

图 4-77　防静电架与安装桥架合模

（2）部品构件细化赋值，辅助材料管控

精装修模型深化过程中对部品构件进行多维度赋值，自动统计归并后用于现场材料管控。装饰装修材料种类繁多，且同一种材料其尺寸、材质、规格、型号分类多样，在不同界面的施工工艺也各不相同。深化过程中对所有表皮材料（主材）和隐蔽材料（辅材）均进行建模深化，部品构件赋值除了常规空间定位、几何尺寸等参数外，增加了规格型号、材料材质、生产厂家、技术参数等产品信息和材料单价、清单编号等成本信息，如表4-3所示。深化模型直接用于统计工程量并匹配造价清单项，可快速生成相关材料造价数据，在图审、施工、审计等过程中，可有效避免因材料信息不全所导致的漏项、偏差的问题。

装饰装修材料模型细化赋值　　　　　　　　　　　　　　　　　　　　表 4-3

类别	模型元素类型	模型元素及信息
龙骨	木龙骨、轻钢龙骨、钢龙骨、铝合金龙骨等	① 几何信息：长度信息。 ② 非几何信息：规格型号、材质信息、技术参数、单价等信息
门窗	木门窗、铝合金门窗、塑钢门窗等	① 几何信息：长、高、净空、厚度等信息。 ② 非几何信息：规格型号、材质信息、生产厂家、技术参数、清单、单价等信息
定制家具	板材家具、实木家具等	① 几何信息：尺寸大小等信息。 ② 非几何信息：材质信息、生产厂家、技术参数、清单、单价等信息
装饰面层	涂料、壁纸、石膏板、吸声板、木饰面、布艺、玻璃饰面、金属饰面、墙地砖、石材、矿棉板、硅酸钙板等	① 几何信息：面积、尺寸、数量等信息。 ② 非几何信息：规格型号、材质信息、生产厂家、技术参数、清单、单价等信息

以转运中心主楼内墙面玻化砖铺贴工程为例。建模过程中将瓷砖模型类型定义为玻化砖内墙，除了将瓷砖面积、尺寸、数量等几何信息赋值外，增加玻化砖厂家、型号、颜色、原厂规格、厚度等进行产品信息赋值，增加玻化砖的粘接层（基层）做法赋值，增加对应清单编号，集采价格等商务信息赋值，如图 4-78 所示。

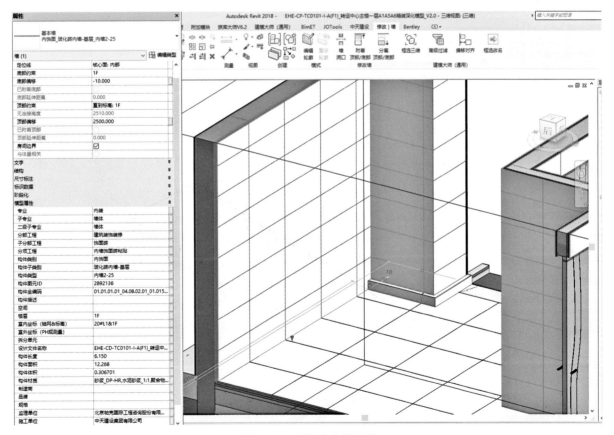

图 4-78　玻化砖内墙赋值

在整体深化完成后，按照模型类型、空间区域或材料型号等方式进行归并分类统计，按需精准提取料单。如图 4-79 所示，在玻化砖铺贴施工过程中，模型为铺贴班组限额领料提供了技术、数据支撑。

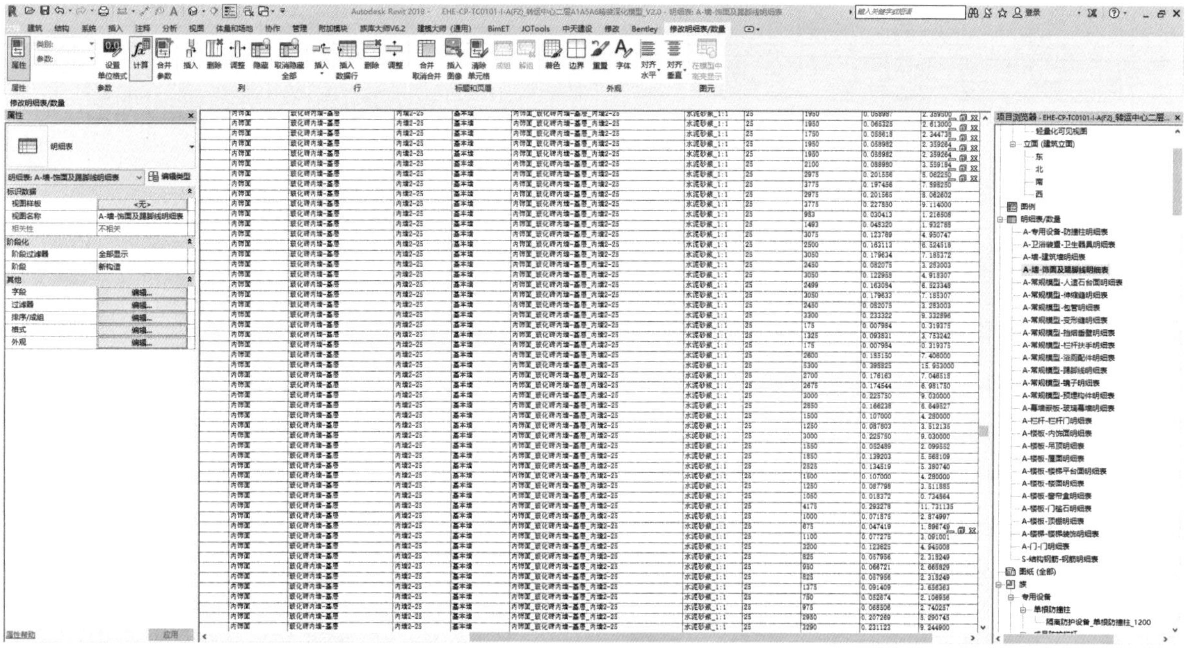

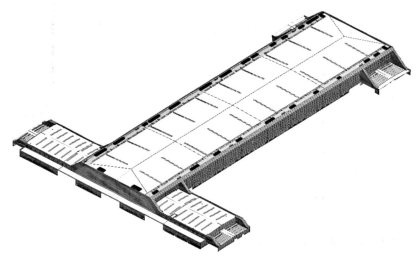

图 4-79 内墙玻化砖精准料单

4.5.2 幕墙工程深化技术与管理

1. 幕墙工程概况

花湖机场转运中心主楼幕墙工程总面积约 12 万 m²，幕墙高度 42.5m，涵盖构件式横明竖隐玻璃幕墙、金属岩棉夹芯复合保温板、超长悬挑铝板檐口、铝合金玻璃条窗、金属防雨百叶等多种幕墙形式，如图 4-80 所示。施工工期 8 个月，实施时间紧迫，工作任务繁重。

图 4-80 花湖机场转运中心主楼幕墙工程 BIM

转运中心主楼的整体造型虽然看似规整，但是在工作推进过程中仍存在诸多困难与挑战，主要体现为上游设计变更频繁、响应周期紧促、相关专业接口众多、协调工作繁杂、构件种类数量庞大、实施组织困难等。

2. 幕墙工程数字深化实施思路与特点

传统以二维手段为主的幕墙深化设计方式难以匹配上述的工作要求，项目团队亟需引入数字化技术，通过以幕墙 BIM 深化设计模型形成的数字基底，集成上下游单位过程数据，协调相关专业冲突，预先解决施工中可能发生的问题。在工程物质化的同时，并轨实现工程的数字化，实虚结合，互驱前行。

转运中心主楼幕墙工程数字深化实施特点主要体现在：

（1）正向实施，数据同源

项目团队开展深化设计工作的基础源自设计端流转的数据信息，结合具体的施工工艺特点对施工图设计模型进行补充、细化、拆分和优化，最终完成深化设计模型的创建工作。待深化设计模型稳定后进行相关成果的输出，以达到指导实际施工的目的。幕墙工程是表达建筑设计理念与实现建筑功能的重要载体，该工作模式最大程度上还原了设计师对于幕墙工程的设计意图，保证了上下游数据的畅通与无损传递。

（2）信息完整，细节适度

深化设计从二维到三维的转变，不仅是图形意义上的升维，更应理解为模型构件中必要工程信息的引入与完善。除基本的构件几何信息之外，项目团队根据实际管理要求对构件的信息进行补充，例如铝合金型材的生产厂商、表面处理、开模图号等内容。

此外，项目团队在模型创建的精细程度方面，遵循适用原则，结合实际工作要求进行了选取与优化。本工程幕墙计量方式是按面材的投影面积计取，理论上仅需把控表皮面材的尺寸定位及信息，即可满足建设单位对于后续应用的需求。项目团队在此基础上额外增加了例如幕墙次龙骨布置、转接构造与定位、包边收口处理等一系列工作，形成与幕墙实体相匹配的数字模型，用于研判构件在物理空间的合理性及与其他专业的协调性，也为后续承载项目全生命周期内的各类信息提供了载体，在满足自身对于施工深化要求的同时，也为工程提供了增值服务。

（3）参数联动，全局把控

在幕墙工程数字深化的环境中，图形的展示仅是表象，构件内部的强有力的参数联动才是驱动深化设计效率提高的内核，也是项目团队应对基础数据频繁变更的底气所在。通过对族文件参数有效合理的设置，修改对应的参数数值进行构件的调整与控制，提高构件的适应程度与修改响应速度。

另外，因初始数据变化而造成的模型改变，项目团队以全局视角进行整体的统筹与把控。由于构件间存在参数的耦合关系，某一构件的改动会影响其他与之关联的构件，因此可避免因考虑不够周全而造成的深化设计失误。同时，得益于 BIM 模型与图纸之间的联动关系，使模型的修改可以实时地映射到与之相关联的所有二维图纸上，避免了传统深化设计工作方式中易造成的修改遗漏问题，提高了深化设计的质量。

3. 幕墙工程数字深化实施具体应用

（1）设计数据快速校核，提升成果质量

将所承接上游的设计数据转换成可实施的施工深化设计模型，项目团队首先需要对原设计中不合理或与规范冲突的问题进行筛查，供参建各方提前进行讨论与决策。例如《建筑玻璃应用技术规程》JGJ 113—2015 中对于安全玻璃的最大许用面积进行了规定，如表 4-4 所示，而在原始设计中，6＋12A＋6 配置的玻璃分格仍然存在大于 $3m^2$ 的情况，突破了规范的限值。

安全玻璃最大许用面积   表 4-4

玻璃种类	公称厚度（mm）	最大许用面积（m²）
钢化玻璃	4	2.0
	5	2.0
	6	3.0
	8	4.0
	10	5.0
	12	6.0
夹层玻璃	6.38 6.76 7.52	3.0
	8.38 8.76 9.52	5.0
	10.38 10.76 11.52	7.0
	12.38 12.76 13.52	8.0

利用 BIM 中的明细表过滤功能，对设计模型进行条件筛选，罗列出面积大于 $3m^2$ 的玻璃板块。同时还可以利用明细表与模型之间的反查联动，对问题构件进行快速定位，供参建各方进行决策，如图 4-81 所示。以此方法校核设计数据，具有快速、准确的优势，提早介入对源头数据的分析与治理，保证后续深化设计质量。

（2）数据信息参数联动，提高响应速度

大型项目中的设计变更频繁，加上整体实施时间紧迫，项目团队需要快速、敏捷地实现对于设计变更的响应。同时，单专业的变更往往牵一发而动全身，如果相关专业间不进行沟通，极易形成信息孤岛，专业冲突的问题层出不穷，影响项目顺利开展。

数字深化的工作模式和参数化模型在应对变更时尤为得心应手。首先，基于 BIM 技术创建的深化设计模型，可以通过参数化驱动的方式实现模型构件的快速修改；其次，采用全局一体化的设计方式，将设计修改信息用于对整体模型的调整，解决因变更导致的连带影响，避免专业冲突。

紧接前文中玻璃突破最大许用面积的案例，设计单位提出了调整幕墙分格的方案，采用局部分格加密的方式来减小玻璃板块面积，以满足规范要求。项目团队针对修改方案进行了模型调整，并基于模型快速出具了由于方案调整所增加的材料用量，列举出了由于玻璃分格调整所产生的使用功能缺陷以及对其他专业造成的连带影响，例如增加分格后造成的室内观感不佳与视线遮挡等问题，如图 4-82 所示。除此之外，项目团队提出了保留原设计分格，将超限板块替换为 8＋12A＋8 配置的备选方案，并提供了需要替换板块的工程量，以量化数据供建设单位进行决策。经过方案的讨论与比选，建设单位最终选用了替换玻璃配置的解决方案，避免了后续因突破规范造成的工程返工问题。

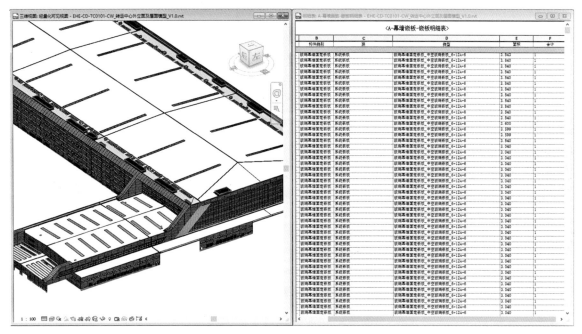

图 4-81　超规范玻璃板块筛查

（a）幕墙初始分格方案　　　　　　　　（b）幕墙加密分格方案

图 4-82　幕墙分格方案对比

（3）交叉专业高效协同，消除信息孤岛

由于工程参建方众多，交叉专业接口繁杂，与土建、机电、精装修等专业的收口处理是幕墙工程实施中的重点、难点。专业间的协调问题除了较为常见的构件空间碰撞与冲突外，还需要综合考虑工程建成后的对于使用功能的要求，因此也需要将影响使用功能的问题提前消除。各专业模型整合及碰撞问题梳理，如图 4-83 所示。

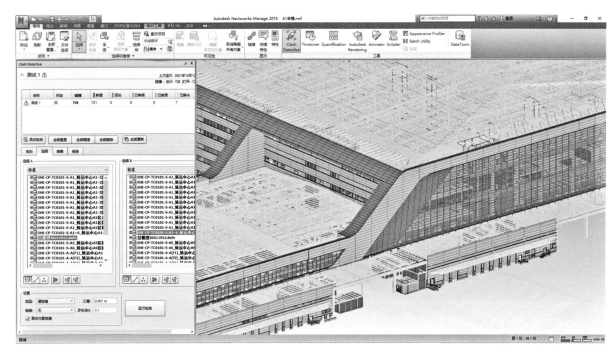

图 4-83　各专业模型整合及碰撞问题梳理

空间碰撞与冲突可采用 BIM 软件提供的碰撞检测进行自动归集。基于多专业的模型整合，利用 BIM 技术强大的专业协调性能，可在深化设计阶段消除专业间碰撞与冲突，避免后期拆改造成的工期延误与成本增加。据统计，幕墙专业与其他相关专业的有效碰撞问题达 700 余项，最终通过多专业的协同调整实现了零碰撞，消除返工隐患，真正做到了未建先知，先试后建。

除了硬性的碰撞问题，项目团队还要兼顾各专业构件的空间关系对于使用功能的影响，例如提升门的开启空间不足、幕墙开启与结构留洞不对应等问题。以幕墙开启深化工作为例，原设计土建与幕墙专业之间未进行有效沟通，项目团队在进行专业模型整合期间，发现部分幕墙开启扇与结构洞口之间无法对应，进而造成开启使用功能的缺陷，如图 4-84 所示，而这一类问题恰恰难以在碰撞检测时发现。基于 BIM 的深化设计模型为汇总此类问题提供了三维可视化的沙盘，各专业单位可以实现信息的实时共享，问题的研讨与决策基于对等的信息维度，进一步提高了解决问题的效率。项目团队对 730 余樘开启扇进行排查，对不符合开启要求的部位进行记录，协同相关单位进行调整优化，共发现并解决 81 樘幕墙开启问题，为工程的顺利实施赢得了时间。

（4）构件信息实时共享，支撑施工建造

工程的实体建造质量体现了施工单位对于合同的履约能力，前端实操人员作业于一线，需要来自后端的数据信息支持。在数字建造模式下，更多地体现为"双端互驱"的工作状态，即数字后端为建造前端提供智慧支撑，建造前端向数字后端反馈实体数据，数字后端基于数据挖掘结果进一步给予前端支持的良性循环模式。

转运中心主楼幕墙工程体量大，构件种类与数量繁多，且构件式幕墙现场加工作业较多，组织协调工作极为困难。项目团队在幕墙深化设计过程中，以现场管理的实际需求为具体导向，模型构件信息的设置与赋予，均匹配现场实施的颗粒度。模型作为信息集成的载体，囊括了幕墙构件的下料加工信息，结合现场对于土建结构的实测实量结果进行偏差分析，提供吸收土建误差的解决方案，共同形成幕墙数字化加工的数据基础。此外，基于 BIM 深化设计模型将构件的空间定位与构件编号有机整合，为实现构件级的物料追踪提供基础数据，便于在后续实施过程中对构件运输、堆放、吊运以及安装的管理要求，如图 4-85 所示。

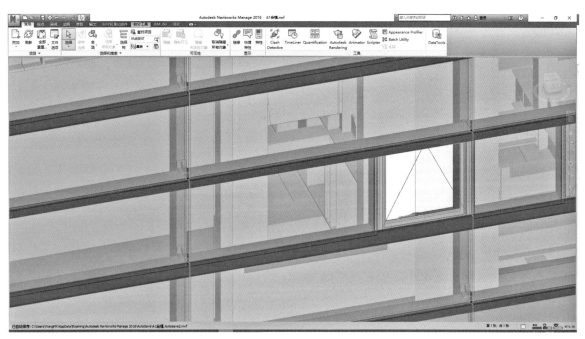

图 4-84　幕墙开启与砌体墙留洞不对应

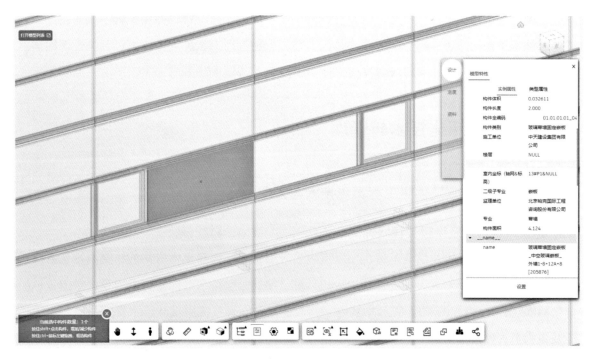

图 4-85　项目管理平台中构件的信息查看

4.5.3 应用情况与成效分析

本工程采用数字深化手段，使业主与设计师基于 BIM 技术形成的装饰装修方案，能通过软件直接生成用料清单。根据业主需求，在供应商提供的装修构件中，对厂家、质量、颜色、规格、大小、安装条件及所需人工费用，通过 Revit 软件中的项目参数功能添加到相应的三维模型构件中，以便不同的参与者提取需要的相关信息。用户可以根据材料清单得到不同装修方案的预算成本，这也为后期进行统一采购和施工提供了极大的便利，实现了价值效应。

项目团队运用数字深化技术，对装饰装修工程开展高精度、全要素的模型搭建与构件深化工作，深化构件 18 万个，涉及构件类别 67 种，参加模型审核会议 52 次，共形成可用于指导施工的深化图纸 562 张。

项目团队的深化设计工作。采用协同办公模式实现多方协同管理，提高沟通效率，降低管理资源消耗；对于装饰、幕墙项目，其中材料的比例规格，色彩特征，基层隐蔽工程，表面工艺等，都有较高要求，以 BIM 技术为平台，从粗放型管理模式向信息化、精细化管理模式转型，提升项目管理精细化水平。

深化设计推进工作中，在深化设计阶段对吊顶龙骨、内墙面装饰，幕墙窗户与砌体、安装专业之间检查等共计发现和消除各类软碰撞 4000 余处，硬碰撞 1.2 万处，为现场的工程质量和项目顺利推进提供保障。

借助 BIM 技术，严格参照模型信息进行材料预加工，提高材料加工尺寸精度，施工中减少了不必要返工，降低成本。与传统施工工艺相比，运用 BIM 建模生成精准数据后指导施工，展开放线作业的同时还可将模型数据发给厂家，进行基层龙骨加工、面层材料加工、脚手架搭设施工。简化了传统施工工艺的流程，避免了耗费大量人力财力，施工周期长进度慢，不可预见性等因素。运用 BIM 技术应用指导施工，可有效缩短工期，节约施工成本，提高施工质量。

4.6 机电工程深化技术与管理

4.6.1 建筑给水排水及供暖工程深化技术与管理

1. 建筑给水排水及供暖工程概况

本工程建筑给水排水及供暖工程主要由室内给水系统、室内热水供应系统、室内排水系统、室内消火栓系统、自动喷水灭火系统、防护冷却系统、室外给水排水管网系统七大系统组成，一层给水排水 BIM 深化模型如图 4-86 所示。其中一、二层室内给水系统由市政给水管网供给，自动喷水灭火及室内消火栓系统由地下室消防泵房供给；三、四层室内给水系统主要由地下室和综合业务楼加压设备供给，室内热水供应系统由休息间开水器供应，主楼工程地上部分主要深化内容为：大空间管线综合、功能房间和室外管网等，如图 4-87 所示。

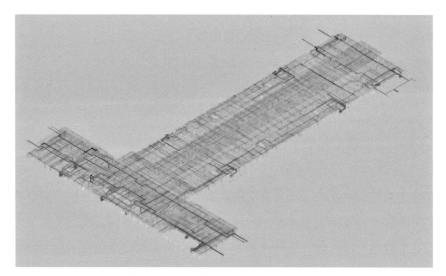

图 4-86　一层给水排水 BIM 深化模型

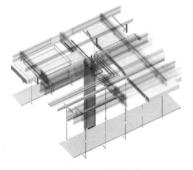

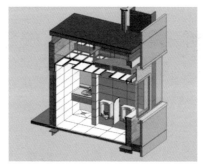

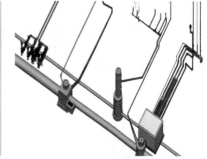

（a）大空间管线综合　　　　　　　　（b）使用功能房间　　　　　　　　　（c）室外管网

图 4-87　节点模型示意图

2. 建筑给水排水及供暖工程数字深化实施思路与特点

花湖机场转运中心主楼工程施工节奏紧凑，如何保证管道的施工质量，数字深化技术的加持显得尤为重要。本工程利用 BIM 三维模拟建造，合理部署策划，满足现场穿插施工要求；通过三维模型碰撞模拟，提前发现问题、解决问题；对管道系统进行精细建模，指导现场集中加工和安装实施，为项目的顺利实施提供条件。

（1）全局把控，合理拆分

转运中心主楼单层面积大，施工工期紧，为确保施工进度，现场全专业穿插流水作业。由于主楼各分部分项工程和相关参建方的建造施工特点不同，机电深化工作的开展不仅要满足自身的施工部署和进度，还要符合主楼工程整体的施工推进节奏。本工程通过 BIM 技术进行施工推演，模拟现场建造场景，根据总体部署计划要求对模型进行合理拆分。

（2）碰撞检测，避免返工

本工程应用 BIM 可视化技术，在现场实施前将机电管线与土建、分拣系统工艺线体等进行模拟碰撞和检查，提前发现和消除碰撞干涉，优化工程设计，减少在施工阶段可能存在的错误和返工的可能性，做到优化净空，提高管线的整体观感。

（3）精细建模，指导生产

本工程机电管线综合模型构件精度等级为 LOD350，几何精度等级为 G4。精细建模为现场的施工应用提供保障，以达到按模施工、质量验评、计量支付的要求和标准。通过 BIM 技术一键出图指导现场集中化加工、精准化下料和模块化安装。

3. 建筑给水排水及供暖工程数字深化实施具体应用

（1）"分岛区"高效协同，消除碰撞

转运中心主楼作为货运枢纽中心，主要使用功能为货物转运和智能分拣。机电管线与分拣集成线体交叉较多，干涉较大，国内同类建筑项目较少，可借鉴经验有限。相较于二、三层单层落地式分拣线体，一层分拣线体为落地式和吊挂式相结合的双层结构。综合管线的排布除了要满足自身的功能使用条件外，还要避开主体钢结构梁和分拣钢结构的干涉，同时还要保证分拣线体的净高要求，分拣与机电管线综合模型如图 4-88 所示。

图 4-88　分拣与机电管线综合模型

基于分拣功能分区的特性，主楼一层以"岛区"的形式输出设计和深化成果。现场实施前根据主楼各方进度要求，项目团队积极拉通业主方、设计方和各参建方，经组会商讨和论证，明确综合排布原则与合模工作计划，如图 4-89 所示。借助于 BIM 可视化、虚拟化数字技术，确定双方边界范围、模型排布标准，满足全专业穿插施工流水作业的要求。

项目团队进行全专业机电精细建模，真实还原现场建造场景，并以合模的形式利用三维碰撞模拟的技术，对各专业模型分岛区进行碰撞检查，Navisworks 模型审查如图 4-90 所示。依据双方提资文件及边界范围进行数字深化处理，通过多次合模的方式进行复核，达成零碰撞，形成闭环，为现场穿插施工提供条件。

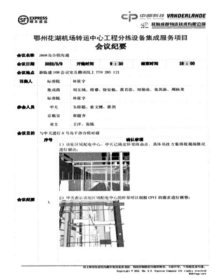

（a）机电与各参建方合模纪要

（b）机电与分拣配合计划

图 4-89　机电与各参建方合模文件

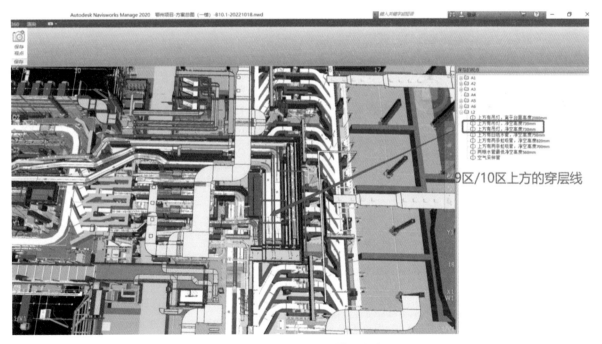

9区/10区上方的穿层线

图 4-90　Navisworks 模型审查

（2）可视化模型协同应用，优化空间

转运中心主楼机电管线与专业交叉主要集中在分拣线体区域，由于主体钢结构梁截面相对较高，本工程通过 BIM 管线综合排布，以穿梁方式优化净高。将 Revit 模型数据无损转换至 STAAD 软件进行受力分析复核计算，并对洞口进行加劲肋处理，确保主体结构安全，一层 A2～A4 区通过净高深化将消防管道整体净高提高 350mm，为桥架、风管、分拣下挂梁等其他构件预留充足安装空间，解决了安装空间紧张的问题，如图 4-91 所示。

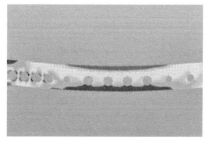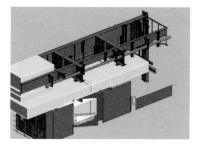

（a）管道优化前　　　　　　　（b）结构钢梁受力分析　　　　　　　（c）管道优化前

图 4-91　管线穿梁排布优化

转运中心主楼自动喷淋系统回路多，湿式报警阀组密集，设备间空间狭小，本工程通过 BIM 技术进行深化设计，利用三维可视化模型，基于功能房间布局，合理布置水力警铃位置和排水管道，根据进出管道优化路由布局，预留阀门操作和检修空间，避免管线交叉，主楼一层到四层共 23 个报警阀间，216 个报警阀组，管道整体净高提高 200mm，深化效果明显，湿式报警阀间排布深化如图 4-92 所示。

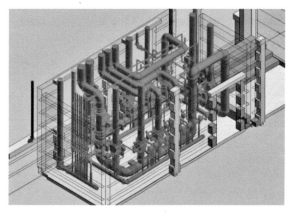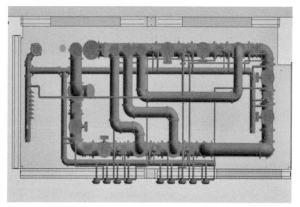

（a）湿式报警阀间深化模型　　　　　　　　　　（b）湿式报警阀间平面布局

图 4-92　湿式报警阀间排布深化

（3）"云平台"数据共享，打通壁垒

转运中心主楼工程除本标段多专业协同外，还包括空侧、陆侧指廊、灯光标等。伴随深化工作的推进，模型数量递增，为解决模型信息传递路径长、沟通时间成本高的问题，本工程启用《EHE-BIM 实施协同管理平台》（简称 CMP 平台），专门用于各标段的模型提资和协同管理。

CMP 平台作为模型协同管理的工具和传输的窗口，以"云平台"的形式实现线上数据共享和传递，有效地集成了模型文件的标准，提高了信息传递的效率。CMP 平台存储空间大、传输速率快、平台稳定、模型版本可追溯、变更信息自动归并，如图 4-93 所示，机电工程通过 CMP 平台提资和接收模型文件 400 余个，线上流程审批和发起 200 余次，加快了深化工作的推进，管理平台审批流程操作如图 4-94 所示。

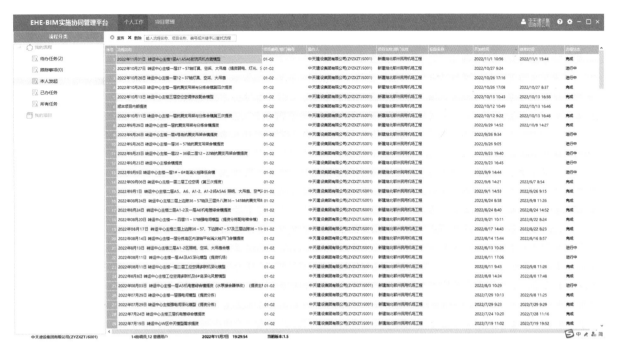

图 4-93　EHE-BIM 实施协同管理平台

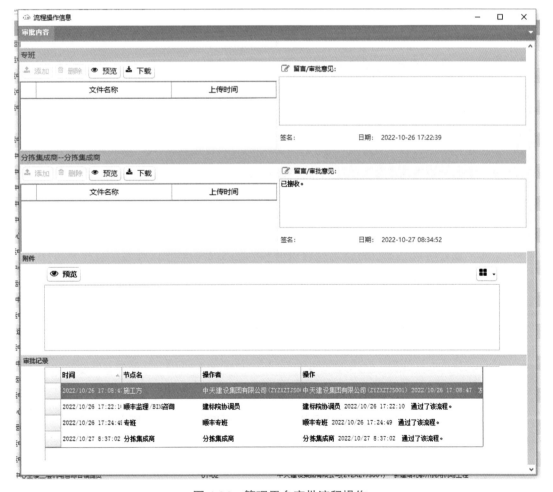

图 4-94　管理平台审批流程操作

4.6.2　通风与空调工程深化技术与管理

1. 通风与空调工程概况

转运中心主楼通风与空调工程主要由空调系统、通风系统、防排烟系统、补风系统等组成。其中主楼分拣区固定工位设空调岗位送风，大空间设工业吊扇，汽车装卸货区域设射流风机，各层防烟分区设置机械排烟，排烟风机集中设置于二层及四层排烟机房。本工程施工体量大，设施设备多、各类风管展开总面积达 24 万 m^2，如何确保模型数据在深化阶段的合理运用，最大化为业主创造效益，是项目团队亟需解决的问题。

2. 通风与空调工程数字深化实施思路与特点

本工程通过引入数字深化技术，以 BIM 为基础，联合业主方、设计方、生产方以及各参建方，形成技术解决方案，消除干涉冲突，优化深化布局，满足现场的功能使用需求。通过对模型数据的合理运用和管理，实现通风与空调工程的顺利实施。

（1）正向深化，数据同源

深化设计除了是对设计意图进行优化和延伸，同时也需要对设计表达进行验证和复核。项目团队采用 BIM 软件开展通风与空调工程的数字深化工作，利用软件强大的三维展示能力，对转运中心主楼通风与空调工程进行构件模型的空间模拟。基于设计意图，借助软件的空间表达功能，从设计的源头着手，进行反向提资，为项目的顺利实施保驾护航。

（2）异构数据，有效提取

本工程通风与空调系统中存在大量的异形风管构件，深化过程中常规深化软件无法直接提取异形风管构件展开面积参数。项目团队积极探索，研发一种风管管件面积计算插件，完善了异形构件面积参数创建、映射和提取等功能，实现了风管异形构件展开面积的有效提取。

3. 通风与空调工程数字深化实施具体应用

（1）模型可视化分析，辅助方案比选

本工程在深化设计阶段，通过将排烟风管模型与分拣集成线体进行碰撞检查和净高分析，以主楼一层 A3 区 42 轴东侧为例，模型显示排烟风管与分拣钢结构空间较小。分拣集成线体钢结构下挂点为主体预留，点位容差较小，若调整分拣集成线体钢结构下挂位置或变更风管尺寸，周期长、成本高。对模型数据进行测量和分析，如图 4-95、图 4-96 所示，排烟风管二次防火包裹安装空间明显不足，导致无法施工。

基于以上情况，利用深化模型三维可视化特性对方案进行模拟和比选，本工程排烟风管采用一种一体式复合风管，免二次防火包裹，节省安装空间，排烟风管做法对比如图 4-97 所示，为排烟风管的安装提供条件。

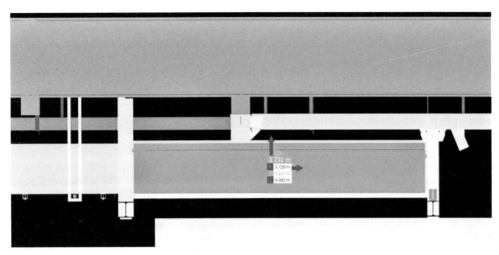

图 4-95　排烟风管与分拣转换梁模型测量

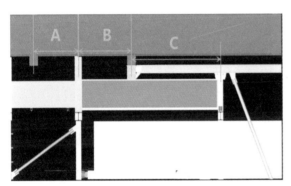

（a）排烟风管与分拣转换梁模型分析

转运中心主楼一层42轴风管与工艺转换梁模型数值对比表			
序号	项目	模型距离（mm）	净距离（mm）
1	风管尺寸	3728	
2	A 满天星埋件距吊杆肋板间距	1214	
3	B 两吊杆同轴线肋板间距第一段	1475	53
4	C 两吊杆同轴线肋板间距第二段	2306	
5	B+C 箍住风管两吊杆同轴线肋板间距	3781	

（b）排烟风管与分拣转换梁数据分析表

图 4-96　排烟风管与分拣转换梁模型分析

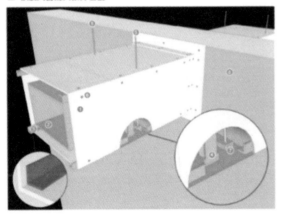

（a）传统做法示意

（b）新型做法示意

图 4-97　排烟风管做法对比

（2）模型信息智能识别，保证计量计价

本工程基于 BIM 进行计量支付，在实施过程中，需对每个模型构件赋予造价属性，并进行工程量提取。风管三通弯头等异形构件，无法直接从深化模型中提取展开面积参数。本工程风管工程量大，三通弯头等异形构件占比较高，异形构件工程量的提取将直接影响计量支付工作的开展。

项目数字化团队分析模型族构件的信息提取原理，新建可识别对象样式并创建面积参数，将异形构件连接端进行面积扣减后设置映射关系，对原生构件进行替换，解决了深化模型中异形管件展开面积无法提取的问题，并基于此研发了风管管件面积计算插件系统，如图 4-98 所示。

图 4-98　风管管件面积计算插件系统界面

风管管件面积计算插件的研发，成功打通了软件底层架构的壁垒，提高了深化模型构件信息数据识别提取的上限。项目团队使用风管管件面积计算插件，将原生风管管件进行无损替换，为构件字段信息全面识别提供了保障。风管管件面积计算插件应用，如图 4-99 所示。借助插件对主楼风管模型构件面积属性进行添加和识别，顺利完成风管三通、弯头等风管管件面积的提量工作，为后续计量支付工作的顺利开展奠定了基础。

（a）原生构件属性

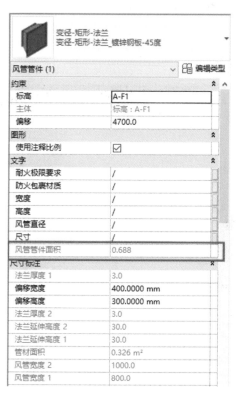

（b）应用插件构件属性

图 4-99　风管管件面积计算插件应用

4.6.3　建筑电气工程深化技术与管理

1. 建筑电气工程概况

转运中心主楼共设置 7 座开闭站、11 座变电站、86 个强电间。本工程作为一类消防保护建筑，电缆沿桥架敷设，水平为槽式桥架，竖井内为梯式桥架，各类桥架总长约 10 万 m，各类电线电缆总长约 350 万 m。BIM 深化时间紧、工作量大，4-1 号变电站 BIM 模型如图 4-100 所示。

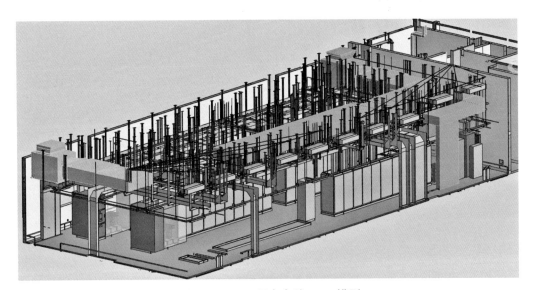

图 4-100　4-1 号变电站 BIM 模型

2. 建筑电气工程数字深化实施思路与特点

转运中心主楼工程在安全性能、升级扩展性以及可靠性方面对电气工程提出了更高标准，各类设备设施的安装施工质量要求高。通过数字深化技术，利用其高精度的模型和三维可视化的优势，合理科学布局，以最优方案进行排布，指导现场实施，利用 BIM 数字化特性，有效提取构件数据信息，为项目降本增效。

（1）协同联动，指导施工

本工程采用数字深化技术，提升多专业间协同工作的效率。通过三维模型可视化的优势，协同联动，解决了机电工程与分拣集成商施工边界模糊的问题，指导现场施工。

（2）精准提量，数据共享

传统材料表编制，由相关人员对深化图纸进行识别和梳理，数据获取的准确性和完整性难以保证，无法避免人工识别导致的工程量偏差。本工程利用 BIM 信息库的优势，一键提量，精准可靠，提量数据可用于工程量统计、预算、造价分析和管理等环节，减少工作量，提高工作效率。

3. 建筑电气工程数字深化实施具体应用

（1）多专业协同联动，指导现场施工

原设计分拣工艺配电中心与桥架的对接位置不清晰，桥架具体下落点位受配电柜位置影响，如

图 4-101 所示。本工程通过 BIM 深化模型进行合模，直观反映模型空间位置，根据模型排布情况积极交换深化意见，确定配电柜的位置，明确桥架路由，解决了施工边界模糊问题。

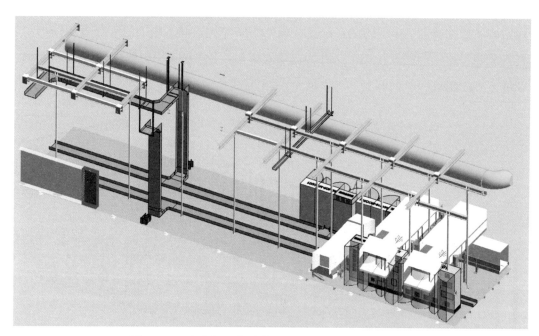

图 4-101　电气桥架与分拣区域配电中心模型深化前

通过多专业间的协同联动，解决深化模型排布问题。将现场出现的问题前置，实现电缆桥架与分拣配电柜同步施工，节省工期，避免因碰撞问题而造成的返工，同时也为电缆的敷设提供了充足的时间。项目团队通过有效的模型提资交互，助推深化进程，指导现场施工，为现场有序地穿插提供条件，如图 4-102 所示。

图 4-102　电气桥架与分拣区域配电中心模型深化后

以转运中心主楼 4 号岛分拣区域配电中心综合模型为例，如图 4-103 所示。由于分拣配电柜基于线体布局而定，具体安装位置模糊。配电柜需安装到位后再进行桥架的安装和电缆的敷设，工序衔接导致施工工期长。项目团队借助各专业合模稳定后的深化模型，确定配电柜进线端与桥架连接的位置，并基于此调整配电柜和桥架的安装顺序，将桥架施工工序前置，加快了施工速度，节省了施工总工期。

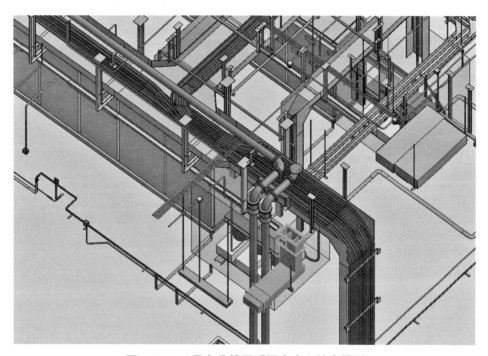

图 4-103　4 号岛分拣区域配电中心综合模型

（2）模型构件参数赋值，推进项目管理

深化过程中对电缆构件进行多维度参数赋值，根据电缆特性添加字段属性。除构件的常规几何信息外，增加电缆类型、回路编号、电缆型号、起点编号、终点编号和安装状态等非几何信息，如图 4-104 所示。利用电缆深化模型中电缆长度、电缆规格等信息，实现一键提取下单表，相比传统手动下单数据更加准确，控制了电缆损耗，提高了下单效率；借助电缆深化模型中起点编号、终点编号、回路编号等信息，可以快速定位配电柜和电缆回路的匹配关系，辅助每根电缆的敷设；借助电缆深化模型中安装状态等信息，将电缆未敷设、敷设中、验收合格等状态可视化，并在模型中进行展示，协助电气工程进度管理。

基于建筑电气工程深化模型的多维赋值，在整体深化完成后，按照功能分区、电缆型号等进行归并分类统计，按需精准提取料单，如图 4-105 所示，为电缆的采购、敷设、计量提供了技术和数据支撑。

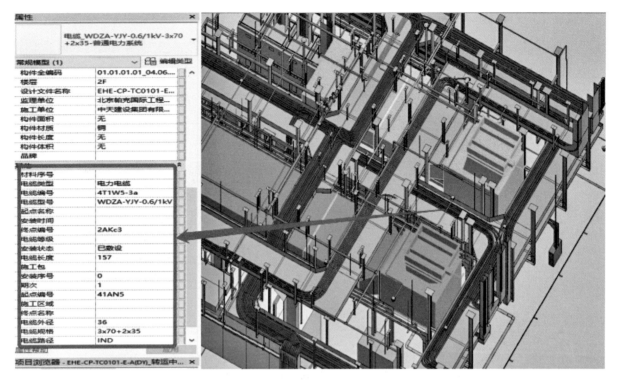

图 4-104 电缆模型构件信息

							一二楼MHS主电缆CPVI负责部分线缆长度				
回路编号	区域配电中心	分域	楼层	对应土建开关柜回路编号（基于0517E版）	电缆规格（基于0517E版）	对应的变电所	下落点编号	下落点至配电柜主电缆长度（m）	柜内主电缆预留长度（m）	用电需求时间	合模情况
MA405	空侧1-7-1	MHS	一层	4T3W8-2	4X185+1X95	变电所4-1	空侧1-7-1-B	17	2	2022/5/15	已合模，下落点见《一楼区域配电中心模型(含线槽)202
MA406	空侧1-7-1	MHS	一层	4T4W4-2	4X185+1X95	变电所4-1	空侧1-7-1-A	17	2	2022/5/15	已合模，下落点见《一楼区域配电中心模型(含线槽)202
MA411	空侧1-7-1	MHS	一层	4T3W5-2	4X240+1X120	变电所4-1	空侧1-7-1-B	12	2	2022/5/15	已合模，下落点见《一楼区域配电中心模型(含线槽)202
MA412	空侧1-7-1	MHS	一层	4T3W5-1	2(4X150+1X70)	变电所4-1	空侧1-7-1-B	12	2	2022/5/15	已合模，下落点见《一楼区域配电中心模型(含线槽)202
MA505	空侧1-9	MHS	一层	4T4W5-2	4X240+1X120	变电所4-1	空侧1-9-A	16	2	2022/5/30	已合模，下落点见《一楼区域配电中心模型(含线槽)202
MA506	空侧1-9	MHS	一层	4T4W5-1	4X240+1X120	变电所4-1	空侧1-9-A	19	2	2022/5/30	已合模，下落点见《一楼区域配电中心模型(含线槽)202
MA507	空侧1-10	MHS	一层	4T7W5-1	4X240+1X120	变电所4-2	空侧1-10-A	16	2	2022/5/30	已合模，下落点见《一楼区域配电中心模型(含线槽)202
MA508	空侧1-10	MHS	一层	4T8W4-1	4X185+1X95	变电所4-2	空侧1-10-A	13	2	2022/5/30	已合模，下落点见《一楼区域配电中心模型(含线槽)202
MA511	空侧1-9	MHS	一层	4T3W6-2	4X240+1X120	变电所4-1	空侧1-9-B	10	2	2022/5/30	已合模，下落点见《一楼区域配电中心模型(含线槽)202
MA512	空侧1-9	MHS	一层	4T3W6-1	2(4X150+1X70)	变电所4-1	空侧1-9-B	10	2	2022/5/30	已合模，下落点见《一楼区域配电中心模型(含线槽)202
MA605	空侧1-11	MHS	一层	4T8W5-1	4X240+1X120	变电所4-2	空侧1-11-A	12	2	2022/6/5	已合模，下落点见《一楼区域配电中心模型(含线槽)202
MA606	空侧1-11	MHS	一层	4T7W6-2	4X240+1X120	变电所4-2	空侧1-11-A	10	2	2022/6/5	已合模，下落点见《一楼区域配电中心模型(含线槽)202
MA607	空侧1-12	MHS	一层	4T7W7-1	4X240+1X120	变电所4-2	空侧1-12-A	13	2	2022/6/5	已合模，下落点见《一楼区域配电中心模型(含线槽)202
MA608	空侧1-12	MHS	一层	4T8W6-1	4X185+1X95	变电所4-2	空侧1-12-A	10	2	2022/6/5	已合模，下落点见《一楼区域配电中心模型(含线槽)202
MA611	空侧1-11	MHS	一层	4T8W5-2	4X240+1X120	变电所4-2	空侧1-11-B	14	2	2022/6/5	已合模，下落点见《一楼区域配电中心模型(含线槽)202
MA612	空侧1-11	MHS	一层	4T7W6-1	2(4X150+1X70)	变电所4-2	空侧1-11-B	12	2	2022/6/5	已合模，下落点见《一楼区域配电中心模型(含线槽)202
MA416	空侧1-7-1	MHS	一层	4T4W4-3	4X185+1X95	变电所4-1	空侧1-7-1-A	14	2	2022/5/15	已合模，下落点见《一楼区域配电中心模型(含线槽)202
MA516	空侧1-9	MHS	一层	4T4W6-4	4X95+1X50	变电所4-1	空侧1-9-A	10	2	2022/5/30	已合模，下落点见《一楼区域配电中心模型(含线槽)202
MA517	空侧1-10	MHS	一层	4T7W5-2	4X95+1X50	变电所4-2	空侧1-10-A	10	2	2022/5/30	已合模，下落点见《一楼区域配电中心模型(含线槽)202
MA616	空侧1-11	MHS	一层	4T8W4-4	4X95+1X50	变电所4-2	空侧1-11-A	14	2	2022/6/5	已合模，下落点见《一楼区域配电中心模型(含线槽)202
MA617	空侧1-12	MHS	一层	4T8W6-2	4X95+1X50	变电所4-2	空侧1-12-A	10	2	2022/6/5	已合模，下落点见《一楼区域配电中心模型(含线槽)202
MA441	空侧1-7-1	分拣机	一层	4T4W4-1	4X185+1X95	变电所4-1	空侧1-7-1-B	20	2	2022/4/20	已合模，下落点见《一楼区域配电中心模型(含线槽)202
MA541	空侧1-9	分拣机	一层	4T3W8-3	4X185+1X95	变电所4-1	空侧1-9-B	14	2	2022/5/30	已合模，下落点见《一楼区域配电中心模型(含线槽)202
MA641	空侧1-11	分拣机	一层	4T7W5-6	4X185+1X95	变电所4-2	空侧1-11-B	14	2	2022/6/5	已合模，下落点见《一楼区域配电中心模型(含线槽)202
LA402	空侧1-7-1	照明	一层	4T3W5-6	4X95+1X50	变电所4-1	空侧1-7-1-A	14	2	2022/5/15	已合模，下落点见《一楼区域配电中心模型(含线槽)202
LA502	空侧1-9	照明	一层	4T4W4-5	4X95+1X50	变电所4-1	空侧1-9-B	12	2	2022/5/30	已合模，下落点见《一楼区域配电中心模型(含线槽)202
LA602	空侧1-11	照明	一层	4T8W4-5	4X95+1X50	变电所4-2	空侧1-11-B	14	2	2022/6/5	已合模，下落点见《一楼区域配电中心模型(含线槽)202
EA401	空侧1-7-1	MHS	一层	4T3W5-4	4X50+1X25	变电所4-1	空侧1-7-1-A	12	2	2022/5/15	已合模，下落点见《一楼区域配电中心模型(含线槽)202
EA501	空侧1-9	MHS	一层	4T3W6-4	4X50+1X25	变电所4-1	空侧1-9-A	12	2	2022/5/30	已合模，下落点见《一楼区域配电中心模型(含线槽)202
EA601	空侧1-11	MHS	一层	4T7W6-4	4X50+1X25	变电所4-2	空侧1-11-A	16	2	2022/6/5	已合模，下落点见《一楼区域配电中心模型(含线槽)202
MB605	空侧2-12-1	MHS	二层	4T8W7-2	4X240+1X120	变电所4-2	空侧2-12-1-A	13	2	2022/5/15	已合模，下落点见《二楼区域配电中心模型(含线槽)202
MB607	空侧2-12	MHS	二层	4T6W6-8	2(4X120+1X70)	变电所4-2	空侧2-12-A	19	2	2022/5/15	已合模，下落点见《二楼区域配电中心模型(含线槽)202
MB608	空侧2-12	MHS	二层	4T5W4-2	2(4X120+1X70)	变电所4-2	空侧2-12-B	19	2	2022/5/15	已合模，下落点见《二楼区域配电中心模型(含线槽)202
MB612	空侧2-12-2	MHS	二层	4T1W4-2	2(4X185+1X95)	变电所4-1	空侧2-12-2-A	12	2	2022/5/15	已合模，下落点见《二楼区域配电中心模型(含线槽)202
MB613	空侧2-12-2	MHS	二层	4T2W5-2	2(4X120+1X70)	变电所4-1	空侧2-12-2-A	14	2	2022/5/15	已合模，下落点见《二楼区域配电中心模型(含线槽)202
MB622	空侧2-12-3	MHS	二层	4T1W4-3	4X240+1X120	变电所4-1	空侧2-12-3-A	14	2	2022/5/15	已合模，下落点见《二楼区域配电中心模型(含线槽)202
MB624	空侧2-12-3	MHS	二层	4T2W5-3	4X240+1X120	变电所4-1	空侧2-12-3-A	16	2	2022/5/15	已合模，下落点见《二楼区域配电中心模型(含线槽)202
MB626	空侧2-12-1	MHS	二层	4T7W8-1	2(4X150+1X70)	变电所4-2	空侧2-12-1-A	10	2	2022/5/15	已合模，下落点见《二楼区域配电中心模型(含线槽)202
MB627	空侧2-12-1	MHS	二层	4T8W7-1	2(4X120+1X70)	变电所4-2	空侧2-12-1-A	10	2	2022/5/15	已合模，下落点见《二楼区域配电中心模型(含线槽)202
MB705	空侧2-13-1	MHS	二层	4T7W7-2	4X240+1X120	变电所4-2	空侧2-13-1-A	11	2	2022/5/15	已合模，下落点见《二楼区域配电中心模型(含线槽)202

图 4-105 电缆工程量清单明细表

4.6.4 智能建筑工程深化技术与管理

1. 智能建筑工程概况

本工程智能化集成系统包括通风空调及给水排水监控系统、电梯群控系统、智能配电、智能照明等子系统。通过对各子系统信息的收集、存储、分析，将转运中心主楼内各机电系统及设备信息资源共享、系统联动，实现自动监控和远程管理，降低运营成本。

2. 智能建筑工程数字深化实施思路与特点

本工程布线体量大，远期规划需求多，在深刻理解设计意图的基础上，对本工程智能建筑综合布线系统进行 BIM 深化设计。基于全专业高精度模型，对智能建筑综合布线进行排布，同时根据末端点位、机房位置以及回路逻辑，对布线路由进行优化，减少路由碰撞。

3. 智能建筑工程数字深化实施具体应用

智能建筑数字化深化设计应用案例较少，相应的族库较为缺乏，深化前需对路由器、交换机、配线架、机柜等高精度模型族进行创建。在深化设计过程中结合设计意图，对线路布线位置是否符合相关标准进行检查，如电缆线槽、桥架宜高出地面 2.2m 以上，线槽和桥架顶部距离顶棚或者其他障碍物不宜小于 0.3m 等。并初步识别高空作业、管道密集等施工难度较大的部位，对此区域做好布线规划模拟，优化对应路由。匹配全专业高精度模型，对智能建筑综合布线进行碰撞检查，减少路由碰撞，转运中心主楼综合布线干线模型如图 4-106 所示。利用 BIM 可视化特点，对施工环境以及方案进行虚拟漫游，确保线路敷设合理，排布美观。

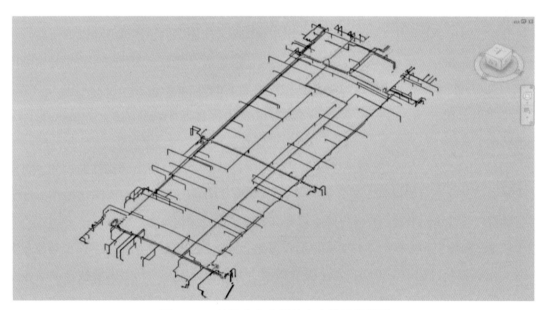

图 4-106　转运中心主楼综合布线干线模型

4.6.5　应用情况与成效分析

本工程采用数字深化手段，使设计师的设计理念、设计意图在施工过程中得到充分体现；在满足业主方需求的前提下，使设计意图更加符合现场实际情况、更好地将施工单位的施工理念在设计阶段延伸；满足现场不断变化的需要；在保证功能的前提下降低成本、提高效率，为业主创造更多效益。

项目团队运用数字深化技术，对机电工程开展高精度、全要素的模型搭建与构件深化工作，涉及构件类别 160 种，深化构件数量约 460 万个，参加模型审核会议 160 次，共形成可用于指导施工的深化图纸 1.2 万余张。

项目团队的 BIM 深化设计工作，作为"大后台"为前端的部署和实施提供有力的数据服务支撑，通过各方信息交叉共享，规避信息孤岛，减少沟通成本，通过软件管理平台协同应用实现数据互通，为线上质量验评与计量支付工作提供便利。

在深化设计阶段对管道专业系统内部检查、暖通专业系统内部检查、电气专业系统内部检查、管道、暖通、电气、主体结构、分拣设备专业之间检查等共计发现和消除各类软碰撞 5000 余处，硬碰撞 3.2 万处，为现场的工程质量和项目顺利推进提供保障。

4.7 本章小结

转运中心主楼工程在全专业开展 BIM 深化设计，对于应用和管理者的知识储备要求相当高，技术团队充分调动设计、施工、造价、项目管理优势力量、发挥软件研发能力，在有限的人员和深化时间内，不断创新和突破，如期完成了各专业深化设计任务，为数字建造后续应用赢得了先机，本章系统介绍了转运中心主楼工程数字设计技术与管理相应实施案例，具体分为以下几点：

（1）技术团队在施工准备阶段使用 BIM 深化设计搭建数字模型，深化构件数量超 1300 万个，模型审核会议 473 次，模型审核报告 2100 份，构件类别 400 种，接驳边界文件 185 份，深化图纸 5.1 万张，模型提取数据 1120 万条，图纸会审问题 1200 条，深化设计成果显著，为后续基于 BIM 的项目管理奠定了基础。

（2）项目 BIM 深化人员对所有工序的每个构件进行数字建模，将全部构件的尺寸、材质、外形、技术参数等转化为数据信息，充分利用族参数驱动、Dynamo 编程、自研深化插件、自研 TTR 格式转化插件、建模协同平台、合模协同平台等高效工具提升深化效率。

（3）依据按模施工和按模结算的要求，不断深化、细化数字模型，确保数字模型与建造实体的模物一致。BIM 深化过程中，识别和解决设计问题，补充设计遗漏，利用模型整合消除各专业中"错、漏、碰、缺"的问题。明确了合同标的物减少了争议，避免了工程中的拆改与返工。

（4）深化团队在深化过程中兼顾施工顺序、材料加工、质量验评、计量计价等原则，同技术部门和商务部门紧密配合，添加了相关的模型属性与信息，为施工开展创造了条件。建立多方会审制度，在标段边界、专业交叉等方面，主动发起多标段、多专业、多轮次的综合会审。工作模式上不断总结与改进，摸索出一套数字深化设计的管理流程和方法。

第5章 数字施工技术实施与管理

5.1 概述

随着行业的发展，建设工程项目管理的要求也日益提升，为提高项目管理效率，更好地保证施工质量和安全，许多工程开始引进数字施工技术来管理施工现场。"数字施工"就是利用数字技术将工程施工过程的信息数字化、网络化、智能化和可视化，以辅助进行项目管理，最终达到提质增效、降低成本、强化安全的管理目的。数字施工技术在工程建设管理中能够保证项目管理各项工作环节的合理有效运行，在项目建造过程中，由统一的施工管理部门进行全局性和先导性的安排，协调多个环节的施工建设，并通过互联网的信息传递和整合方式，提高建设项目的管理效率。

本工程数字施工主要是以全流程的 BIM 技术应用为基础，依据 BIM 深化模型指导现场施工，同时依托互联网、大数据、物联网等技术优势，组织协调施工建设的各个环节，保证项目建设高效运行，并借助现代测绘技术、电子信息技术、设备传感技术以及智能化设备实现工程建设管理的数字化、网络化、信息化。

5.2 数字施工技术管理流程

本工程数字施工技术管理总体流程如图 5-1 所示，项目主要应用 BIM 技术、数字化监测监控技术以及智能化设备进行全过程施工管理。通过基于 BIM 技术的深化设计，创建数字施工唯一数据源，以 BIM 为基础，导出深化切图及材料加工料单，并组织进行各类材料数字化集中加工，同时以 BIM 及深化切图为现场施工依据开展按模施工应用。施工过程中，通过应用数字化监测与监控技术对相关分项工程施工过程进行整体把控，同时辅以各类智能化设备的应用，充分发挥数字施工技术的优势，提高工程建设效率，对项目建设全过程进行精细化管控。

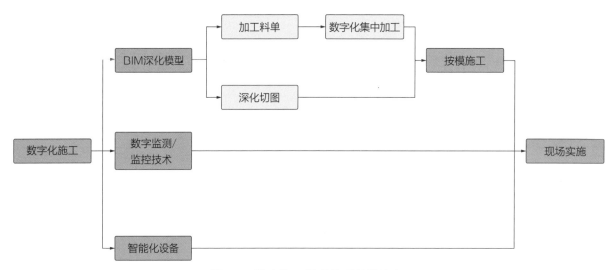

图 5-1　数字施工技术管理总体流程

5.3　BIM 深化切图及按模施工技术与管理

本工程实施全阶段、全专业、全业务、全参与的 BIM 应用标准以及全过程的数字建造方案，通过应用 BIM 技术及信息化手段对项目建造全业务链条进行全过程管控。鉴于 BIM 技术所特有的可视化、可优化性以及可出图性等特点，深化人员可通过对 BIM 深化模型的任意剖切，快速得到大量复杂节点的深化切图，项目实施过程中提出按模施工的管理要求。即现场无蓝图，现场施工以模型切图为依据，依托 BIM 导出深化切图指导现场施工，以此开展按模施工管控工作。每个批次模型过审后，BIM 深化人员会对各专业技术人员及施工班组进行模型交底，并成立按模施工督导小组，在实施过程中对按模施工情况进行检查及督导，严格落实按模施工相关要求，确保工程实体与模型匹配。

5.3.1　按模施工应用流程

本工程按模施工管理流程如图 5-2 所示，主要可分为前期切图交底阶段、中期落地实施阶段以及后期巡检验收阶段。以深化完成的模型为基础，生成复杂节点、典型构件的深化详图，按区域、施工段及检验批整理成册；其他构件深化图则以移动端应用为主，将深化模型、深化详图上传至服务器，现场管理人员通过移动端查看切图与模型，并组织班组工人全程按照切图指导现场施工。项目成立按模施工督导小组，不定时对现场质量、切图上墙进行抽查，并填写按模施工表单，最终形成检查报告，在每周例会上进行通报，严格落实按模施工制度。

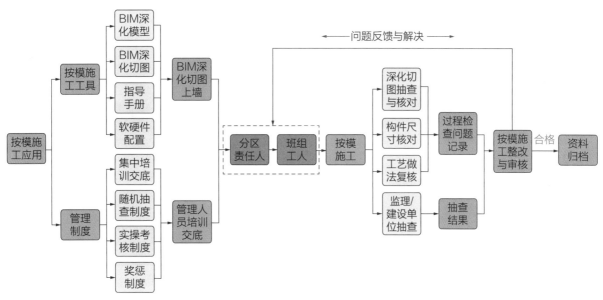

图 5-2　按模施工管理流程

5.3.2　软硬件及制度保障

1. 软硬件配置

本工程基于项目管理平台移动端开展数字化施工，为此项目部配备了数字化施工专属的移动端设备，经过测试采用 HUAWEI M6 型号平板及以上配置即可流畅运行大型数据模型，如图 5-3 所示。

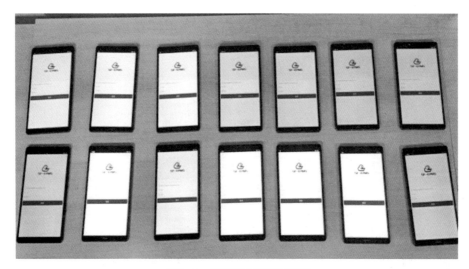

图 5-3　按模施工硬件配置

将模型文件、深化图纸上传至服务器，可在平台及移动端对模型进行属性查看、视图剖切及问题标注等操作，更直观地指导现场施工，如图 5-4 所示。将模型构件与深化图纸相关联，方便现场工人按模施工，提高施工效率。将检查发现的问题照片与模型构件进行关联，督促相关责任人对问题整改，如图 5-5 所示。

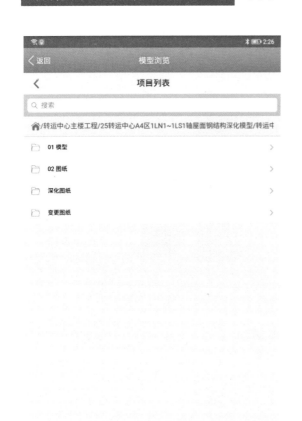

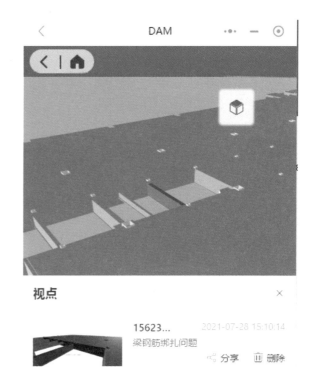

图 5-4　深化模型上传平台　　　　　　　　图 5-5　施工问题记录

2. 按模施工制度

（1）集中培训交底

每个批次深化模型过审后，由 BIM 深化人员组织管理人员及施工班组进行按模施工软件实操培训以及集中交底。对各专业 BIM 及深化切图进行详细讲解，并明确相关复杂节点工艺做法，加深施工人员对设计图纸的理解，确保现场按模施工顺利开展，如图 5-6、图 5-7 所示。

图 5-6　按模施工集中培训交底　　　　　　图 5-7　软件实操讲解培训

（2）随机抽查制度

施工过程中，按模施工督导小组将对现场按模施工情况进行随机抽查，抽查内容包括深化图下发情况及按模施工匹配度，确保现场严格按照深化切图实施。

（3）实操考核制度

按模施工实施过程中，将定期对现场管理人员及班组进行软件实操考核，针对操作不熟练人员将重新组织实操培训，确保软件操作熟练度，如图 5-8、图 5-9 所示。

图 5-8　管理人员实操考核　　　　　　　　　　图 5-9　工人实操考核

（4）奖惩制度

实施按模施工奖惩制度，将每月按模施工实施情况及检查整改情况汇总，并评比出按模施工进度质量较好的片区给予适当奖励，同时将实施较差的情况在项目月度例会上给予通报批评，促进项目良性竞争，以此提高工人执行按模施工的积极性。

5.3.3　BIM 深化切图与按模施工

1. BIM 深化切图

传统的设计图纸均以平法施工图形式表达，简单的二维施工图纸难以清楚地表达复杂的空间位置关系及设计意图，现场施工作业人员易存在理解障碍，极易造成返工的情况发生，施工效率低下。故在深化切图中采用三维模型的方式注解传统的二维施工图，在满足施工前提下，可以更为形象、生动、直观、准确地表现出复杂节点的结构形式，更好地表达设计意图，协助现场施工，深化切图如图 5-10～图 5-15 所示。

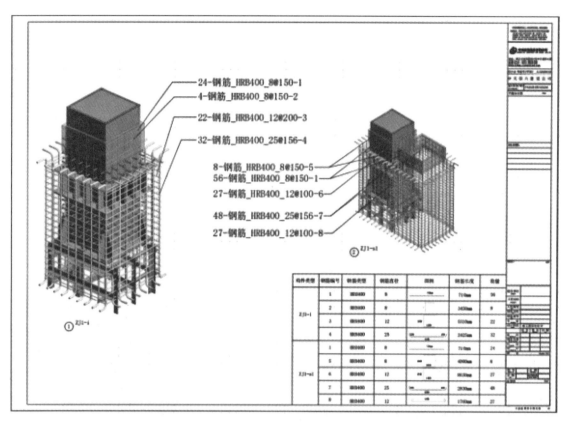

图 5-10　钢柱脚钢筋深化切图

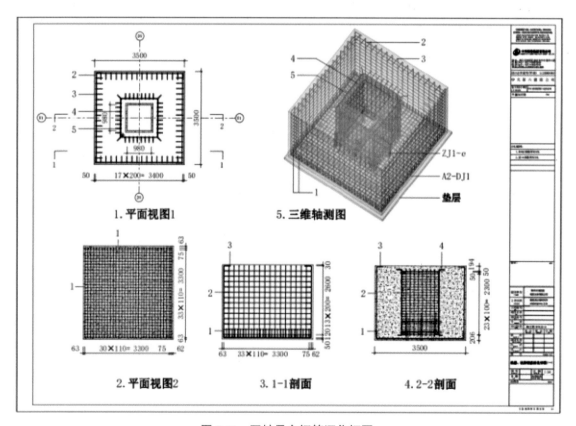

图 5-11　四桩承台钢筋深化切图

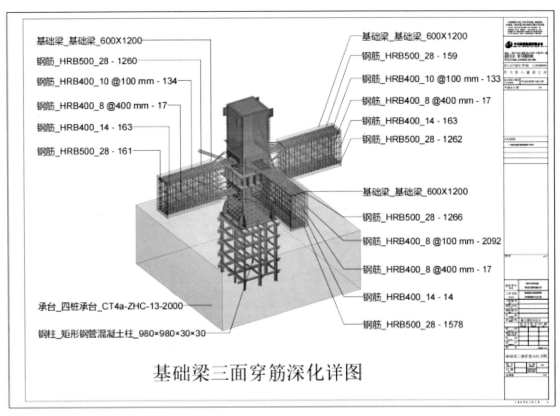

图 5-12　基础梁穿筋深化切图

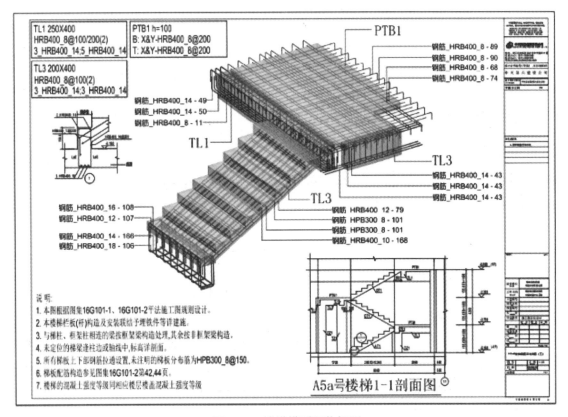

图 5-13　楼梯模型深化切图

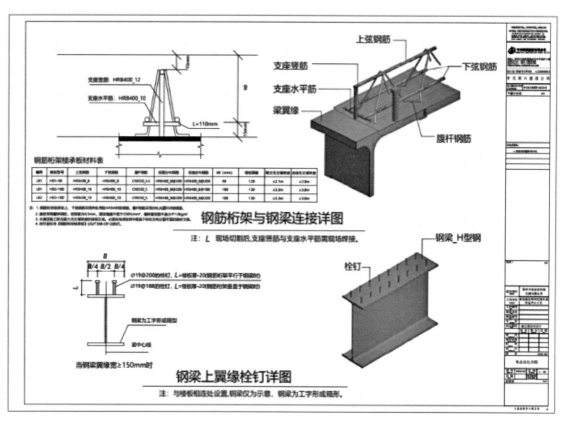

图 5-14　桁架筋模型深化切图

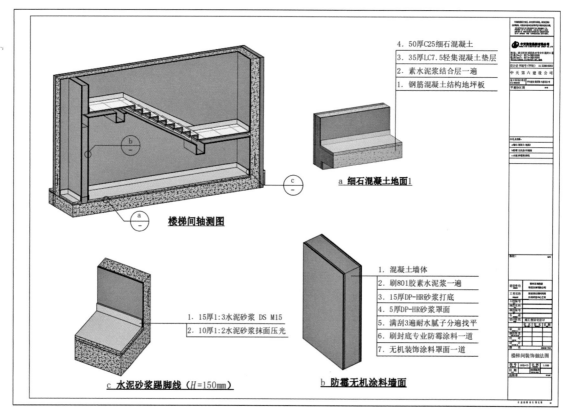

图 5-15　精装修深化切图

同时在现场施工前将各专业 BIM 深化切图按照专业、楼层、分区等统一打印装订成册，形成深化切图及按模施工指导手册，并下发至管理人员及各施工班组，辅助现场按模施工实施，如图 5-16、图 5-17 所示。

图 5-16　BIM 深化切图及按模施工指导手册　　　　图 5-17　深化切图下发

2. 按模施工实施

为保证按模施工实施效果，现场施工前由班组长对现场工人进行交底培训，同时将深化切图张贴至施工部位醒目位置，督促工人依据审批通过的深化模型及切图进行现场施工与下料，保证现场施工同模型保持一致，如图 5-18～图 5-21 所示。同时为充分发挥 BIM 作用，通过 BIM 导出构件明细表，并在深化切图中按照专业、部位与构件分别进行统计，方便后期组织进行各专业材料集中加工。

图 5-18　班组长给工人交底　　　　　　　　　图 5-19　深化切图上墙

图 5-20　现场按模施工

构件类型	钢筋编号	钢筋类型	钢筋直径（mm）	图例	钢筋长度（mm）	数量（根）
ZJ1-i	1	HRB400	8	710	710	56
	2	HRB400	8	1008 1000	3450	8
	3	HRB400	12	1300 1300	5310	22
	4	HRB400	25	220 160 2145	2425	32
ZJ1-s1	1	HRB400	8	710	710	24
	5	HRB400	8	1008 1016	4090	8
	6	HRB400	12	2750 1450	8630	27
	7	HRB400	25	220 160 2550	2830	48
	8	HRB400	12	1450	1760	27

图 5-21　深化切图料单

3. 按模施工检查与整改

按模施工检查分为两个阶段，第一阶段为施工方自检及整改，第二阶段为监理及建设单位组织抽查与验收。

（1）施工方自检及整改

在施工过程中，由按模施工督导小组不定期组织自查，自检过程中将发现的问题进行记录反馈，并督促及时整改。每月整理项目所有专业按模施工记录检查表单，如图 5-22 所示，确保已发现的问题全部整改完毕。自查过程中，重点检查深化模型落地情况，将现场施工情况同模型进行对比，确保模型应用落地，保证模型与现场实物一致，对重点部位检查后并形成施工现场与模型对比表单进行记录，如表 5-1 所示。

转运中心一标按模施工记录表单

序号	交底时间	交底内容	模型交底区域	项目管理人员交底	现场班组与工人交底	施工过程跟踪	按模抽查	抽查结果	整改描述	整改结果
1	2020/1/12	承台钢柱脚钢筋深化	A3 区地坪板深化模型				承台部分钢筋未绑扎	待整改	钢筋绑扎完成后抽查	合格
2	2021/1/18	承台、基础梁、钢柱脚钢筋深化	A3 区地坪板深化模型				承台部分钢筋未绑扎（存在多个）	待整改	钢筋绑扎完成后抽查	合格
3	2021/1/26	承台、基础梁、钢柱脚钢筋深化	A3 区地坪板深化模型				承台、基础梁部分钢筋未绑扎	待整改	钢筋绑扎完成后抽查	合格
4	2021/2/2	基础梁钢筋深化	A3 区地坪板深化模型				与模型一致	合格	—	—
5	2021/2/21	基础梁钢筋深化	A3 区地坪板深化模型				缺少 2 个拉结筋	待整改	整改完成后复查	合格

项目经理签字：　　　技术负责人签字：　　　分区负责人签字：　　　施工员签字：　　　BIM 负责人签字：

图 5-22　按模施工检查记录清单

按模施工检查对比分析表   表 5-1

检查部位	深化模型	现场施工情况	检查情况
A4 区 2 层中间四跨			风管安装与模型一致，喷淋管施工未完成
A3 区 2 层中间四跨			风管安装与模型一致，喷淋管施工未完成
A2 区 2 层中间四跨			现场施工与模型一致
A1 区 2 层中间四跨			现场施工与模型一致

（2）监理及建设单位组织抽查与验收

监理及建设单位定期组织施工单位对已完成工序进行按模施工随机抽查，制定抽查标准，确保抽样科学性及有效性，重点检查工程重难点部位及复杂节点处的构件型号、尺寸、做法等是否与深化切图及模型一致。如图 5-23、图 5-24 所示，根据检查的问题提出整改措施，敦促现场负责人整改上报。

图 5-23　监理及建设单位按模施工抽查　　　　图 5-24　按模施工抽查记录表

5.3.4　应用情况与成效分析

本工程应用 BIM 深化切图及按模施工技术，在实施过程中严格落实相关流程及制度。各专业共计导出 5.1 万余张深化切图，依据深化切图指导现场施工。按照专业分工及模型批次共计组织 125 次按模施工交底会议，保障了按模施工应用的顺利实施。施工过程中共计组织 159 次按模施工自检及 195 次按模施工验收，有效提高了按模施工落地效果。

BIM 和深化图纸可清晰表现二维图纸难以说明的复杂节点，便于现场管理人员以及工人的交底培训，可有效加深施工人员对设计图纸的理解，提升工程图纸的表达效率，进而提高工程施工质量，减少施工过程中的返工现象，保证工期节点。

基于 BIM 可快速输出各类材料的加工、生产信息，不仅可实现各类材料精细化下料管理，还符合工厂数字化加工的要求，减少材料浪费。此外，本工程"无模型不施工"的管理原则以及模型切图资料代替施工蓝图的管理要求在国内建筑业是一个创举。

5.4　地基与基础工程数字施工技术与管理

5.4.1　复杂地质环境桩基施工数字化监控技术与管理

1. 桩基工程概况

转运中心主楼工程采用钻孔灌注桩基础及柱下独立基础形式，地基基础及桩基设计等级均为甲级，根据地质情况及工艺要求，采用旋挖钻机＋钢护筒护壁施工工艺施工。本工程所处位置为湖泊回填地基，地质环境复杂，为保证桩基施工质量，采用桩基施工数字化监控系统对桩基施工全过程进行实时监控，确保施工质量满足设计要求，打造过程精品。

2. 桩基施工数字化监控系统

桩基施工数字化监控系统采用北斗高精度实时定位技术获取桩头精准的位置信息，融合安装于桩机上的角度传感器、深度传感器等实时数据，以数字、图像的方式实时记录显示打桩坐标、倾斜角度、钻进和提钻速度、桩深等信息，引导精准施工，同时记录施工过程数据，对桩基工程施工进行有效监管。本工程采用 UPS300 旋挖钻施工数字化监控系统，其数据生产系统及系统拓扑如图 5-25、如图 5-26 所示。

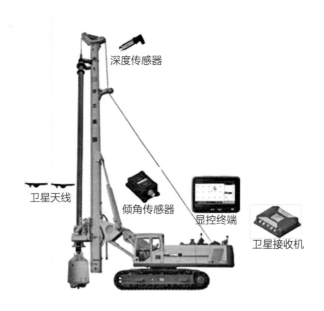

图 5-25　数字化监控系统示意图

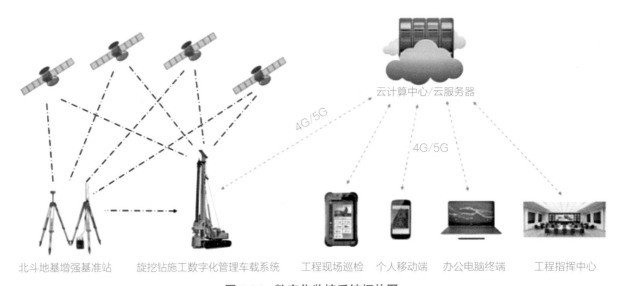

图 5-26　数字化监控系统拓扑图

桩基施工数字化监控系统可通过输入坐标参数对施工位置进行精准定位，如图 5-27 所示，并实时显示现场施工的点位、深度、钻杆垂直度，如图 5-28 所示，同时系统车载端可显示桩点引导、钻杆垂直度、桩深、施工平面布置图等信息，如图 5-29 所示，方便数字化施工操作及相关过程数据记录。

图 5-27　坐标参数设置

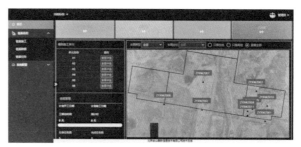

图 5-28　桩基实时定位

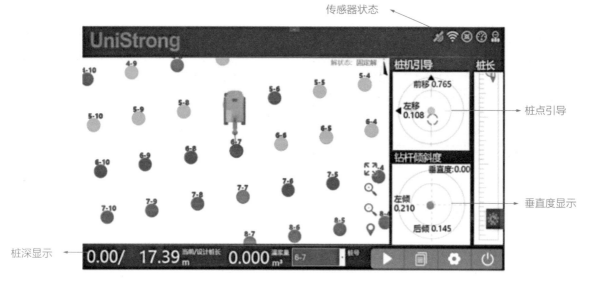

图 5-29　车载端界面示意图

3. 应用实施

桩基施工数字化监控系统应用流程如图 5-30 所示。

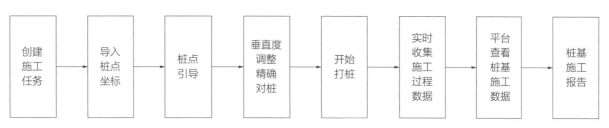

图 5-30　桩基施工数字化监控系统应用流程图

（1）创建施工任务：施工前，在系统中创建新的施工任务，明确工程信息，做好施工前系统设置等准备工作。

（2）导入桩点坐标：在系统中录入需施工桩基的桩点坐标，该坐标可手动输入，同时也可以通过系统直接导入桩点坐标设计文件，如图 5-31 所示，系统将根据表单内容识别桩位坐标，同时根据北斗高精度定位技术实时定位各桩位在现场确切位置，并在系统中显示，如图 5-32 所示。

（3）桩点引导：系统根据导入的桩点坐标，可自动引导桩基施工机械进行桩基定位，如图 5-33

所示。

（4）垂直度调整精确对桩：通过系统自动将机械引导至桩位附近后，同时车载系统会显示钻杆垂直度，同步进行钻杆垂直度调整，随后开始根据坐标点位进行精确对桩，确保施工桩位同设计桩点坐标吻合。

（5）开始打桩：精确对桩完成后即可按照设计要求开始打桩施工，如图 5-34 所示，同时在车载系统中可实时查看各桩基设计与施工信息，包括钻杆垂直度、桩深、施工平面布置图等信息，了解施工状态。

图 5-31　设计文件导入

图 5-32　施工桩点查看

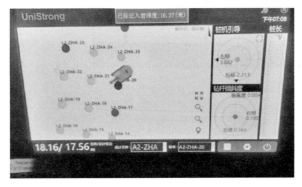

图 5-33　桩点引导

图 5-34　桩基施工

（6）实时收集施工过程数据：在桩基机械施工过程中，数字化监控系统通过传感器实时收集施工过程数据，包括不同基桩的名称、坐标、桩径、桩长、成桩深度、入岩深度、垂直度、开始结束时间等信息，如图 5-35 所示。

（7）平台查看桩基施工数据：施工完成后，随时在系统中查看任意桩基施工数据，包括位置、设备名称、成孔时间、成桩时间、深度、垂直度等信息，如图 5-36、图 5-37 所示；同时数据还支持导出功能，将该区域的所有桩基机械打桩设计数据与施工数据按照设备组织以 Excel 的形式下载到本地，如图 5-38 所示，满足不同环境下的查阅需求。

（8）桩基施工报告：桩基施工完成后，通过系统导出桩基施工报告，方便各类报验及资料归档。

图 5-35　桩基施工数据统计

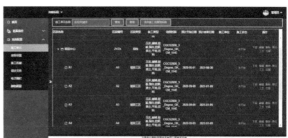

图 5-36　施工单元查看

图 5-37　桩基信息查看

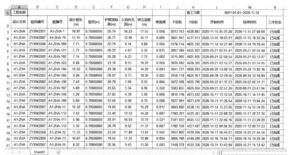

图 5-38　设计与施工数据导出

5.4.2　深基坑安全监测数字施工技术与管理

1. 深基坑工程概况

转运中心主楼工程在 A1 区设置 4 个地下逃生通道，逃生通道层高 5.1m。该区域基坑采用放坡开挖、桩顶放坡＋悬臂桩支护体系，基坑总长约 327m，垂直开挖面积约 1023m²，开挖深度 5.6m，所在区域均涉及深基坑施工。

传统的基坑监测方法采用人工现场采集数据，存在效率低下、反馈速度慢、容易受天气条件影响等问题。鉴于深基坑施工安全重要性，本工程在深基坑施工过程中，采用深基坑工程施工安全监测系统，对影响基坑安全的一系列因素进行实时监测，通过数字化手段监测基坑施工状态，保障基坑施工全过程安全稳定。

2. 深基坑工程施工安全监测系统

深基坑工程施工安全监测系统是采用固定设站的方式，辅以远程控制系统，通过无线传输模块和数据采集器连接现场的各种传感器，实时监测在基坑开挖阶段、支护施工阶段、地下建筑施工阶段周边相邻建筑物、附属设施的稳定情况，该系统能够将位移、应力等监测融为一体，同时能够通过物联网实现监测数据的自动化采集及传输，并将监测到的数据进行分析，为各种复杂的工程监测提供有利的信息，可弥补传统人工监测的诸多不足，能够预防工程安全事故的发生，为基坑的施工安全提供强有力的保障。该系统特点如表 5-2 所示，监测项目及设备明细如表 5-3 所示。

深基坑监测系统特点分析表 表 5-2

序号	系统特点	特点说明
1	自动实时监测	24 小时不间断监测，保证数据连续性、及时性，及早排查基坑安全隐患，并准备好补救措施，预防工程安全事故发生。系统可实时接收前端监测设备的数据，自动监测基坑位移和支护结构安全性，一旦有任何数据超过警戒线，系统会立刻报警，为相关单位作出决策提供数据依据
2	支持数据导入	支持数据自动化采集的同时，支持人工数据导入，实现自动化数据与人工监测数据相融合
3	自动分析统计	监测点历史分析，动态展示数据变化轨迹，采用图表反映测量点数据变化，统计基坑告警信息，并分析历史报警原因。异常告警提醒，预防事故发生
4	远程监管及查询	监测数据可远程无线传输至服务器，支持线上随时查询现场数据。远程监管，基坑状态一目了然，减少人力检查成本，提高管理效率，实时了解现场情况

深基坑工程施工监测项目及设备明细表 表 5-3

监测项目	设备名称	主要特点	图例
竖向位移	静力水准仪（WH-HSL）	高精度、高稳定性、量程范围宽	
水平位移	无线位移计（WH-WDS）	测量行程长、安装空间尺寸小、高精度、高稳定性	
深层水平位移	固定式测斜仪（WH-IFI）	测量范围宽、高分辨率、高精度、高抗冲击	
裂缝	测缝计（WH-CDD）	长期稳定、灵敏度高、温度影响小	

3. 应用实施

深基坑工程施工安全监测系统应用流程主要分为图 5-39 中所示 7 个环节。

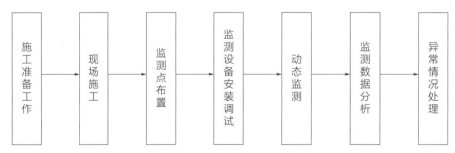

施工准备工作 → 现场施工 → 监测点布置 → 监测设备安装调试 → 动态监测 → 监测数据分析 → 异常情况处理

图 5-39 深基坑工程施工信息化监测技术应用流程

（1）施工准备工作：主要进行施工前准备工作，包含人员机械材料组织、基坑监测方案制定、安全技术交底以及开工前其他准备工作。基坑监控方案应包括监控目的、监测项目、监控报警值、监测方法及精度要求、监测点的布置、监测周期、工序管理和记录制度以及信息反馈系统等。

（2）现场施工：按照现场施工部署，结合基坑施工方案组织基坑土方开挖及支护结构施工；

（3）监测点布置：根据规范、监测方案以及基坑监测要求布置基坑监测点，监测点类别包含：坡顶水平及竖向位移、桩顶水平及竖向位移、周边工程桩水平及竖向位移、支护桩深层水平位移、地表裂隙等。

（4）监测设备安装调试：根据基坑监测需求安装调试各类基坑监测设备，如图 5-40 所示，同时做好监测点及监测设备的保护措施，确保监测数据准确性及监测设备的完整性。

（a）静力水准仪　　　　　　（b）智能采集基站　　　　　　（c）固定式测斜仪

图 5-40　基坑监测设备安装

（5）动态监测：深基坑施工过程中系统进行全过程监测，同时通过传感器将监测数据实时传输至后台系统进行统计，并在系统界面进行统一展示，方便及时查阅并了解现场施工状态，如图 5-41、图 5-42 所示。

	测点编号	采集时间	记录值(mm)	单次变化量(mm)	累计位变化量(mm)	变化速率(mm/d)	报警状态	操作
☐	测点1	2021-04-09 14:46:26	4.121	-1.079	-0.883	-1.194	正常	
☐	测点1	2021-04-09 10:46:26	5.2	-0.491	0.196	-0.115	正常	
☐	测点1	2021-04-09 06:46:26	5.691	0	0.687	0.376	正常	
☐	测点1	2021-04-09 02:46:26	5.691	0.196	0.687	0.376	正常	
☐	测点1	2021-04-08 22:46:27	5.495	0.197	0.491	0.1212	正常	
☐	测点1	2021-04-08 18:46:27	5.298	0.883	0.294	0.016	正常	
☐	测点1	2021-04-08 14:46:27	4.415	-0.981	-0.589	-0.867	正常	
☐	测点1	2021-04-08 10:46:27	5.396	-0.295	0.392	0.114	正常	
☐	测点1	2021-04-08 06:46:27	5.691	0.098	0.687	0.409	正常	
☐	测点1	2021-04-08 02:46:27	5.593	0	0.589	0.31	正常	

图 5-41　基坑沉降监测数据列表

□	测点编号	采集时间	深度(m)	X轴单点记录值(mm)	X轴累计记录值(mm)	X轴累计位移增量(mm)	Y轴单点记录值(mm)	Y轴累计记录值(mm)	Y轴累计位移增量(mm)	报警状态
□	001	2021-04-09 20:07:40	12	-19.094	241.194	3.595	-2.513	-78.066	-0.314	正常
□	002	2021-04-09 20:07:40	10	61.321	275.515	3.421	34.591	-43.475	-0.07	正常
□	003	2021-04-09 20:07:40	8	19.582	295.097	3.734	-99.757	-143.231	0.035	正常
□	004	2021-04-09 20:07:40	6	20.734	315.831	4.746	-45.375	-188.606	2.059	正常
□	005	2021-04-09 20:07:40	4	58.146	373.977	5.444	-14.172	-202.778	1.466	正常
□	006	2021-04-09 20:07:40	2	61.286	435.264	5.829	-29.32	-232.098	2.06	正常
□	007	2021-04-09 20:07:40	26	62.019	62.019	0.349	41.082	41.082	-0.21	正常
□	008	2021-04-09 20:07:40	24	23.666	85.685	0.698	0.314	41.396	-0.454	正常
□	009	2021-04-09 20:07:40	22	28.378	114.063	0.802	-132.548	-91.151	-0.697	正常
□	010	2021-04-09 20:07:40	20	70.008	184.072	1.082	-18.605	-109.756	-0.558	正常

图 5-42 基坑深层水平位移监测数据列表

（6）监测数据分析：监测系统接收现场监测数据后自动进行数据分析，并生成对应图表进行直观展示，如图 5-43、图 5-44 所示。同时按照前期设定的各类监测数据报警值自动判别，对超预警数据及时报警，并通过多种途径反馈至各单位相关人员，为项目决策提供数据依据。

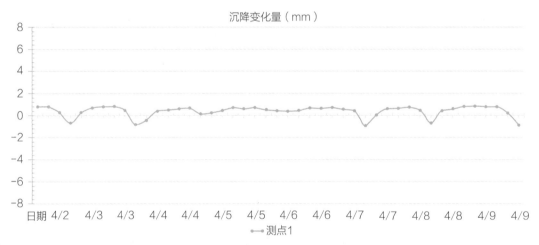

图 5-43 基坑沉降监测数据图

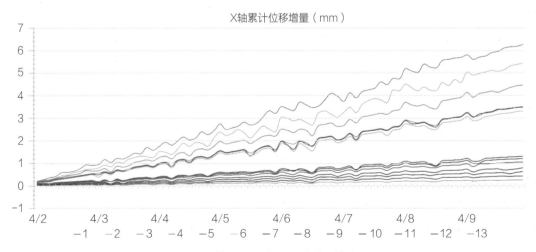

图 5-44 基坑深层水平位移监测数据图

（7）异常情况处理：针对系统预警信息反查施工现场基坑状况，并对异常情况进行处理，避免安全事故的发生，保障基坑施工安全。

5.4.3　基础承台三维激光扫描技术与管理

1. 基础工程概况

本工程基础钢筋纵横交错，承台与基础梁、钢柱脚及结构地坪板连接节点构造复杂，且承台规格型号众多，钢筋绑扎工作量大，极易出现绑扎出错的现象。为此，项目采用激光扫描技术对承台钢筋进行三维扫描，并将扫描点云模型同 BIM 进行对比分析，复核施工误差，确保钢筋绑扎满足设计及施工要求。

2. 三维激光扫描技术

三维激光扫描技术是近年来新兴的测绘技术，在国内越来越引起关注，并在多个领域有普遍应用。该技术利用激光测距的原理，通过记录被测物体表面大量点位的三维坐标、反射率和纹理等信息，能够完整并高精度地复建出被测目标的三维模型及线、面、体等各种图件数据。真正做到直接从实物中进行快速的逆向三维数据采集及模型重构，其最大特点就是精度高、速度快、逼近原形。三维激光扫描技术在钢筋工程中的应用特点如下：

（1）三维激光扫描可对现场钢筋构件的绑扎间距、直径进行可视化测量，可辅助评判现场钢筋绑扎质量。

（2）三维激光扫描点云数据可与 BIM 融合分析。

（3）三维激光扫描可实景复制钢筋构件实际绑扎情况，在施工数据追溯管理方面有一定价值。

3. 应用实施

本工程采用三维激光扫描仪对基础承台钢筋进行全方位激光扫描，如图 5-45 所示，根据扫描出的点云数据合成受检区点云模型，真实还原现场钢筋绑扎情况，并将点云模型与 BIM 深化模型进行叠加分析，复核验收部位施工误差，辅助进行钢筋绑扎质量评估，应用数字化工具进一步保证施工质量。

三维激光扫描技术主要应用流程可分为外业数据采集、数据导入、点云数据拼接、数据去噪优化、模型对比分析 5 个环节，应用流程如图 5-46 所示。

（1）外业数据采集：确定测量位置，设置机器测量角度和参数，开始数据采集，如图 5-47 所示。为了减少拼接误差，采用靶球拼接的方式扫描，减小转站产生的拼接误差，测站之间应至少布设 3 个拼接标靶。

（2）数据导入：扫描完成后，在三维点云软件中导入测站数据和标靶数据。

（3）点云数据拼接：拼接好现场的点云数据平面图，从图 5-48 中可以清楚地看到采集数据时的站点布设位置及现场的平面信息。

图 5-45 三维激光扫描仪

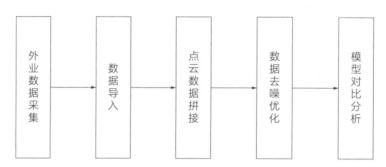

图 5-46 三维激光扫描技术应用流程

图 5-47 外业数据采集

图 5-48 点云数据拼接

（4）数据去噪优化：在拼接好的数据上进行去噪优化，只保留所选取的基础承台钢筋部分三维数据，如图 5-49 所示。

（5）模型对比分析：通过专业的对比分析软件，将点云成果与 BIM 进行比较，利用彩色图谱的形式反映实际偏差，若偏差值在 3mm 以内，则分析模型显示为黄色，证明验收部位误差极小，如图 5-50 所示。同时可通过点云模型对钢筋绑扎间距、钢筋直径进行虚拟测量，辅助评判现场钢筋绑扎质量，如图 5-51 所示。

图 5-49　点云成果展示

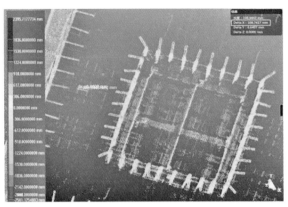

图 5-50　模型对比分析

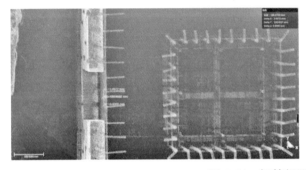

图 5-51　钢筋间距及直径虚拟测量

5.4.4　应用情况与成效分析

地基与基础工程在实施过程中应用各类数字化施工技术对施工全过程进行精细化管控，通过融合 BIM 技术、信息化及物联网技术，充分发挥数字化施工技术的优势，解决了传统施工方式的诸多弊端，提高了工作效率，同时也为项目地基与基础工程施工质量及安全提供了保障。

桩基工程采用数字化监控系统，利用数字化技术对桩基施工的全过程进行监控，通过实时、实地采集施工过程数据和动态记录，分析现场施工机械设备的作业动作和效果反馈数据，共计采集并记录近 3000 份桩基施工数据，为桩基施工质量提供了数据支持，桩基工程验收合格率达 100%。同时依托监控系统技术优势，辅助进行桩基精准定位及垂直度调校，实现了所有桩基零偏位。通过应用该技术对施工过程的精细化管理，不仅提升了作业精度，还在减少施工成本和保证施工安全的基础上，提高了施工效率和管理水平，提升了项目整体施工质量，实现了施工智能化和管理信息化。

基坑工程应用安全监测系统对深基坑施工全阶段进行全方位监测，基坑监测过程中通过现场设备传感器动态收集基坑施工过程中现场监测数据，借助物联网技术打通数据壁垒，有效融合各类感知数据，做到 24 小时"全同步、无死角"实时跟踪监测反馈现场基坑安全监测指标，可根据系统设置的预警值自动触发报警，并将报警信息及时反馈至相关人员处理。通过多元化融合、全自动分析、可视化呈现，实时生成监测数据图表，做到与现场"零时差、全同步"，全面掌控项目全局，确保基坑施工安全。通过应用本系统共计统计各类监测数据达 2.53 万余份，处理系统报警信息 10 余次，有效避免了安全事故的发生，为项目安全生产保驾护航。

基础承台施工采用三维激光扫描技术对承台钢筋进行三维测量共计 80 余次，通过扫描得到精确的三维点云模型，同时将三维激光扫描技术与 BIM 技术相结合，在三维对比分析软件中，将点云数据和 BIM 进行偏差分析，得出钢筋施工的偏差度，并形成扫描成果报告，充分发挥两者的优势。实现对被测建筑物的质量评估，辅助进行钢筋施工质量验收，为质量验评提供了数据依据。

5.5　主体结构工程数字施工技术与管理

5.5.1　楼承板钢筋数字化集中加工技术与管理

1. 楼承板工程概况

本工程楼板采用钢筋桁架楼承板，总面积约 45 万 m²。钢筋桁架楼承板是将混凝土板中的钢筋与施工模板组合为一体，组成一个在施工阶段能承受湿混凝土自重及施工荷载的承重构件，采用"镀锌钢板＋钢筋桁架＋板分布筋"的组合形式。本工程楼承板钢筋加工体量大，采用数字化集中加工技术可以大幅度提高钢筋加工的生产效率和产品品质，将极大地降低钢筋加工成本、提高生产效率、减少劳动力。

2. 钢筋数字化集中加工技术

传统的钢筋加工生产方式是由钢筋工人使用传统钢筋加工机械在施工现场或简易工棚内加工钢筋，加工过程控制难度大，钢筋成品质量无法有效控制，加工中对材料使用随意性强，造成材料的利用率不高，存在资源消耗较大，项目成本难以控制的弊端。

钢筋数字化集中加工技术在传统加工模式的基础上进行优化，通过建立集中的钢筋加工厂，辅以 BIM 技术及智能数控设备的应用，实现钢筋的数字化集中加工，是一种适应场外加工模式的钢筋工业化生产方式。加工厂基于 BIM 数据源将料单数字化拆分为不同批次的零构件加工任务，采用高效数控机械组织加工，配合信息化钢筋管控，提高协同生产效率，降低劳动强度，最大化利用设备产能，提升钢筋加工管理水平，可弥补传统加工方式的诸多不足。其应用思路如图 5-52 所示，对比分析如表 5-4 所示。

3. 应用实施

本工程采用楼承板钢筋数字化加工技术，通过楼承板钢筋深化模型直接导出钢筋料单，并对料单进行自动分解归并，借助智能化数控设备进行集约化生产。其主要应用流程如图 5-53 所示。

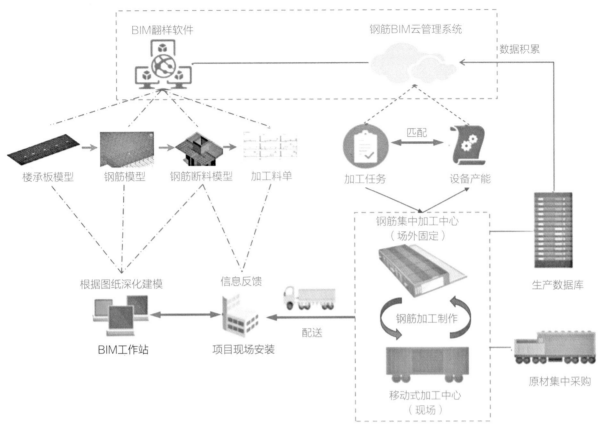

图 5-52 楼承板钢筋数字化集中加工应用思路

楼承板钢筋数字化集中加工对比分析表 表 5-4

对比项	数字化加工	传统加工
设备投入	数控设备为主，常规设备为辅，效率高	常规设备，效率较低
工位布置	根据料单进行分类，以生产单元的形式配置生产动线，实现协同加工，真正达到生产能力的集约化	单纯工棚的集中加工，料单相互割裂，效率无法有效提升
作业工人	数控操作工人为主，工人效率高，人力成本低	进城务工人员为主，工人不固定，人力成本高
料单优化	自动分解归并加工单，人工干预少，实现各工位批量化加工；优化下料，降低材料损耗率	高度依赖技术工人经验，实施效果不稳定
信息化管理	以二维码标签为载体，通过扫码等简单操作实现从原材进场、加工进度管理、半成品堆码、半成品装车出场等全流程的信息追踪	无（出现问题无法快速找到原因）

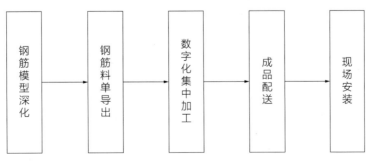

图 5-53 钢筋数字化集中加工应用流程

（1）钢筋模型深化：按照设计图纸及规范要求，应用Revit软件进行钢筋模型建立，并按照施工要求对模型进行深化。

（2）钢筋料单导出：以深化完成的钢筋深化模型为基础，对料单进行优化，同时通过软件导出各区域钢筋下料单，如图5-54所示，提交至加工厂进行加工。

	钢筋编号	钢筋类型	钢筋直径（mm）	图例	钢筋长度（mm）	数量	备注
A2区2层楼承板钢筋	1085	HRB400	8	8000	8000	1568	底部分布筋
	1086	HRB400	8	90 ⌐ 8000	8090	1568	面部分布筋
	1087	HRB400	10	100 ⌐ 1800 ⌐ 100	2000	2350	负筋
	1088	HRB400	10	860	860	13520	底部连接筋
	1089	HRB400	10	100 ⌐ 1500 ⌐ 100	1700	13520	面部连接筋
	1090	HRB400	16	1500	1500	1200	柱边加强筋

图5-54　钢筋下料单

（3）数字化集中加工：工厂在接收到钢筋下料单后，进行任务分配，并将其导入钢筋数控加工设备进行加工。该设备通过料单读取钢筋编号、等级、直径、几何形状、数量等信息，自动选择相应的钢筋原材料，完成钢筋调直、弯曲、切割、收集等工作。钢筋加工生产线及加工设备如图5-55～图5-57所示。

（4）成品配送：加工完成后，将加工好的各类钢筋成品分类打包，并将加工单上的二维码撕下作为成品钢筋的识别牌，以便后续材料堆放、运输及使用等过程监控，同时安排车辆配送至项目施工现场。

（5）现场安装：项目根据钢筋深化图纸进行钢筋现场施工。

图5-55　钢筋加工生产线

图 5-56　钢筋料单导入

图 5-57　钢筋数字化加工

5.5.2　砌体工程数字化加工技术与管理

1. 砌体工程概况

转运中心主楼工程砌体结构方量总计约 2 万 m^3，主要采用 MU10 蒸压灰砂砖及 B06 级（强度等级不低于 A3.5）蒸压加气混凝土砌块。传统的施工组织模式下砌体施工质量主要依赖砌筑工人水平，工艺标准不统一，且存在砌体材料切割随意、损耗率高等现象，造成材料浪费严重、施工成本增加，施工质量参差不齐。

本工程砌体工程体量大、质量要求高，项目采用基于 BIM 技术的砌体数字化集中加工技术，实现了砌体工程精确备料、一次成活，提高了砌体施工质量，减少了材料浪费和建筑垃圾的产生。

2. 砌体数字化集中加工技术

砌体数字化集中加工技术利用 Revit 软件建立砌体深化模型，并按照规范要求对砌体进行断料优化，模型深化完成后对墙体进行编号标注，对砌块规格进行注释编码，通过明细表功能输出每堵墙的用料表，结合 Revit 出图功能，生成并导出每堵墙的排布图和用料表，指导集中下料与加工，并定点配送至施工区域指导现场施工。

3. 应用实施

基于 BIM 技术的砌体数字化集中加工技术应用流程，如图 5-58 所示。

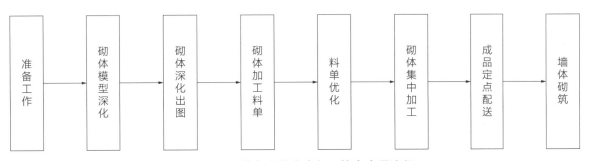
图 5-58　砌体数字化集中加工技术应用流程

153

（1）砌体深化前准备工作如下：

1）确定项目砌体选材，明确相关规格尺寸；

2）制作标准砌块族、裁切砌块族、门窗洞口配块族等砌体排布构配件；

3）明确砌体深化排布原则，制定排布方案；

4）准备项目建筑、结构及机电等专业模型，便于砌体深化工作开展。

（2）砌体模型深化

根据现有的各专业模型、砌体族以及砌体排布规则开始砌体深化建模工作，砌体排布需满足规范要求，同时综合考虑材料的合理利用及现场施工便捷，如图 5-59 所示。

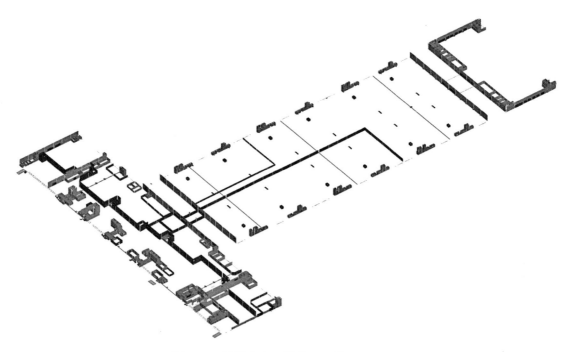

图 5-59　转运中心主楼首层砌体深化模型

（3）砌体深化出图

在 Revit 中基于深化模型按照墙体单独导出深化图纸，砌体深化图纸包含墙体编号图、砌体材料清单表和砌体排布图（三维图和立面图）三部分。同时深化图中相关结构尺寸、构件名称、墙体编号、砌体编号、规格数量等信息应标注明确，如图 5-60 所示。

（4）砌体加工料单

在砌体深化模型中，按照砌体不同规格分类统计，将砌体排序并统计各规格数量及总量，导出详细的砌体加工料单表，如图 5-61 所示。

（5）料单优化

利用料单表对砌体断料进行优化排版，使砌体的利用率达到最大化，以达到节约原材料控制成本的要求，如图 5-62 所示。

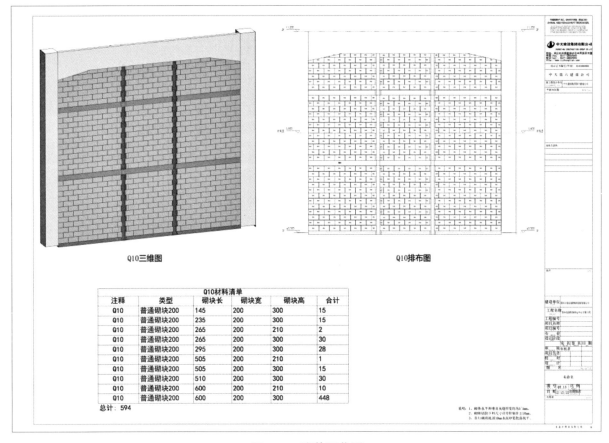

Q10三维图　　　　　　　　　　Q10排布图

Q10材料清单					
注释	类型	砌块长	砌块宽	砌块高	合计
Q10	普通砌块200	145	200	300	15
Q10	普通砌块200	235	200	300	15
Q10	普通砌块200	265	200	210	2
Q10	普通砌块200	265	200	300	30
Q10	普通砌块200	295	200	300	28
Q10	普通砌块200	505	200	210	1
Q10	普通砌块200	505	200	300	15
Q10	普通砌块200	510	200	300	30
Q10	普通砌块200	600	200	210	10
Q10	普通砌块200	600	200	300	448
总计：594					

图 5-60　砌体深化图

类型	砌块长	砌块宽	砌块高	合计	体积
普通砌块100	85	100	130	4	0.004 m²
普通砌块100	85	100	200	17	0.029 m²
普通砌块100	155	100	200	21	0.065 m²
普通砌块100	170	100	100	2	0.003 m²
普通砌块100	185	100	100	1	0.002 m²
普通砌块100	185	100	200	9	0.033 m²
普通砌块100	200	100	100	8	0.016 m²
普通砌块100	200	100	150	2	0.006 m²
普通砌块100	200	100	160	3	0.010 m²
普通砌块100	200	100	200	59	0.236 m²
普通砌块100	215	100	200	4	0.017 m²
普通砌块100	225	100	100	2	0.005 m²
普通砌块100	225	100	200	12	0.054 m²
普通砌块100	235	100	200	10	0.047 m²
普通砌块100	240	100	100	1	0.002 m²
普通砌块100	240	100	200	9	0.043 m²
普通砌块100	255	100	100	1	0.003 m²
普通砌块100	255	100	200	4	0.020 m²
普通砌块100	270	100	200	16	0.086 m²
普通砌块100	285	100	200	2	0.011 m²
普通砌块100	300	100	200	20	0.120 m²
普通砌块100	340	100	100	2	0.007 m²

图 5-61　砌体加工料单表

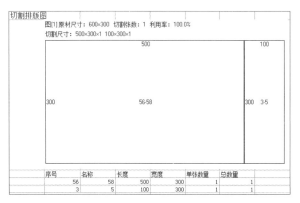

切割排版图
图[1]原材尺寸：600×300　切割帧数：1　利用率：100.0%
切割尺寸：500×300×1　100×300×1

序号	名称	长度	宽度	单张数量	总数量
56	58	500	300	1	1
3	5	100	300	1	1

图 5-62　砌体断料优化

（6）砌体集中加工

按照优化后的下料单进行砌体材料集中加工，加工完的成品材料按照不同规格分类堆放，并在砌体上注明对应规格尺寸，同时做好成品保护措施，如图5-63所示。

（7）成品定点配送

根据深化图纸中材料清单按照墙体编号进行材料领用，并定点配送至对应墙体施工部位集中堆放，如图5-64所示。

图 5-63　砌体集中加工

图 5-64　砌体成品定点配送

（8）墙体砌筑

施工之前，对管理人员及班组进行专项技术交底，同时将深化图纸粘贴至现场施工部位，如图 5-65 所示，现场严格按照深化图纸进行墙体砌筑施工，并在砌筑过程中对砌筑质量进行实时跟踪，如图 5-66 所示。

图 5-65　砌体深化图纸上墙

图 5-66　现场墙体砌筑跟踪

5.5.3　屋面板数字化加工技术与管理

1. 屋面工程概况

本工程金属屋面系统建筑面积约 15 万 m²，材质为镀铝锌直立锁边板，板宽 420mm，板最大长度为 72m，属于超长板。金属屋面系统包括金属屋面板、底板、支座、保温层、檩条、支架、紧固件等。

鉴于屋面系统防水性能重要性，采用数字化加工技术对屋面金属板进行加工，保障屋面板加工质量。

2. 屋面板数字化加工技术

传统的屋面金属板加工是由人工根据设计图纸统计材料加工料单，并组织人员进行材料加工，该方法加工的材料精度不足，加工效率低下，同时也存在材料浪费现象，不利于项目质量及材料管理。本工程屋面系统采用数字化加工技术对屋面金属板进行精细化加工，以 BIM 为基础，导出材料加工料单，并将料单导入至智能化数控加工设备，通过数字化手段提高了加工效率与精度，避免了材料浪费现象。

本工程选用一体式全自动高空数控压板机，该设备由数控压板机与一体式升降系统组成，如图 5-67 所示，压板机控制系统操作简单，可根据材料参数自动完成屋面板压型及切割工作，同时辅以车载升降平台，可同步完成屋面板高空加工生产作业，并直接将加工成品输送至屋面进行板材铺设，实现了生产施工一步到位，省去了材料吊装及人工搬运环节。该设备加工速度快，加工精度高，每片剪切精度小于 0.1mm，满足现场施工要求。

图 5-67　一体式全自动高空数控压板机

3. 应用实施

屋面板数字化加工技术主要应用流程可分为模型深化、料单导出、数字化加工、现场施工 4 个环节，具体应用流程如图 5-68 所示。

（1）模型深化

根据深化设计要求完成金属屋面模型深化，形成深化成果。

（2）料单导出

基于 BIM 深化模型，统计屋面板构件明细表，并导出形成屋面板加工料单，如表 5-5 所示。

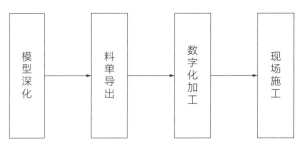

图 5-68　屋面板数字化加工应用流程

屋面板加工料单　　　　　　　表 5-5

| A6 区金属屋面板料单 | | | | | | | |
序号	宽度（mm）	长度（mm）	数量	序号	宽度（mm）	长度（mm）	数量
1	420	500	72	9	420	6100	16
2	420	700	94	10	420	7070	88
3	420	1240	16	11	420	13070	12
4	420	1800	160	12	420	13150	10
5	420	2970	10	13	420	13780	1026
6	420	4345	6	14	420	29150	59
7	420	5550	12	15	420	37950	388
8	420	5660	160	16	420	43100	909

（3）数字化加工

结合现场施工部署及深化切图，将屋面板料单按顺序输入至数控加工设备，进行屋面板自动化压型及切割工作，同时在高空完成加工生产，加工质量好，精度高，如图 5-69～图 5-72 所示。

（4）现场施工

在屋面搭设输送平台将加工成品直接输送至施工部位，如图 5-73 所示，并进行现场铺设安装，如图 5-74 所示为屋面板现场安装效果。

图 5-69　料单输入数控设备

图 5-70　屋面板压型

图 5-71　屋面板加工成型效果

图 5-72　屋面板高空加工

图 5-73　屋面板输送平台

图 5-74　屋面板安装

5.5.4　应用情况与成效分析

　　钢筋工程采用数字化集中加工技术，改变了传统的钢筋加工方式，应用 BIM 深化设计、高效翻样、数控加工、集约配送等一系列成套技术，采用 BIM 软件建模翻样，实现复杂节点构造钢筋排布可视化，提高了翻样精度，降低了钢筋损耗。通过集中管理整个项目钢筋原材进场加工、半成品出场绑扎、余料再利用，达到提高钢筋管理水平、降低钢筋损耗率、节约施工成本，大大提高了钢筋成品化、精细化、信息化管理程度，体现了工业化、数字化生产的优势。同时利用共享信息，做到生产、运输、施工环环相扣及动态实时跟踪，质量、效率、成本优势明显。通过实践证明，应用基于 BIM 技术的钢筋数字化集中加工技术，本工程钢筋翻样效率提升 20%，原材料库存降低 40%，原材损耗降低 50%，工人需求降低 60%，实现了人工加工效率翻倍。

　　砌体工程采用基于 BIM 的数字化集中加工技术，对约 2 万 m^3 砌体结构进行深化建模，通过模型导出砌体深化图纸 1800 余张、下料单 1150 余份，并采用集中加工及定点配送模式组织施工，提高了加工精度及质量，使得砌体材料损耗率降低了 30%，一定程度上降低了施工成本，减少了楼层垃圾，减轻了垃圾处理负担，确保项目文明施工。现场砌筑工人按照深化图施工极大地提高了砌筑观感和质量，提高了砌体质量一次验收合格率，同时也减少了后期修补及二次清理费用。

屋面工程采用一体式全自动高空数控压板机，对约 15 万 m² 屋面板进行数字化加工。基于深化模型导入板材料单数据，该设备可同步完成板材压型及切割工作，提高了加工效率。一体式升降系统及输送平台的应用，实现了屋面板材料高空生产与施工，提高了加工效率，保证了施工质量。

5.6 装饰装修工程数字施工技术与管理

5.6.1 装饰装修吊顶数字施工技术与管理

1. 吊顶工程概况

本工程吊顶装饰面积共计 1.06 万 m²，包括硅酸钙板吊顶、高晶板吊顶、铝合金方通吊顶等，以硅酸钙板吊顶为例，其构造为 U 形轻钢主龙骨 CS50×15，T 形轻钢次龙骨 TB24×28，18mm 硅酸钙板，主龙骨采用 $\phi8$ 吊筋固定于楼板上。由于本工程各层层高均大于 10m，各吊顶房间位于夹层或整层的不同范围内，吊顶面与楼板之间的距离小于 1.5m 时直接采用膨胀螺栓将吊筋固定于楼板，吊顶面 1.5～2.5m 之间要做 L50mm×50mm×5mm 厚镀锌角钢反向支撑，吊顶面 2.5m 以上的空间要做镀锌方通钢架转换层，吊杆、悬吊角钢和悬吊方通是吊顶工程的主要受力构件。

传统的吊杆吊顶受力构件定位方法为在楼板底面弹线，费工费时且误差较大。本工程采用数字化测量放线技术，前端连接 BIM 深化模型，实现吊顶工程数据的批量处理，快速定位吊杆吊顶受力构件位置，不受顶部障碍物的限制，为吊顶工程的按模施工创造了条件。

2. 装饰装修数字化测量放线技术

装饰装修吊顶工程测量放线要求作业人员有丰富的经验，但如今技术型工人数量越来越少，而本工程体量大，净空高，吊顶放线工作中，不仅考虑二维的面线，还需要综合考虑功能复杂、布置多样的三维空间定位。数字化测量放线主要是利用放样机器人进行作业，BIM 放样机器人通过影像传感器和其他传感器对现实测量世界中的目标点进行识别，能够迅速做出分析、判断和推理，实现自我控制，并自动完成对准、读取等操作，足以代替工人完成测量放线任务。

该技术将 BIM 中的数据转变成施工现场精确定位数据，放样机器人依据数据放线定位。此技术代替以往借助 CAD 图纸、卷尺、红外线及墨斗作业的方式，极大地减少工人工作时间和劳动量。同时，设备毫米级的精度也使放线和定位工作更为精准。

3. 应用实施

基于 BIM 技术的数字化测量放线应用流程如图 5-75 所示。

（1）准备工作：提前做好软硬件准备，本工程的放样机器人硬件主机为徕卡 iCON robot60，遥控手簿使用徕卡 CC55 平板，如图 5-76 所示，具体参数如表 5-6 所示。

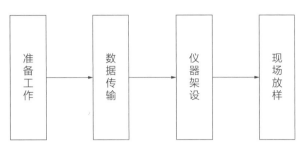

图 5-75　数字化测量放线应用流程

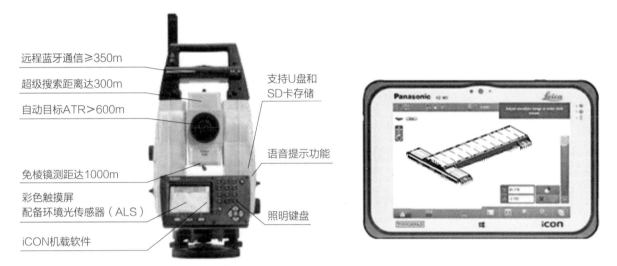

（a）徕卡 iCON robot60　　　　　　　　（b）徕卡 CC55 平板

图 5-76　BIM 放样机器人

放样机器人具体参数　　　　　　　　　　　表 5-6

主机		遥控手簿	
名称及功能	型号及参数	名称及功能	型号及参数
主机型号	徕卡 iCON robot60	平板型号	徕卡 CC55 平板
测角精度	1″	遥控方式	远程遥控仪器
远程蓝牙通信	接收距离 350m	内存	4G
超级搜索距离	300m	相机	500 万像素
自动目标标准	ATR600m	操作系统	Win7 专业版
免棱镜测距	1000m	传输	内置无线、长距离蓝牙 5G 模块
存储设备	支持 U 盘及 SD 卡储存	存储设备	工业级防护 128GB 硬盘
语音功能	带语言提示功能	GPS	内置 GPS 模块
照明键盘	EGL 导向光	屏幕	7 寸高清
屏幕	3.5 英寸彩色触摸屏	接口	集成网口、USB 口、RS232 串口
传感器	配备环境光传感器 ALS	—	—

软件采用 iCONstruct 外业软件，包括设站、测量、放样、检校等主要功能，具备三维渲染、图层管理、多视图窗口、报告输出等辅助功能。如图 5-77 所示。

图 5-77　放样机器人外业软件

（2）数据传输：本工程中吊杆模型经过多轮综合调整形成深化设计成果，使用基于 Revit 的 Leica Building Link 插件，实现 Revit 软件深化设计成果与 iCON struct 外业软件之间的数据传输，将放样点位在 Revit 中进行批量抓取，生成数据文件，将数据文件与地图文件导入 CC55 平板，进行三维数据浏览，查看 BIM 放样点的属性信息，提高放样精确度。如图 5-78 所示。

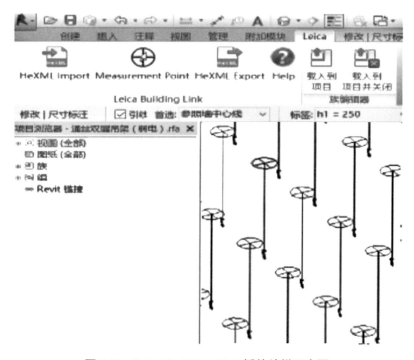

图 5-78　Leica Building Link 插件放样示意图

（3）架设仪器：利用在模型中提取的柱中心点作为控制点，使用后方交会法进行设备定向，施工现场利用结构柱中心作为控制点进行仪器定位，架设好仪器并做好调试工作。

（4）现场放样：选择要放样的吊杆模型，工人手持棱镜和手簿，放样机器人自动跟踪棱镜，并将位置信息实时反馈在手簿中，工人根据手簿的指示移动，直到找到放样点并做记号。此方式避免了钢梁的遮挡，一次放样面积大。

数字化测量放线是将信息模型转化为工程实体的有效途径之一，BIM 放样机器人在装饰装修施工中发挥重要作用，操作全程不需要携带图纸，实现了无纸化的办公流程，利用数字化测量放样实现人机协同的智能作业新场景。

5.6.2　装饰装修墙面数字施工技术与管理

1. 墙面工程概况

本工程内墙面装饰工程面积多达 1.9 万 m^2，包括墙砖、涂料、不锈钢踢脚线、玻璃隔断等做法，涉及抹灰与涂饰做法的墙面面积为 1.1 万 m^2。面对如此庞大的工程量，且各层层高均超过 10m，施工难度极大，项目若选择传统手工抹灰喷涂工艺不仅作业效率低、材料浪费大，质量安全也无法保证。为此，项目基于 BIM 技术，配备数台抹灰与喷涂机器人自动化作业，提升施工质量与效率。同传统作业方式对比数据见表 5-7、表 5-8。

抹灰机器人与传统人工抹灰对比　　　　　　　　　　　　表 5-7

对比项目	抹灰机器人工作	传统人工抹灰
工作效率	$100m^2/h$	$60m^2/h$
施工质量	平整度垂直均在 2mm 以内	平整度垂直度在 5mm 以内
安全性	减少攀爬、消除坠落风险	高空作业
其他	长时间工作，夜间作业	—

喷涂机器人与传统人工喷涂对比　　　　　　　　　　　　表 5-8

对比项目	喷涂机器人工作	传统人工喷涂
工作效率	$120m^2/h$	$40m^2/h$
施工质量	厚度均匀一致	厚度难以保持一致
安全性	消除坠落风险、低油漆粉尘	高空作业、危险化学品
其他	长时间工作，夜间作业	—

2. 墙面抹灰机器人技术和墙面喷涂机器人技术

（1）墙面抹灰机器人技术

墙面抹灰机器人技术的应用既提高了施工效率又改善了工人的劳动环境。该机器搭载超声波检测技术及红外数字找平技术，能提高抹灰厚度和其平整性检测精度。机器的进料装置采用间歇式提升，将砂浆提升到抹灰装置，抹灰装置中的砂浆在涂抹机构的分次交替作用下，将砂浆涂抹到相应的墙面上，并且通过两次交替涂抹使抹灰层的光洁度和平整度得到提升。机器内部传感器能对抹灰环境进行检测，根据施工范围结合 BIM 确定行走路线，无需设置导轨。墙面抹灰机器人通过将机械装置与测量技术、自动控制技术相结合，从而实现优质、高效地墙面抹灰施工。

（2）墙面喷涂机器人技术

墙面喷涂机器人技术基于 BIM 识别建筑物各个房间的平面位置信息以及墙面的宽度和高度信息，将提取的信息翻译成参数指令数据，并发送到机器人操作平台上。操作人员在操作平台上根据建筑物平面位置信息，对喷涂机器人进行路径规划。该机械基于激光红外技术，采用机械臂加自主逻辑算法及伺服控制系统，实现喷涂按照指定轨迹进行均匀高效的喷涂作业。

3. 应用实施

（1）墙面抹灰机器人技术

墙面抹灰机器人技术应用流程主要分为前期准备、机器调试、激光导航、自动抹灰、人工收尾 5 个环节，其应用流程如图 5-79 所示。

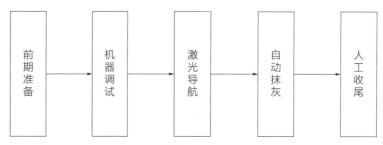

图 5-79　墙面抹灰机器人技术应用流程

1）前期准备：主要对预抹灰墙面进行前期施工准备，如基层处理、淋水、甩浆、挂网等。按照施工部署，技术人员需策划各墙体抹灰顺序，尽可能做到机器人行走路线最短，抹灰次数最少，降低机械和材料的损耗。

2）机械调试：根据技术人员提供的抹灰施工策划，由机械操作人员对相关数据（抹灰顺序、抹灰厚度、垂直度、平整度等参数）进行转换并上传至机器人操作系统。开启机械进行调试，检查机械是否能准确识别设定的指令信息，如图 5-80 所示。

3）激光导航：基于已上传的 BIM 数据，机器人搭载的导航仪自动扫描所处环境并进行自主精准定位，如图 5-81 所示。

图 5-80　机械调试

图 5-81　激光导航

4）自动抹灰：机器人根据既定的路线，移动至待抹灰墙面，做好加固措施并调整好离墙距离后开始抹灰施工。在墙面施工时可以自动施工无需其他操作，只需保证抹灰浆料的充足供应，如图 5-82 所示。

图 5-82　机器人自动抹灰

5）人工收尾：机器人施工完成后需要 1 名辅助施工员进行修补、收集掉落的浆料，以及设备模块化拆卸、组装搬运等工作。

（2）墙面喷涂机器人技术

墙面喷涂机器人技术应用流程主要分为机械调试、墙面识别、位置校对以及自动喷涂 4 个环节，其应用流程如图 5-83 所示。

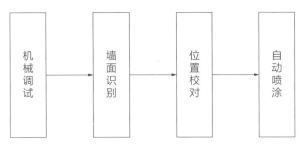

图 5-83　墙面喷涂机器人技术应用流程

1）机械调试：开启墙面喷涂机器人，检查机械是否能准确识别设定的行走路线、喷涂厚度等指令信息。

2）墙面识别：机器人通过激光扫描获取墙面各点的信息，以激光扫描设备为原点，得到墙面各点的极坐标值，并进行坐标转换构建出墙面形状。对于墙面的凸起、凹陷区域，机器人会判定其为门窗洞口位置，如图 5-84 所示。

3）位置校对：机器人获取信息后，根据轨迹规划，调整与墙体前后左右的距离以及平行角度，行驶至既定的起始位，爬升电机开始工作，喷涂执行机构向上移动一段距离后停止爬升，根据识别信息，开始喷涂，遇到门窗洞口喷枪会自动停止工作，如图 5-85 所示。

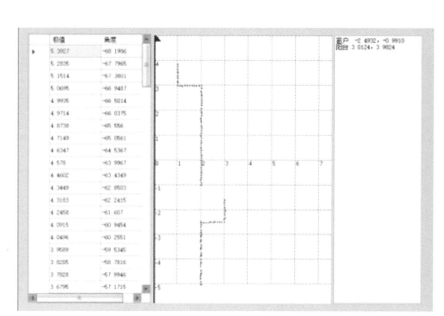

图 5-84 墙面数据识别

图 5-85 位置校对

4）自动喷涂：机器人每次喷涂都会覆盖一部分，用于保证喷涂均匀。如遇到房间阴阳角，机器人会自动测量角度，调节喷涂机构角度，保证喷涂无死角。机械上下左右都安装有限位行程开关，当机器人爬升至室内顶棚时，上限位行程开关被触发，机器人停止爬升并回落至初始位置。

5.6.3 装饰装修地面数字施工技术与管理

1. 装饰装修金刚砂地面工程概况

本工程金刚砂地坪面共 47.7 万 m^2，主要位于转运中心主楼各层楼地面。为减少地面收缩性接缝，将地坪板按照不大于 2000m^2 设置一个流水段。金刚砂地坪自上而下的做法依次为：① 密封固化剂处理；② 4mm 厚金刚砂（不小于 5kg/m^2）；③ 95mm 厚 C25 细石混凝土，内配 $\phi4@100×100$ 冷拔低碳钢丝网片；④ 150mm 厚 C30 细石混凝土，内配 $\phi8@200$ 双层双向；⑤ 100mm 厚 C15 混凝土垫层；⑥ 素土夯实，压实系数 0.94。

根据各区域使用功能要求，全场整体金刚砂地面高差控制在 3mm 以内，2m 内误差范围控制在 ±2mm 以内，平整度要求高且施工工期紧。金刚砂地坪收面环节作为核心工序，直接决定了成型质量和施工工期，采用传统人工收面做法无法满足施工需求，因此本工程采用高效激光整平机，如图 5-86 所示，对混凝土摊铺、压实、整平等工作全自动控制，一次性完成，改善了成型质量，提高了施工效率。

2. 激光找平机数字施工的技术

本工程激光整平机选用 S-22E 型号，可进行 360° 旋转，伸缩臂长可达 6m 并配有支腿稳定系统。机身尺寸 8.4m×2.2m×2.5m，整平头宽 4.5m。激光整平技术主要是整平机辅以激光发射器，通过激光发射器发出激光束旋转形成激光控制面，依靠液压驱动整平头，进行全自动地坪振捣整平作业。过程中，应确保激光发射器固定且不受干扰，整平头上的激光接收器所接收的激光信号可实时自动进行标高调整，如图 5-87 所示。

图 5-86　激光整平机

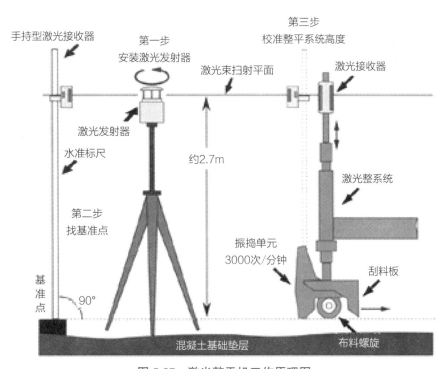

图 5-87　激光整平机工作原理图

3. 金刚砂地面施工激光找平机数字施工实施应用情况

金刚砂地面施工激光找平机技术应用流程如图 5-88 所示。

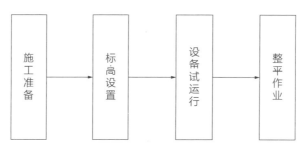

图 5-88　激光整平机工作原理图

（1）施工准备

1）全面检查激光发射器、激光整平机的运行情况，确保机器自身无故障。

2）将激光发射器架设在专用的三脚架上，保证激光发射器与施工区域间无障碍物影响激光接收。三脚架选择合理的位置放置，三脚架的高度高于正常人的身高和安全帽的高度。将三脚架上的水平气泡，调平在圆圈里。如图 5-89、图 5-90 所示。

图 5-89　专用三脚架

图 5-90　激光发射器

（2）标高设置

设置水准点。根据设计楼地面标高，将参数设置到激光整平机中，使激光发射器、水准点、激光整平机相对应。

（3）设备试运行

1）标高设置完成后，通过机身前后的平衡键使机身前倾，按下启动开关，前进至作业地点。

2）机身放置在混凝土上后，开启自动校准模式，使机身垂直度、刮刀标高自动调整对齐。手动输入机器运行速度，并试运行，确保整平作业速率适中。随后开启振动模式，观察振捣质量，并根据振捣情况调整振捣频率。

（4）整平作业

楼地面浇筑混凝土需高出设计标高 20mm 左右，便于激光整平机刮平，视情况进行减料或者补料工作。为防止出现冷缝，混凝土输送应尽量保证连续、均匀，中间尽量减少停顿和间隔。浇筑时，需人工将成堆的混凝土大致摊平，然后激光整平机根据激光发射器的信号控制电动推杆，实时调整整平头的水平高度，确保其高度始终与设置好的水准点一致，如图 5-91 所示。

图 5-91　激光整平作业

5.6.4　应用情况与成效分析

吊顶工程施工采用了数字化测量放线技术，深化设计后的吊顶模型通过转换插件将吊杆放样点位数据传输到放样机器人中，利用放样机器人连接 BIM 与施工现场，测量人员利用手持设备能够快速定位和标记，大幅降低了测量人员的劳动强度，增加了测量准确性，实现了本工程基于 BIM 技术模物一致的初衷，为吊顶工程的按模施工创造了条件。

墙面工程施工采用了抹灰和喷涂机器人，将 BIM 导入至机器人操作平台，设定相关行走路线和技术参数，实现墙面抹灰和喷涂的自动化作业，通过将机械装置与测量技术、自动控制技术相结合，从而实现优质、高效的墙面工程施工，提高了施工效率，降低了高处作业安全风险。

大面积金刚砂地坪工程施工采用了激光整平机等高效机具，通过激光发射器发出激光束旋转形成激光控制面，依靠电脑控制系统和液压驱动整平头，进行全自动地坪振捣整平作业，依靠基于 BIM 划定的作业轨迹，保障一定的重叠率，达到了金刚砂地坪的平整度控制指标，对于地坪质量起到了重要保障。

5.7 机电工程数字施工技术与管理

5.7.1 建筑给水排水及供暖工程数字施工技术与管理

1. 建筑给水排水及供暖工程概况

转运中心主楼工程给水排水管道总计长约 67 万 m，主要有 PVC 排水管、HDPE 虹吸雨水管、PSP 给水干管、PPR 给水支管和内外壁热浸镀锌消防管，消防管道使用量占整个工程 90%，DN50 以上为卡箍或法兰连接，DN50 及以下为螺纹连接。管道加工量大、安装面广，如图 5-92 所示，施工时间紧迫，工作任务繁重。

图 5-92　消防系统管道安装

本工程通过应用 ERP 物料系统，加强现场物料管控，节省了管理成本；在材料准备阶段，采用管道数字化集中加工技术，减少了材料的浪费，节省了加工时间，保证了部品部件的质量统一；在安装实施阶段，采用一种埋地管道漏水智能检测技术，节时高效，减少场地二次破坏和修复。

2. ERP 物料管理系统

（1）系统特点

项目团队通过应用 ERP 物料管理系统借助云端线上管理的方式，实现对标准部品从原材料、集中加工到出库的全过程动态管理目标。管理人员通过管理平台进行物料的出入库管理、排产管理和库存盘点，ERP 物料管理系统界面，如图 5-93 所示，一线作业人员根据需求通过手机 APP 提交部品出库请求，平台接收到指令后根据采购清单进行部品的出库配送，也可以在"无人超市"通过扫描二维码进行线上申报，自助领用。解决了安装工程材料种类多，管理难度大的问题，实现了物料的高效管理。可通过 PC 端和移动端两种方式进行线上操作，如图 5-94 所示。

图 5-93　ERP 物料管理系统界面

（a）ERP 物料管理系统 PC 端　　　　　（b）ERP 物料管理系统移动端

图 5-94　物料管理系统端口

（2）应用实施

本工程通过 ERP 物料管理系统对物料进行线上集成管理，应用流程主要分为物料入库、生产排产、部品出库、物料盘点、工单查看等 5 个环节，ERP 物料管理系统应用流程如图 5-95 所示。

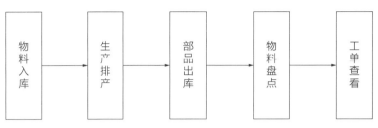

图 5-95　ERP 物料管理系统应用流程

1）物料入库：管理人员根据项目招标采购（简称招采）计划及生产需求进行材料入库，主要包括原材料和成品材料入库。以 PVC 排水管为例，管材进场后通过 ERP 物料管理系统录入排水管的生产厂家、管径大小、管材规格、管材数量和入库日期等，如图 5-96 所示。自动更新库存数量，登记后自动生成可验证真伪的单据，如图 5-97 所示。

图 5-96　原材料入库录入

图 5-97　出库入库单据

2）生产排产：管理人员通过 ERP 物料平台派发给水排水部品加工排产单，如图 5-98 所示，归并、分类后下发至各排水管加工标准工位，库管人员根据加工指令按照排水管部品清单所需管材、配件及辅材在线上进行物料的提取，在仓库进行提料并周转至待加工区域进行集中堆放，如图 5-99 所示。

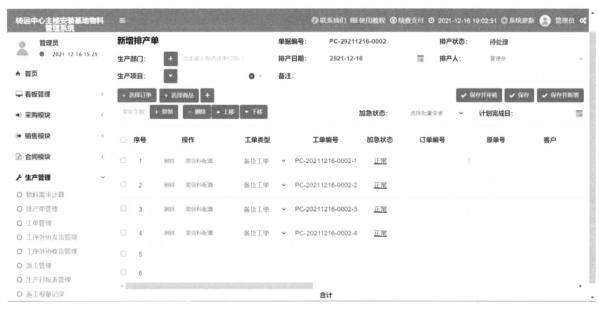

图 5-98　给水排水部品加工排产

（a）原材料仓库提料　　　　　　　　　　　　　　　　（b）物料周转区

图 5-99　物料提取周转至待加工区

排水管标准工位收到加工指令后根据排产单进行集中加工生产，如图 5-100 所示，部品加工完成后通过 ERP 物料管理系统进行线上登记和数据更新并安排入库，自动生成一物一码身份认证，如图 5-101 所示。

3）部品出库：现场班组根据现场排水管安装进度计划通过 ERP 物料平台（APP）进行物料出库申请，库管人员根据出库申请对排水管标准部品在线上进行物料的出库，如图 5-102 所示，在成品仓库进行物料提取后安排配送，如图 5-103 所示。

图 5-100　集中加工标准工位

商品二维码打印

| 标签高度： | 5 | cm | 二维码尺寸： | 1.8 | cm |
| 标签宽度： | 10 | cm | 字体大小： | 14 | px |

修改设置　　打印　　保存设置　　关闭

转运中心主楼机电安装工程

XP00026	二维码
联塑PVC排水管	
φ110	
根	6922008876878

图 5-101　部品部件二维码

图 5-102　标准部品出库填报

（a）成品仓库提料

（b）部品部件配送

图 5-103　物料提取并配送

4）物料盘点：管理人员通过 ERP 物料平台对排水管的各类库存进行综合盘点，实时查询排水管道的库存情况，主要对原材料、半成品和成品材料的账面数量、实际数量等查看，动态掌握物料库存和使用情况，如图 5-104 所示。

图 5-104　给水排水标准部品物料盘点

5）工单查看：相关人员通过 ERP 物料平台进行工单查看，实时掌握各种工作指令状态，主要有库存工单、加工进度工单、生产日报表等。根据看板便捷高效地了解机电安装物料的整体情况，并通过相关数据信息进行工作指令的动态调整和优化，实现物料的有效管理，如图 5-105 所示。

图 5-105　给水排水标准部品加工进度工单看板

3. 管道数字化集中加工技术

（1）技术特点

转运中心主楼自动喷淋灭火系统管线覆盖面广，前期加工工程量大。传统施工组织模式下管道的成品质量主要依托工人的操作水平和经验，施工质量参差不齐，且存在管道切割随意、套丝不合格等现象，无法满足本工程对施工质量的要求。本工程通过管道数字化集中加工技术，利用BIM软件对自动喷淋灭火系统进行模型深化并进行断料优化，对自动喷淋灭火系统以标准模块拆分的样式导出下料清单，指导集中加工区进行下料和加工，实现管道的批量加工，保证标准部品质量，满足现场紧凑的工期节点需要。

（2）应用实施

管道数字化集中加工技术应用流程为工作准备、管道模型深化、管道输出料单、料单优化、管道集中加工、管道安装6个环节，其应用流程如图5-106所示。

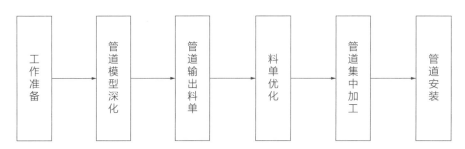

图 5-106　管道数字化加工应用流程

1）准备工作：确定消防管道规格、材质、管径和连接方式，建立配套的族构件库，明确管道系统回路原理和综合排布标准后进行模型的建立和深化工作。

2）管道模型深化：基于BIM开展深化工作，主要对消防管道的标高、路由进行深化，经与各专业合模完毕后对管道进行图纸输出，如图5-107所示。

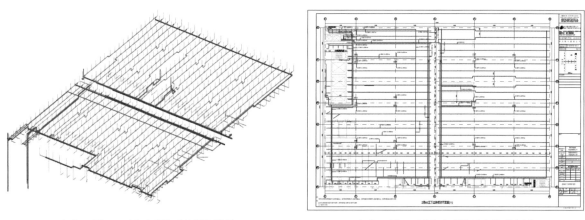

（a）二层A1区自动喷淋灭火深化模型　　　（b）二层A1区自动喷淋灭火模型出图

图 5-107　二层 A1 区自动喷淋灭火系统 BIM

3）管道料单输出：在自动喷淋灭火深化模型中，按照管道不同规格分类统计各规格数量及总量，导出材料加工料单表，如图 5-108 所示。

4）料单优化：利用料单表对管道断料进行优化调整，使管道的利用率达到最大化，以达到节约原材料控制成本的要求，如图 5-109 所示。

〈自动喷淋灭火管道料单表(DN40)〉				
A	B	C	D	E
系统类型	直径	材质	长度	合计
自动喷水灭火系统	40.0	内外壁热浸锌镀锌钢管（普通）	104 mm	5
自动喷水灭火系统	40.0	内外壁热浸锌镀锌钢管（普通）	114 mm	1
自动喷水灭火系统	40.0	内外壁热浸锌镀锌钢管（普通）	132 mm	3
自动喷水灭火系统	40.0	内外壁热浸锌镀锌钢管（普通）	140 mm	1
自动喷水灭火系统	40.0	内外壁热浸锌镀锌钢管（普通）	152 mm	1
自动喷水灭火系统	40.0	内外壁热浸锌镀锌钢管（普通）	154 mm	1
自动喷水灭火系统	40.0	内外壁热浸锌镀锌钢管（普通）	164 mm	1
自动喷水灭火系统	40.0	内外壁热浸锌镀锌钢管（普通）	178 mm	1
自动喷水灭火系统	40.0	内外壁热浸锌镀锌钢管（普通）	180 mm	1
自动喷水灭火系统	40.0	内外壁热浸锌镀锌钢管（普通）	204 mm	1
自动喷水灭火系统	40.0	内外壁热浸锌镀锌钢管（普通）	222 mm	1
自动喷水灭火系统	40.0	内外壁热浸锌镀锌钢管（普通）	246 mm	1
自动喷水灭火系统	40.0	内外壁热浸锌镀锌钢管（普通）	252 mm	1
自动喷水灭火系统	40.0	内外壁热浸锌镀锌钢管（普通）	254 mm	2
自动喷水灭火系统	40.0	内外壁热浸锌镀锌钢管（普通）	261 mm	1
自动喷水灭火系统	40.0	内外壁热浸锌镀锌钢管（普通）	266 mm	1
自动喷水灭火系统	40.0	内外壁热浸锌镀锌钢管（普通）	268 mm	1
自动喷水灭火系统	40.0	内外壁热浸锌镀锌钢管（普通）	270 mm	11
自动喷水灭火系统	40.0	内外壁热浸锌镀锌钢管（普通）	279 mm	20
自动喷水灭火系统	40.0	内外壁热浸锌镀锌钢管（普通）	290 mm	2
自动喷水灭火系统	40.0	内外壁热浸锌镀锌钢管（普通）	299 mm	1
自动喷水灭火系统	40.0	内外壁热浸锌镀锌钢管（普通）	304 mm	5
自动喷水灭火系统	40.0	内外壁热浸锌镀锌钢管（普通）	310 mm	1

图 5-108　自动喷淋灭火管道料单表

自动喷淋灭火系统断料优化		
管道原材料尺寸：6000mm	管材利用率：99%	
DN40切断数：6	DN70切断数：3	DN150切断数：2

断管示例：

6000

Z-DN40-内外壁热浸锌镀锌钢管（普通）

Z-DN70-内外壁热浸锌镀锌钢管（普通）

Z-DN150-内外壁热浸锌镀锌钢管（普通）

断管长度明细（mm）：

管道直径	断管长度1	断管长度2	断管长度3	断管长度1	断管长度2	断管长度3	合计
DN40	1200	1200	1200	1200	800	400	6
DN70	1300	3450	1250				3
DN150	1350	4650					2

图 5-109　自动喷淋灭火管道断料深化

5）管道集中加工：按照优化后的下料单进行管道材料集中加工，加工完的半成品管道按照不同规格分类堆放，通过 ERP 物料系统进行登记入库并配送至指定位置集中堆放，如图 5-110 所示。

（a）管道集中加工　　　　　　　　　　　　　（b）管道分类集中堆放

图 5-110　自动喷淋管道集中加工和堆放

6）管道安装：现场严格按照深化模型进行管道安装，并在管道安装过程中对管道质量进行实时跟踪，现场安装如图 5-111 所示。

图 5-111 自动喷淋管道安装

4. 埋地管道漏水智能检测技术

（1）技术特点

室外管网在通水、试压满足要求后完成回填隐蔽，对于上部活荷载较大的管道可能存在破损渗漏风险。传统检漏方法难以准确识别渗漏位置，维修工序复杂，对地面破坏大。本工程采用一种埋地管道漏水智能检测技术，通过数字智能漏水检测仪以声波检测的方式对埋地管道进行定位和测漏。该仪器利用数字信号处理技术和数字滤波技术检测管网漏点，管道泄漏信号由传感器、数据采集单元接收后，主机根据采集信息执行相关运算、判断漏点位置，自动识别并过滤环境噪声，数字智能漏水检测仪特点及设备明细如表 5-9 所示。

数字智能漏水检测仪特点及设备明细表　　　　　　　表 5-9

设备名称	主要特点	图例
主机	实时数据、运算快、携带方便	
数据采集单元	监测频率范围广、精度高、抗冲击高	
信号传感器	传输信号稳定、信息采集快、稳定性高	

续表

设备名称	主要特点	图例
手握伸缩杆	坚实耐用、操作简单	手握伸缩杆 听音杆
头戴式耳机	灵敏度高、降噪效果好	耳机

（2）应用实施

本工程通过数字智能漏水检测仪对主楼外雨水管、污水管、消防排水管和室外消火栓给水管进行排查，数字智能漏水检测仪主要使用流程为工作准备、动态监测、声波数据查看、异常情况处理4 个环节，应用流程图如图 5-112 所示。

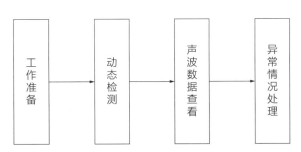

图 5-112　数字智能漏水检测仪应用流程

1）准备工作：管理人员对设备的软硬件进行检查及参数设置，软件检查数据处理系统是否正常运行，硬件检查包括传感器、数据采集单元的调试，参数设置是根据被检管道埋深设置超声波信号频率。

2）动态检测：将室外管网三维模型数据直接导入设备信息处理器，自动识别管网位置，结合给水管仪表反馈的压力信息和排水管异常情况，快速定位对应管道系统，通过坐标定位自动拾取对应管网范围，随即开启数字智能漏水检测仪普查模式，对既定范围全面排查，根据声波传感器反馈的信号范围，将仪器切换成定位模式，精准定位管道漏水位置，动态检测如图 5-113 所示。

3）声波数据查看：在连续检测过程中自动生成声波信号数据（柱状图），如图 5-114 所示，根据设定的声波信号预警值，仪器自动识别异常波动及强烈信号，并在三维模型上记录和标记相应位置，输出漏水位置坐标。

4）异常情况处理：根据三维模型上记录和标记的位置及时反查室外管网漏点情况，并对异常情况进行处理，保证管道供排水的正常运行。

图 5-113　动态检测　　　　　　　图 5-114　声波数据查看

5.7.2　通风与空调工程数字施工技术与管理

1. 通风与空调工程概况

转运中心主楼作为大型智能物流分拣枢纽，采用"工位空调＋工业大吊扇＋多联机空调＋分体式空调"的组合形式，在相对集中的固定工位采用岗位送风，高大开间区域采用工业大吊扇，办公用房、配电房等设备用房设置变频多联式空调、休息间采用分体式空调。各类风管展开面积达24万 m²、设备800余台，转运中心主楼一体式排烟风管安装如图5-115所示，项目工期紧、工程量大。

图 5-115　转运中心主楼一体式排烟风管安装图

本工程排烟系统采用一体式防火复合风管，部品部件采用工厂化预制加工，现场实施采用高效机具进行装配化安装，提升施工的效率和质量。

2. 一体式排烟风管预制加工技术

（1）技术特点

传统的排烟风管加工是由工人根据设计图纸编制料单，施工人员对原材料进行加工，效率低、精度不足、噪声污染大。本工程通过数字化加工技术，结合排烟风管板材尺寸大的特性，采用场外加工场内组装相结合的方式对排烟风管进行加工，辅以 BIM 技术和智能化加工设备的应用，通过 BIM 深化模型一键输出料单，提交至厂家后按批次导入设备，自动生成加工指令，采用高效数控机械组织加工，提高生产效率，降低劳动强度，最大化利用设备产能，可弥补传统加工方式的诸多不足，满足现场紧凑的施工工期要求，保证部品部件的成品质量，为后续的安装实施提供了良好的基础。

（2）应用实施

本工程采用排烟风管数字化加工技术，通过排烟风管深化模型直接导出风管料单，并对料单进行自动分解归集，借助智能化数控设备进行集约化生产。其主要应用流程如图 5-116 所示。

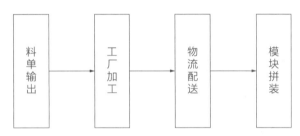

图 5-116　排烟风管数字化加工技术应用流程

1）料单输出：基于 BIM 技术对风管管段进行断料优化，输出所需加工料单。

2）工厂加工：加工厂将 BIM 下料单导入等离子自动裁切机数据平台，自动生成裁切放样图，通过等离子自动裁切机对风管板材进行精准裁切和 45° 折口剔凿，如图 5-117 所示，裁切完成后自动进行分类打包。基于 BIM 深化模型输出法兰下料单和法兰点位焊接图，分别导入数控角铁法兰切断开孔机和四枪角铁法兰自动焊机，如图 5-118、图 5-119 所示，自动识别角铁下料尺寸、开孔直径、点位以及焊接部位。通过自动化加工机具对角铁法兰依次加工，以切断、开孔、焊接的先后顺序进行穿插加工作业，实现生产过程自动化，有效减少劳动消耗，降低噪声和建筑垃圾污染，风管和风管方形角铁法兰标准部品如图 5-120、图 5-121 所示。

图 5-117　等离子自动裁切机　　**图 5-118　数控角铁法兰开孔机**　　**图 5-119　四枪角铁法兰自动焊机**

图 5-120　风管

图 5-121　风管方形角铁法兰

3）物流配送：根据排产计划，工厂按照项目需求安排批次及时配送至现场，并在指定区域进行堆放。

4）模块拼装：在施工现场将风管标准节、角铁连接法兰、"H"形收口条进行组装，通过模块化拼装为现场风管的整体安装提供条件，部品部件模块化拼装如图 5-122 所示。

（a）"H"形收口条插入

（b）角铁法兰组装

（c）排烟风管成品管段

图 5-122　部品部件模块化拼装

3. 高大空间风管机械化安装技术

（1）技术特点

本工程施工节奏紧凑、净空高、专业交叉关联紧密，对于通风管道的安装，常规的施工作业方式需连续搭设移动脚手架及其他施工工具，占地面积大，且费时费工、安装效率低，不能满足现场的作业需要。本工程采用机械化施工机具进行辅助安装，通过利用 BIM 深化模型对风管管段的尺寸、重量进行分析，并结合现场实际工况，合理选用机械化工具辅助施工，针对不同类型、规格的风管，分别采用不同的施工机械组合方式进行顶升施工作业。

（2）应用实施

本工程将机械化设备应用到风管部品运输及安装的各环节，解决了传统安装方式的作业难题，保证了安装质量，提高了安装效率。高大空间风管整体安装施工技术主要分为施工准备、管道组装、管道提升、支架固定、管道连接 5 个环节，应用流程如图 5-123 所示。

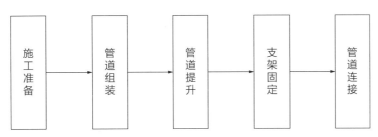

图 5-123　高大空间风管机械化安装应用流程图

1）施工准备：主要进行施工前准备工作，包含人员、机械、材料组织，安全、质量技术交底以及施工前其他准备工作，如施工技术标准与规范、技术应用流程、整体安装注意事项、机械操作要点等培训。

2）管道组装：根据确认无误后的拆分模型对风管进行组装，主要包含成品管段、配套的支吊架和相应的连接配件，风管模型拆分及拼装示意如图 5-124 所示。

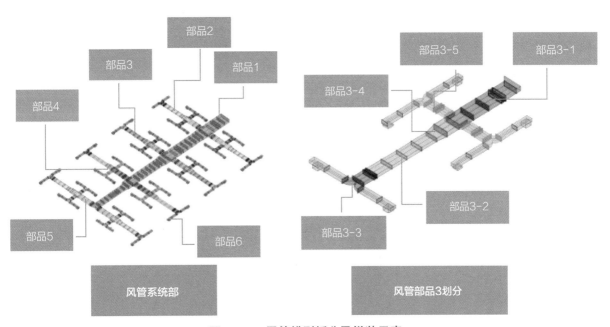

图 5-124　风管模型拆分及拼装示意

3）管道提升：基于 BIM 深化模型，提取风管构件尺寸和重量明细表，指导现场对施工平台、提升工具的合理选用，采用机动叉车辅助管道运输和转移，自动液压升降车进行顶升安装作业。高大空间风管机械化安装如图 5-125 所示。

4）支架固定：风管系统采用常规支架和固定支架两种支架形式。常规支架立杆提前安装在指定位置，固定支架随风管组件一同提升，待风管提升就位后同步进行常规支架横担、固定支架的安装固定。

5）管道连接：风管组件提升到位后，将风管法兰对准后紧固螺栓，螺栓采用对角线的方式固定，两侧螺栓同时紧固。

（a）风管构件转移和运输　　　　　　　（b）风管构件顶升安装

图 5-125　高大空间风管机械化安装

5.7.3　建筑电气工程数字施工技术与管理

1. 建筑电气工程概况

按照现行国家标准《物流建筑设计规范》GB 51157—2016 划分，本工程属于超大型物流建筑，总体用电负荷等级为一级，本工程近期规划安装容量为 81500kVA，远期预留安装容量为 10500kVA，共设置 7 座 10kV 开闭站，11 座变电站，各类桥架总长约 10 万 m，各类电线电缆总长约 350 万 m，转运中心主楼电气安装情况如图 5-126 所示。

（a）电气桥架安装　　　　　　　（b）3-1# 变电站

图 5-126　转运中心主楼电气安装情况

基于本工程特点，在主体预埋阶段，采用了一种公司自主研发的子母式桥架连接器进行精准预埋，提升电气工程安装质量；在安装实施阶段，采用电缆自动敷设技术，降低了对工人水平的依赖，提高了效率，减少安全风险。

2. 子母式桥架连接器施工技术

（1）技术特点

子母式桥架连接器为公司自研独有的桥架连接设备，主要应用于桥架穿楼板部位的预埋和安装，基于 BIM 技术指导现场精准预埋，一次成活。子母式桥架连接器及其构造如图 5-127 所示，在 BIM 深化模型中引入产品模块，深化设计完成后输出子母式桥架连接器的尺寸、数量等构件信息形成下料单，由安装产业基地按照需求进行下料与加工。

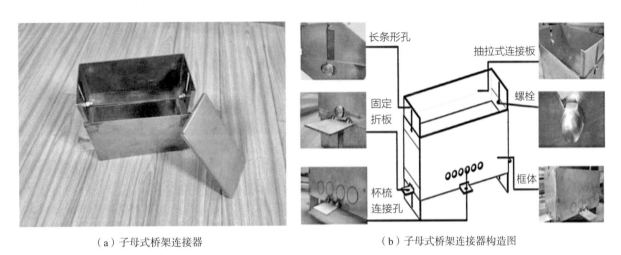

（a）子母式桥架连接器　　　　　　　　　　　（b）子母式桥架连接器构造图

图 5-127　子母式桥架连接器及其构造

（2）应用实施

子母式桥架连接器通过镀锌型材一体压制而成，其主要由框体、抽拉式连接板、固定折耳、杯梳连接孔、圆头螺栓、长条形孔以及配套保护盖板组成。其主要应用流程为连接器建模、模型出图、连接器集中加工、成品定点配送和现场预埋 5 个环节，其主要应用流程如图 5-128 所示。

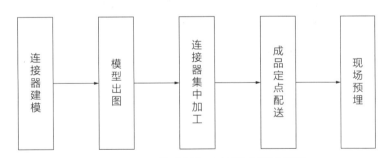

图 5-128　子母式桥架连接器应用流程图

1）连接器建模：通过电气桥架深化模型，一键提取主楼桥架穿板点位图和明细表。根据桥架尺寸和楼板厚度对子母式连接器进行模型搭建。

2）模型出图：基于子母式桥架连接器深化模型，输出三维轴测图、细部做法图和下料单，指导安装产业基地进行加工。

3）连接器集中加工：安装产业基地将优化后的下料单导入数控机床和自动焊接机械臂信息处理器，生成型材裁切路径和焊接点位，并进行桥架子母式连接器的自动化加工，如图 5-129 所示。

（a）产业基地加工车间　　　　　　　　　　　（b）数控化加工设备

图 5-129　公司安装产业基地

4）成品定点配送：根据项目节点和需求，定点物流配送至现场，如图 5-130 所示。

图 5-130　子母式桥架连接器定点配送

5）现场预埋：根据深化模型将桥架子母式连接器按点位进行放置，将折耳与楼承板进行固定，确保定位准确、安装牢固，并盖上配套保护盖板。在安装阶段取下保护盖板，拉出抽拉式连接板，将桥架与子母式连接器进行承插安装，拧紧螺丝并进行跨接，子母式桥架连接器定位预埋和桥架安装如图 5-131 所示。

转运中心主楼工程充分发挥公司数字化产业配套优势，通过应用子母式桥架连接器预埋技术，在主体阶段一次精准预埋，优化传统建造方式，简化施工工序，助力工程数字建造、品质建造。相关知识产权证书如图 5-132 所示。

（a）子母式桥架连接器定位预埋　　　　　　（b）穿板桥架安装

图 5-131　子母式桥架连接器定位预埋和桥架安装

（a）专利证书　　　　　　　　　　　　（b）省级工法证书

图 5-132　知识产权证书

3. 电缆自动敷设技术

（1）技术特点

针对转运中心主楼电缆工程量大、敷设距离长、施工作业面高的特点，本工程采用电缆自动敷设技术，解决了传统方式下电缆敷设高度依赖工人操作水平，效率低下、管理难度大等问题，减轻了工人劳动强度，降低了事故安全风险。

本技术采用设备为 DSJ-180 型电缆自动输送机如图 5-133 所示，本工程结合电缆敷设条件选用多台串联的方式进行电缆敷设，多台串联敷设技术特点如图 5-134 所示。本设备利用电机驱动对电缆进行自动敷设，具备摩擦系数小、输送力大等特点，对电缆不造成损伤。

（2）应用实施

电缆自动敷设技术应用流程主要分别为工作准备、设备调试、设备架设、电缆敷设，其应用流程如图 5-135 所示。

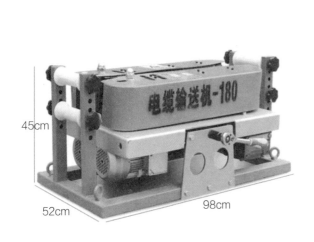

图 5-133　DSJ-180 型电缆自动输送机

电缆转弯时
输送机应布置在直线段部位

直线输送时2台间距50m
左右 滑轮为3m放一个

电缆上下坡（下井时）
输送机应按照图示意摆放

第一台输送机距离
电缆盘为15～30m为最佳

图 5-134　多台串联敷设技术特点

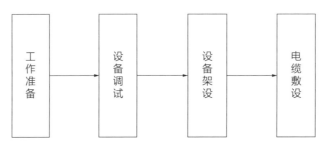

工作准备 → 设备调试 → 设备架设 → 电缆敷设

图 5-135　电缆自动敷设技术应用流程

1）工作准备：基于 BIM 深化技术，通过对深化模型中电缆多维度参数的一键提取，如电缆类型、电缆型号、回路编号、起点编号、终点编号等，指导现场电缆敷设作业，同时确定作业人员和机械的配置。转运中心主楼低压电缆明细表，如图 5-136 所示。

2）设备调试：根据电缆的大小及路由情况对行进速度进行调节，自动输送机配置有 6m/min 和 9m/min 两档，截面尺寸较大或者变动方向较多的电缆采用 6m/min 的输送速度，截面尺寸较小或者路由顺直的电缆采用 9m/min 的输送速度，同时对输送机配置相应的同步电源控制柜和总控制箱，做到一机一箱，分控总停的原则，接线完毕进行电缆输送机的试运转，保证电缆敷设的安全。

3）设备架设：电缆输送机要求与接触面牢固牢靠，固定在桥架上的要求桥架做加固措施，防止电缆敷设时输送机受力移位或倾倒导致的意外事故，输送机固定，如图 5-137、图 5-138 所示。

4）电缆敷设：电缆盘架设完毕后，电缆在牵引机牵引下进入第一台电缆输送机时停止牵引，电缆夹紧后同时开动牵引机和电缆自动输送机进入第二台牵引机，多台操作协同，直至电缆进入最后一台电缆输送机，保证电缆敷设的顺利进行。

表格标题：转运中心主楼低压电缆明细表

子专业	构件类型	电缆类型	电缆编号	起点编号	终点编号	电缆型号	电缆规格	电缆外径	电缆长度	单位
供配电系统	BTTZ-0.6/1kV-1x16-消防电力系统	电力电缆	2T2W10-1d	22AN10	1APEf1-PY1	BTTZ-0.6/1kV	1x16	12	105	m
供配电系统	BTTZ-0.6/1kV-1x16-消防电力系统	电力电缆	1T2W11-3d	12AN11	1APEe4-PY1	BTTZ-0.6/1kV	1x16	12	132	m
供配电系统	BTTZ-0.6/1kV-1x16-消防电力系统	电力电缆	1T1W11-3d	11AN11	1APEe4-PY1	BTTZ-0.6/1kV	1x16	12	134	m
供配电系统	BTTZ-0.6/1kV-1x16-消防电力系统	电力电缆	2T1W9-1d	21AN9	1APEf1-PY1	BTTZ-0.6/1kV	1x16	12	103	m
供配电系统	BTTZ-0.6/1kV-1x25-消防电力系统	电力电缆	2T2W11-4d	12AN11	1APEe5-PY1	BTTZ-0.6/1kV	1x25	14	107	m
供配电系统	BTTZ-0.6/1kV-1x25-消防电力系统	电力电缆	1T1W11-4d	11AN11	1APEe5-PY1	BTTZ-0.6/1kV	1x25	14	105	m
供配电系统	BTTZ-0.6/1kV-1x25-消防电力系统	电力电缆	2T2W10-5d	22AN10	2APEf1-PY1	BTTZ-0.6/1kV	1x25	14	137	m
供配电系统	BTTZ-0.6/1kV-1x25-消防电力系统	电力电缆	2T1W9-5d	21AN9	2APEf1-PY1	BTTZ-0.6/1kV	1x25	14	136	m
供配电系统	BTTZ-0.6/1kV-1x35-消防电力系统	电力电缆	6T1W9-4b	61AN9	4APEa2-XDT	BTTZ-0.6/1kV	1x35	15	42	m
供配电系统	BTTZ-0.6/1kV-1x35-消防电力系统	电力电缆	6T2W9-5a	62AN9	4APEa4-XDT	BTTZ-0.6/1kV	1x35	15	183	m
供配电系统	BTTZ-0.6/1kV-1x35-消防电力系统	电力电缆	7T2W9-5c	72AN9	4APEb2-XDT	BTTZ-0.6/1kV	1x35	15	166	m
供配电系统	BTTZ-0.6/1kV-1x35-消防电力系统	电力电缆	6T5W9-5d	65AN9	4APEc4-XDT	BTTZ-0.6/1kV	1x35	15	197	m
供配电系统	BTTZ-0.6/1kV-1x35-消防电力系统	电力电缆	7T6W10-4d	76AN10	4APEd4-XDT	BTTZ-0.6/1kV	1x35	15	100	m
供配电系统	BTTZ-0.6/1kV-1x35-消防电力系统	电力电缆	7T5W9-5d	75AN9	4APEd2-XDT	BTTZ-0.6/1kV	1x35	15	153	m
供配电系统	BTTZ-0.6/1kV-1x35-消防电力系统	电力电缆	7T5W10-4c	75AN10	4APEd4-XDT	BTTZ-0.6/1kV	1x35	15	103	m
供配电系统	BTTZ-0.6/1kV-1x35-消防电力系统	电力电缆	7T6W9-5a	76AN9	4APEd2-XDT	BTTZ-0.6/1kV	1x35	15	150	m
供配电系统	BTTZ-0.6/1kV-1x35-消防电力系统	电力电缆	6T6W9-5c	66AN9	4APEc4-XDT	BTTZ-0.6/1kV	1x35	15	194	m
供配电系统	BTTZ-0.6/1kV-1x35-消防电力系统	电力电缆	7T5W10-4b	75AN10	4APEd4-XDT	BTTZ-0.6/1kV	1x35	15	103	m
供配电系统	BTTZ-0.6/1kV-1x35-消防电力系统	电力电缆	7T6W10-4b	76AN10	4APEd4-XDT	BTTZ-0.6/1kV	1x35	15	100	m
供配电系统	BTTZ-0.6/1kV-1x35-消防电力系统	电力电缆	7T1W9-5b	71AN9	4APEb2-XDT	BTTZ-0.6/1kV	1x35	15	166	m
供配电系统	BTTZ-0.6/1kV-1x35-消防电力系统	电力电缆	6T5W9-4c	65AN9	4APEc2-XDT	BTTZ-0.6/1kV	1x35	15	63	m
供配电系统	BTTZ-0.6/1kV-1x35-消防电力系统	电力电缆	6T2W9-5d	62AN9	4APEa4-XDT	BTTZ-0.6/1kV	1x35	15	183	m
供配电系统	BTTZ-0.6/1kV-1x35-消防电力系统	电力电缆	6T2W9-4c	62AN9	4APEa4-XDT	BTTZ-0.6/1kV	1x35	15	37	m
供配电系统	BTTZ-0.6/1kV-1x35-消防电力系统	电力电缆	7T2W10-5a	72AN10	4APEb4-XDT	BTTZ-0.6/1kV	1x35	15	90	m
供配电系统	BTTZ-0.6/1kV-1x35-消防电力系统	电力电缆	7T5W10-4a	75AN10	4APEd4-XDT	BTTZ-0.6/1kV	1x35	15	103	m

图 5-136　转运中心主楼低压电缆明细表

图 5-137　输送机地面固定

图 5-138　输送机桥架固定

5.7.4　智能建筑工程数字施工技术与管理

1. 智能建筑工程概况

本工程智能化集成系统主要集成包括：建筑设备监控系统、暖通空调监控系统、给水排水监控系统、电梯群控系统、智能配电监控系统、智能照明监控系统。转运中心主楼共有一主一分 2 个消防控制中心，分别设置在一层 A5 区、A6 区，分布情况如图 5-139 所示，共有火灾自动报警及联动控制系统回路 230 个，回路多、工期紧、专业交叉施工难度系数大。

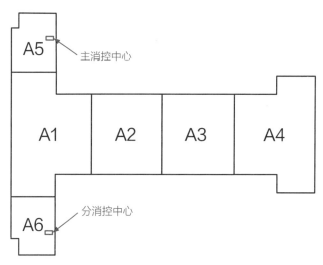

图 5-139　消防控制中心分布图

2. 单回路地址调试技术

（1）技术特点

本工程在调试阶段采用单回路地址调试技术，应用一种手持式回路调试工具，如图 5-140 所示，对消防回路进行调试，通过该调试工具对模块及探测器进行编码（主机须 SDU5.20 及以上版本），有效清除烟感脏度记忆，修复烟感故障，查看回路设备登记情况，诊断回路接地故障和画图故障。其触控主机外形小巧，操作简单，诊断数据储存方便，如图 5-141 所示，也可以直接连接电脑进行分析。

图 5-140　手持式回路调试工具

图 5-141　触控主机操作界面

（2）应用实施

手持式回路调试工具可在安装和调试阶段辅助技术人员对现场消防回路进行快速调试，调试效率快、成功率高。其主要应用流程为工作准备、单回路调试、联合调试 3 个环节。

1）工作准备：在进行调试工作前，根据 BIM 深化模型完成前置工序施工，即穿线完毕、接线工作完整、相关末端、模块齐全，确保施工内容的完整性和准确性。

2）单回路调试：根据所编地址码对机器进行编程，将信号回路接入手持式回路调试工具，通过初始化回路，设定数量及类型，对线路故障、探测器故障、模块故障等逐一进行排除，并对探测器逐一报警试验，直至回路系统全部正常。

3）回路联调：对整个系统地址调试完后，施工人员对外围控制设备进行接线，用控制柜来控制整个消防系统，通过联动调试验证联动编码地址和联动关系是否正确，调试情况如图 5-142 所示。

（a）消防回路调试　　　　　　　　　　　　　（b）调试故障消除

图 5-142　消防回路调试及故障消除

5.7.5　应用情况与成效分析

建筑给水排水工程通过应用 ERP 物料管理系统借助云端线上管理的方式，实现对物料从原材料入库、集中加工到出库的全过程动态管理，达成了物料的高效管理，减少材料浪费、降低人工成本；通过应用管道数字化集中加工技术，基于 BIM 技术对消防管道进行综合排布，断料优化，通过使用自动化、数字化的高效机具，让加工更高效快捷、绿色环保，保证了部品部件的成品的质量，满足了现场紧凑的施工工期节点要求；通过应用埋地管道漏水智能检测技术，对室外综合管网实行动态监测，实时掌控埋地管道的供排水情况，规避风险，提高管道系统有效供排水的能力。

通风与空调工程通过一体式排烟风管预制加工技术，借助前端 BIM 深化设计、数字化集中加工的加持，为工程实体的建造质量提供更扎实的基础，以等离子自动裁切机、数控角铁法兰冲孔机、四枪角铁法兰自动焊等智能机具对排烟风管部品进行数字化的加工，质量标准统一；通过高大空间风管机械化安装技术，全面合理选用机械化工具辅助施工，应用机动叉车、自动液压升降车等机械化机具对风管进行安装，如期保证工程节点，通过机械化、数字化的高效机具，让安装加工更高效、快捷，更绿色、环保。

建筑电气工程通过应用子母式桥架连接器施工技术，实现了主体阶段一次精准预埋，优化传统建造方式，简化施工工序。借助 BIM 技术优势，引入公司安装产业基地自主研发的桥架子母式连接器，以数字化集中加工，标准化、模块化的规范施工，提升了电气工程整体安装质量；通过电缆自动敷设技术，应用电缆自动输送机，对电缆进行机械自动化的敷设，使作业方式朝着自动化、机械化方向改变，满足了现场紧凑的施工工期节点，减少了事故风险的发生。

智能建筑工程通过应用单回路地址调试技术，采用高效便捷的设备，结合项目特点，合理穿插，满足了施工进度要求，提高了调试效率，缩短工期，实现了技术、人员、数据一体化管控。

5.8 分拣系统穿插数字施工技术与管理

5.8.1 分拣系统概况

转运中心主楼工程智能物流分拣系统覆盖主楼区域 1~3 层，本工程分拣系统国际领先、工艺复杂，涉及陆运空运、国际查验、潮汐转换、货站、自动库等多种功能用房，由普通包裹分拣系统（MHS）、大型不规则件分拣系统（ICS）、超大超重件分拣系统（OOG）以及航空集装箱（ULD）组成，投入输送设备达 11000 余台，输送长度达到 50000m。各传输设备具体情况简介见表 5-10。

各传输设备具体情况简介 表 5-10

编号	项次	安装高度	涉及模块
1	穿层输送系统	6m 以上	穿层胶带机、螺旋滑槽等
2	ICS 分拣系统	6~7m	穿层胶带机、剪式提升机等
3	ICS 平台	4.5~6m	穿层胶带机、剪式提升机等
4	MHS 终分拣机	3.8m	供包系统、输送系统、剪式提升机、螺旋滑槽等
5	MHS 平台	3m	供包胶带机系统、剪式提升机、螺旋滑槽等
6	输送系统	2.5m	供包胶带机系统、剪式提升机、螺旋滑槽等
7	掏箱系统	地面	掏箱输送、掏箱伸缩皮带机等
8	ULD 平台	地面	滚珠平台等

本工程由总承包单位负责建筑工程的施工，后期逐步移交给分拣集成商（简称 MHS 集成商）完成分拣系统设备安装。在项目前期，各方需对预留连接件、预埋件、相关洞口位置进行探讨，并对吊杆连接、转换梁连接及夹具节点等措施提出合理化建议，对各区域设备荷载进行统计并提交至相关单位。施工过程中，总承包配合集成商完成相关施工准备工作。

5.8.2 总承包方对 MHS 集成商的配合事项

本工程总承包方对 MHS 集成商的配合事项如表 5-11 所示，分拣设备安装环境要求如表 5-12 所示。

总承包方对 MHS 集成商的配合事项　　　　表 5-11

序号	类别	配合事项
1	前期准备阶段	总承包同集成商确认临建以及堆场位置，策划集成商进场时项目的形象进度，考虑集成商施工时幕墙工程进度情况。在幕墙未完成交付前，做好临时围蔽方案，保证施工区域无风沙、雨水等不利因素。做好界面划分，做到无影响切换
2	主体建筑	分拣设备安装开始前，该区域的建筑工程施工完工。在集成商的机械安装开始之前，所有顶部机电工程施工完成，包括消防、线槽、风管
3	地面交付条件	非仓储机器人（AGV）行走区域地面最小平整度：±10mm；AGV 行走区域起伏程度≤3mm/m²，路面坡度不大于 0.05，对 AGV 需精确定位的停车点不大于 0.01。伸缩机、螺旋滑槽、ULD 设备以及部分落地支撑的钢平台安装区域满足 195mm 化学螺栓安装要求
4	临水临电	总承包方一级临时配电箱为 MHS 集成商预留临时配电容量，每个一级配电箱独立预留一路带计量表的 250A 空开，确保现场临时一级配电箱供电至现场强电间正式送电为止
5	设备存储区要求	建筑屋面、混凝土底板已完工。主楼中不应存在安全隐患的建筑临洞，在洞口临边应做好合格的安全防护栏。预留卸货吊装通道或提供货梯，满足常规设备及大型设备（本工程存在 CT 机，重量 7500kg，6000（L）×2500（W）×2500（H）的进场需求）
6	设备防尘要求	在系统安装调试区域的建筑环境应能满足防雨、防风沙的要求
7	吊装平台需求	提前在幕墙上预留吊装平台的安装位置。吊装平台的载荷满足吊运设备的需求
8	总承包机电安装事宜	暖通及其他结构设施（除风管外）在各区进场前完成安装，不影响项目进度、造成风险或设备损伤。分拣系统安装前，完成消防设备和系统的安装（部分消防设施需配合分拣系统才能安装的除外），基本完成建筑通风系统安装

分拣设备安装环境要求　　　　表 5-12

服务位置	温度	相对湿度	粉尘浓度	环境
机械 - 室内（安装区域）	0~40℃	5%~90% 不结露	5mg/m³	不直接暴露于室外环境
控制柜内的电气 / 电子设备	0~40℃	5%~90% 不结露	5mg/m³	—
电子设备 - 室内	0~40℃	5%~90% 不结露	5mg/m³	—
在计算机 / 控制室室内的电气设备	13~27℃	5%~90% 不结露	5mg/m³	不直接暴露于室外环境

5.8.3　总承包方对分拣系统的配合措施

根据以上相关配合事项，总承包方对分拣系统具体配合措施如下：

（1）金刚砂地坪施工配合

本工程金刚砂地坪精度要求高，使用先进的混凝土激光找平仪。选择顶级专业分包商，严格考察有施工经验和实力的劳务班组；大面积施工前，进行样板点评、工艺、施工方案、施工穿插和分区组织等严密的研究；集成商研讨每个环节和细节的时间节点。

（2）进场施工和安全防护配合措施

总承包方为 MHS 集成商提供安装现场车辆和行人安全的进场路径。仓储区至施工现场道路满足通行要求，施工现场设置 8m 宽双向施工道路，道路围绕建筑四周进行设置，运货车辆可通过施工道路运输至任一施工区域，车辆进场路径满足有4.5m的净空，且宽度应不小于3.2m，并保证最长25m的车辆有足够转弯空间。为配合MHS集成商进场安装施工，根据现场实际情况，在各施工分区均设置建筑进出安全通道，以供MHS集成商材料运输及施工通行之便。

（3）钢结构和机电配合措施

1）钢结构的配合

设计方面：分拣系统的主框架为钢结构，采用了立式和悬吊两种模式，由于本工程前期未确定分拣系统设备具体位置，主体工期紧张，所以在钢结构主次梁上的预埋分拣系统悬吊点采用满天星方式布局吊耳，后期安装转换梁进行吊挂，如图5-143所示；钢结构柱上根据分拣系统要求增设牛腿。

管理方面：由于分拣系统介入时间稍晚，与设计院配合有所滞后，分拣设备和工艺布局确定周期拉长，不可避免地会存在部分因变更之后对已完工程进行拆除改造、材料报废的情况。

2）机电的配合

深化阶段：机电管线综合配合分拣系统BIM合模期间解决以下问题：

① 工艺跨梯位置与管线综合位置冲突，互相位移避让；

② 工艺转换梁预制构件与风管位置冲突；

③ 工艺转换梁与排烟管道冲突，取消工艺转换梁，如图5-144所示；

④ 工艺转换梁与风管位置重叠，风管底部与ISC分拣冲突，工艺转换梁移至风管底部；

⑤ 工艺吊杆与管线综合路由冲突，吊杆位移；

⑥ 弱电桥架原设计路由无法满足安装需求，对桥架线路进行整体位移避开主风管及风井位置；

⑦ 工艺钢平台包裹钢柱位置预留150mm空间用于喷涂防火涂料及立管安装空间；

⑧ 为保证分拣系统远超净高要求，水管桥架高度铺设在同一层高度，尽量在梁窝内解决路由；

⑨ 为解决碰撞问题，采取梁上开洞的方案进行管线避让，中间四跨共计开洞50个。

图5-143 分拣系统转换梁安装

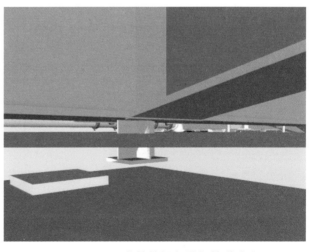

图5-144 工艺转换梁与排烟管道冲突

施工阶段：分拣设备的一级转换梁、二级转换梁与机电消防、喷淋、风管等系统的施工顺序需要根据其安装位置确定，避免后期的返工拆改，典型的安装顺序如下：

① 有风管部位施工顺序为：

a. 机电消防、喷淋主、支管安装（含支吊架）；

b. 分拣设备一级转换梁安装；

c. 机电风管、桥架安装（含支吊架）；

d. 分拣设备二级转换梁安装；

e. 机电综合管线及设备安装，有风管部位如图 5-145 所示。

② 无风管，有水管部位施工顺序：

a. 机电消防、喷淋主、支管安装（含支吊架）；

b. 分拣设备一级转换梁安装；

c. 机电综合管线及设备安装；

在 MHS 的机械设备安装开始之前，所有顶部机电必须全部完成，包括消防、线槽、风管等，无风管有水管部位如图 5-146 所示。

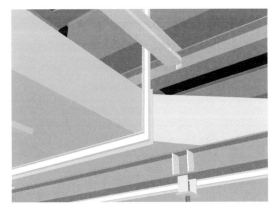 

图 5-145　有风管部位　　　　　　　　图 5-146　无风管有水管部位

（4）环境配合措施

1）设备的存储

在施工现场以东 800m 划分独立区域给 MHS 集成商做仓储区使用，仓储区毗邻办公区，占地面积约 6000m²，用于设备现场储存。仓储区设置防雨水渗漏措施，地面清理干净。仓储区至施工现场道路保证通行顺畅。仓储区中设置钢结构材料堆场、分拣系统材料堆场、输送系统材料堆场用于钢结构、分拣系统及输送系统材料储存；同时设置独立的危险品储存区，用于储存氧气、乙炔危险品等施工物料，危险品储存区符合国家相关部门对于存放危险品物料的环境要求。仓储区具体情况如图 5-147、表 5-13 所示。

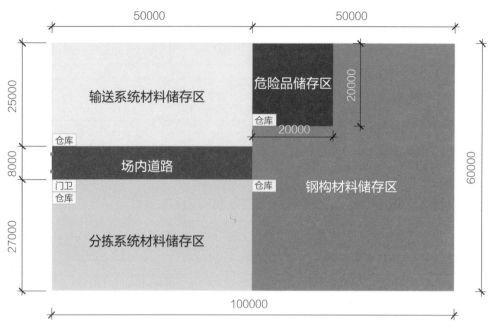

图 5-147 MHS 仓储区域布置图

现场存储区划分统计表 表 5-13

区域	用途
钢结构材料储存区域，面积 2600m²，一间 18m² 可上锁库房	钢结构
分拣系统材料储存区域，面积 1350m²，一间 18m² 可上锁库房	分拣系统
输送系统材料储存区域，面积 1250m²，一间 18m² 可上锁库房	输送系统
危险品材料储存区域，面积 400m²，一间 18m² 可上锁库房	危险品（氧气、乙炔）

2）分拣系统的防尘配合

根据分拣系统的分阶段、分层、分区施工要求，对移交场地进行清理，对分拣施工区域进行围蔽，采用负压通风设备进行除尘处理，运用移动环境检测仪量测区域内的相对湿度和粉尘浓度，施工完成后到设备调试前保持环境状态达标，在外围幕墙和屋面完工后，逐步撤除临时围蔽，便于整个分拣系统的调试。

（5）管理配合措施

1）每周组织召开联席会议，每周跟进解决协作事宜；通过联席会议，知晓各单位之间的需求，加强联系与沟通，相互学习借鉴经验，研究探索新经验、新方法。

2）联合模型碰撞检查，模型报审前多方技术团队驻点项目联合进行设计；管线综合模型外部配合单位共计 4 家，模块共计 10 个，通过提前模型碰撞检查，提高工作效率，缩短模型修改时间，如图 5-148 所示。

3）交接验收：梳理 MHS 集成商的需求，形成 11 大项，59 小项的检查验收表单，提前规避风险，减少后期不必要的摩擦。

图 5-148　模型碰撞检查

5.8.4　应用情况与成效分析

分拣系统施工过程中，项目团队在设计、施工、管理等方面积极配合分拣系统集成商，同时联合土建、钢结构、机电等专业以及各分包单位在场地移交、临水临电接驳、施工及存储场地提供、模型碰撞检查、交接验收等方面制定了一系列详细的配合措施，并每周组织召开分拣系统穿插协调会，跟进解决各专业协调事宜。共计召开会议 110 余次，组织模型碰撞检查 50 余次，梳理模型碰撞问题 300 余个，组织各区域交接验收 70 次，形成 11 大项 59 小项交接检查验收表单。通过以上措施的落地实施，确保了分拣系统的顺利高效实施，实现了分拣系统的无缝穿插施工。

5.9　本章小结

转运中心主楼工程在施工各阶段应用各类数字施工技术对项目进行全过程管控。通过数字施工技术的应用，改变了建筑工程传统的施工建造模式，科学地分析管控各个重要环节，细化了工程管理颗粒度，大幅度提高了施工效率，有效控制建造成本，同时保证了项目质量、安全及工期目标。本章系统地介绍了转运中心主楼工程在各施工阶段中应用数字施工技术的实施案例，具体分为以下几点：

（1）重点讲述了 BIM 深化切图及按模施工技术应用情况，通过对按模施工应用流程、软硬件配置、深化切图、管理制度及要求的阐述，进一步明确了按模施工的管理原则及模型切图代替施工蓝图的管理要求。

（2）通过数字化监测及监控技术应用，详细介绍了桩基数字化监控技术以及深基坑监测技术应用流程、技术要点及技术优势，并分析了技术应用效益。

（3）基于BIM软件及模型的自身特性，利用软件功能优势导出材料清单，实现土建、机电及装修等各专业材料数字化集中加工，并同传统加工方式进行对比分析，详细介绍数字化加工技术优势及应用效益。

（4）对三维激光扫描技术原理、应用流程及技术特点进行阐述，通过与BIM技术相结合，充分发挥两者技术优势，采用数字化手段为工程施工质量控制提供了数据支持。

（5）通过深入介绍各类智能化设备应用情况，并对应用成效进行对比分析，凸显出智能化设备在施工过程中对项目精益建造的重要作用。

（6）详细介绍对分拣系统的相关配合措施，通过制度建设及组织协调完美实现了分拣系统的穿插施工，为转运中心主楼早日投用创造了条件。

第6章 数字装配技术实施与管理

6.1 概述

目前，建筑工业化成为建筑领域的研究热点，在国家政策的扶持下，建筑工业化水平不断提高，建筑设施不断完善，建筑工业化正朝着绿色、节能、环保的方向发展。近几年来钢结构作为一种预制化、工业化程度高的结构形式在民用建筑和工业建筑中得到了推广应用，发展钢结构的智能制造技术，是实现建筑工业化水平的持续提升的关键之一，将智能化的研究成果融入建筑工程的产业链中，对建筑工业化的发展能起到重要的推动作用。

6.2 钢结构工程数字装配技术与管理

6.2.1 钢结构工程数字加工技术与管理

鄂州花湖机场项目将BIM技术与智能化加工相结合，服务于钢结构场外预制加工及现场安装。通过中天施工协同平台，实现深化设计后的加工生产控制、存储与物流跟踪以及指导现场安装等集成管理。

1. 数字加工管理流程与特点

基于BIM技术与线上管理平台进行加工管理，对构件进行实时跟踪，监测其生产状态。利用平台对数据进行处理汇总，减少人力投入、降低总体成本、提高信息的准确率。

本工程钢结构数字加工管理的特点主要体现在：

（1）集约化

钢结构加工过程中材料管理至关重要。在传统的加工制造中，材料管理依靠人工完成，统计出的数据往往容易出现错误、漏项。而本工程依托BIM技术与数字化技术的数字化加工平台可以对钢结构加工过程中的材料进行集约化管理，如利用现代物联网无线射频识别技术对生产加工和材料的位置、状态等情况进行动态检查与更新。极大程度地减少了工作量，同时依靠现代信息与数字化技术实施的管理统计，也能够降低误差，保证材料和施工状态管理的准确性并极大提升管理效率。数字加工管理流程如图6-1所示。

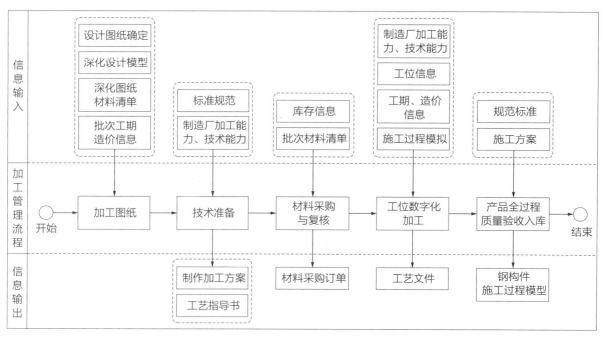

图 6-1　数字加工管理流程

（2）可视化

数字加工技术的可视化主要体现在加工过程中可以利用平台来进行加工人员、机械设备、材料等信息的绑定，从而实现加工过程中信息状态的动态掌握。管理人员再结合工程项目的工期计划对加工过程信息进行管理，根据施工方案要求，对钢构件的加工情况进行实时跟踪，库存及时预警，以可视化的方式，实现钢结构数字化管理。此外，基于BIM，对钢结构加工工序进行拆分，再根据进程将每道工序的完成度设定成不同颜色，如此钢结构加工的每个环节的完成情况就可以在BIM上进行直观呈现，如图6-2所示。

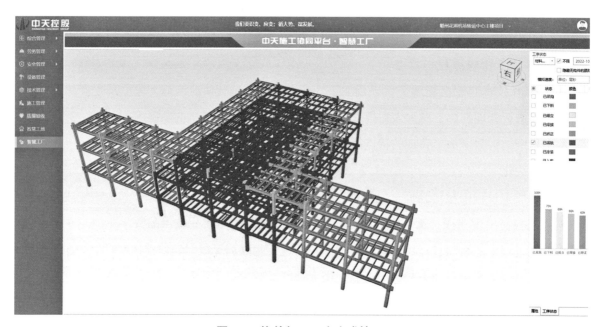

图 6-2　构件加工工序完成情况

2. 深化模型数据导出与加工平台数据录入

钢结构完成深化设计后，可将模型中导出的数据与智能化设备和管理系统相结合，进行数据读取、工艺分析，生成构件清单、零件清单、螺栓清单、焊缝清单、其他工程类辅材以及模型内构件的相关属性等，供加工及安装使用，A3 区部件清单节选如图 6-3 所示，加工平台数据录入信息如图 6-4 所示。

构件编号	截面规格	长度	材质	数量	总毛重	总净重	总面积	单毛重	单净重	单表面积
A3-1JGKL1-1	HI400-8-16*200	1720	Q355B	2	336.51	333.54	6.42	168.26	166.77	3.21
A3-1JGKL1-2	HI400-8-16*200	9620	Q355B	1	747.72	746.24	15.73	747.72	746.24	15.73
A3-1JGL2-3	HI300-8-12*200	1970	Q355B	1	110.79	110.71	2.93	110.79	110.71	2.93
A3-1JGL2-5	HI300-8-12*200	3170	Q355B	1	180.31	180.18	4.71	180.31	180.18	4.71
A3-1KFZ-3	HI400-10-18*250	1400	Q355B	3	455.83	452.38	8.2	151.94	150.79	2.73
A3-1LZ1-1	RHS200*16	1000	Q355B	4	434.12	431.77	4.28	108.53	107.94	1.07
A3-1LZ1-8	RHS200*16	3200	Q355B	1	432.22	430.9	5.68	432.22	430.9	5.68
A3-1LZ1-9	RHS200*16	3200	Q355B	1	391.79	390.71	4.84	391.79	390.71	4.84
A3-1LZ1-11	RHS200*16	9580	Q355B	1	1005.49	1003.16	10.34	1005.49	1003.16	10.34
A3-1LZ1-12	RHS200*16	9458.5	Q355B	1	994.59	992.82	10.35	994.59	992.82	10.35
A3-1LZ1A-4	RHS200*400*16	1400	Q355B	2	452.33	443.41	4.32	226.17	221.7	2.16
A3-1LZ1A-6	RHS200*400*16	9285	Q355B	1	1454.71	1452	14.57	1454.71	1452	14.57
A3-1LZ1A-9	RHS200*400*16	9250	Q355B	1	1396.05	1394.77	13.75	1396.05	1394.77	13.75
A3-2GKL2-1	HI1200-16-25*500	12395	Q390C	1	5369.82	5302.66	70.78	5369.82	5302.66	70.78
A3-2GKL5-2	HI1500-20-35*500	13490	Q390C	1	7902.32	7852.35	86.88	7902.32	7852.35	86.88
A3-2GKL5-4	HI1500-20-35*500	13655	Q390C	1	8479.8	8433.5	95.16	8479.8	8433.5	95.16
A3-2GKL5-14	HI1500-20-35*500	13290	Q390C	1	7853.16	7806.31	86.05	7853.16	7806.31	86.05
A3-2GKL18-6	HI1200-16-25*450	13290	Q390C	1	5521.29	5402.2	67.98	5521.29	5402.2	67.98
A3-2GKL20-1	HI1200-22-28*450	12380	Q390C	1	6383.08	6248.97	72.1	6383.08	6248.97	72.1
A3-2GKL21-2	HI1200-22-25*450	12380	Q390C	1	5822.03	5708.2	67.69	5822.03	5708.2	67.69
A3-2GKL21-7	HI1200-22-25*450	13290	Q390C	1	6090.99	5971.91	67.81	6090.99	5971.91	67.81
A3-2GKL47-3	HI1200-22-28*500	13655	Q390C	1	6822.73	6703.08	72.7	6822.73	6703.08	72.7
A3-2GL1-2	HI450-8-12*200	5150	Q390C	1	338.1	338.02	9.01	338.1	338.02	9.01

图 6-3　A3 区部件清单节选

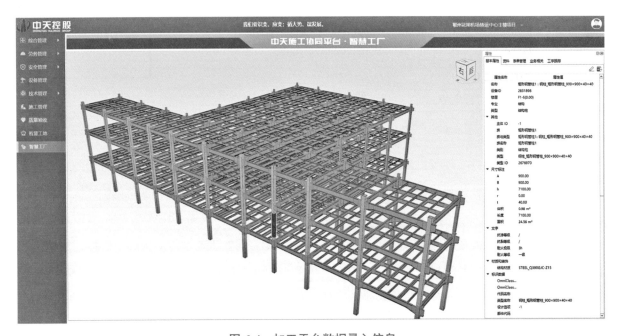

图 6-4　加工平台数据录入信息

同时根据模型导出的构件、零件属性分析其生产的工艺路径，如零件是否是异形、是否需要钻孔、是否需要坡口，根据这些属性将零件推送给排版人员，并进行推荐分工（班组或设备），按照提前设定的规则，智能规划构件在车间流转的工序，减少人工环节，提高制造效率。

3. 构件虚拟预拼装技术

因运输长度限制，本工程中超长构件需进行分段加工，并在工厂进行虚拟预拼装。构件制作验收后，采用三维设计软件，将钢结构分段构件控制点的实测三维坐标，在计算机中模拟拼装形成分段构件的模型轮廓，与 BIM 三维模型直接提取的理论模型拟合对比，可直观地检查分析加工拼装精度，如图 6-5 所示。得到所需修改的调整信息。经过必要校正、修改与模拟拼装，直至满足精度要求。该技术通过提高工厂加工质量，从而有效地提高构件的现场拼装质量及效率，保障现场钢结构安装的质量及工期。

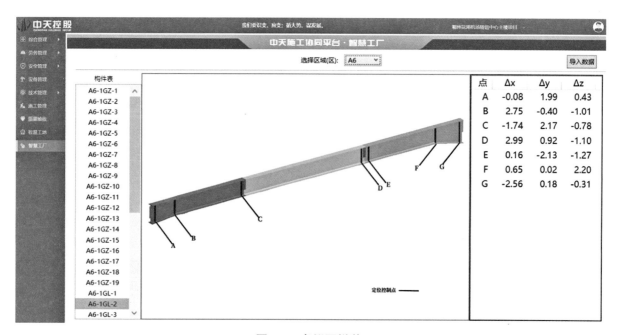

图 6-5　虚拟预拼装

4. 自动化加工生产

本工程部分钢构件实现了自动化加工生产，根据深化模型提供的基础数据通过智能制造管理系统的数据链进行转换，经智能制造和管理系统分析后，向下料、数控机床、自动化生产线、装焊机器人等设备及时传递加工信息，完成自动化生产，大大提高工作效率，降低生产成本和减少出错率。工厂使用智能化设备有数控三维切割机、焊接机器人、全自动激光切割机等。数控三维切割机在本工程中主要用于成品管材的切割，可以在立体的钢构件上进行加工，可以在任意一个面上进行工作，无需人工进行翻面或调转角度等操作，如图 6-6 所示。焊接机器人是从事焊接的工业机器人，是可重复编程的自动控制操作机，本工程中主要用于连接件的加工，具有稳定、焊接质量高的特点，提高了劳动生产率，如图 6-7 所示。全自动激光切割机搭配电脑的激光切割机，在电脑的智能操控下，通过软件自动排版，在预定的切割区域加工出理想的构件形状，速度快且精度高，无需工作人员手动操作，如图 6-8 所示。

图 6-6　数控三维切割机

图 6-7　焊接机器人

图 6-8　全自动激光切割机

5. 物联网

钢结构工程的全生命周期管理包括深化设计、材料采购、制造、安装四个阶段，本工程钢构件数量达 85682 件，从钢板到零部件再到构件，其包含的管理信息量非常巨大，几乎不可能实现从钢板到构件的全过程跟踪，而现代物联网管理系统可便捷地解决这一问题。通过物联网管理系统＋二维码的方式，如图 6-9、图 6-10 所示。实现从原材料到构件全过程中的实时跟踪，监控对象可精确到每一张钢板和每一件构件，并能通过基础数据通过交互平台实现多部门多环节数据的交互，达到管理过程数据化、可视化，有效降低了钢结构传统管理方式的差错率，提升了数据采集能力，进一步提高了建筑钢结构施工生产过程的数字化管理水平。

图 6-9　成品构件二维码

图 6-10　手机端查看构件信息

6.2.2　钢结构工程数字吊装技术与管理

1. 吊装方案比选

花湖机场主楼处于机场建设区核心位置,同周边标段界面接口复杂,而且机场建设初期,很难形成完整的临时道路,场区内交通组织转换频率极高,钢构件堆场和卸货区能占用的场地有限,而且需在主体施工工期6个月内完成数量达85682件的钢构件吊装,需精心组织安装施工流程,精确制定构件进场时间,计算好满足进场要求的构件进场数量和与之匹配的堆场面积,同时合理安排构件吊装顺序,高效、有序、按时完成吊装任务。

综合以上条件,根据不同的机械选择,共提出四种方案,如表6-1所示。

方案对比

表 6-1

序号	方案	具体描述
1	移动式塔吊	沿结构外圈布置设置移动式塔吊
2	固定式塔吊	将塔吊固定布置于运转中心结构之中

序号	方案	具体描述
3	汽车吊	使用汽车吊进行吊装作业
4	履带吊	使用履带吊进行吊装作业

在中天施工协同平台中基于 BIM 模型进行前期施工方案比选，首先输入已知机械数量（由施工工作面确定）、钢结构构件数量（模型中导出）等参数；再对拟投入的工期、劳动力、经济效益进行反向计算和定量分析，并生成相关图表；最后进行结论，选出最优方案，如图 6-11 所示。通过平台对比结果显示，采用汽车吊安装的方案为最佳方案，履带吊方案次之，但仍需结合现场场地条件进行人为分析，最终采用了以履带吊为主、汽车吊为辅的吊装作业方案如图 6-12 所示。

图 6-11　前期方案比选

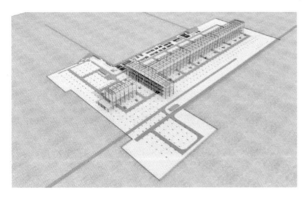

（a）完成中间三跨钢结构的安装

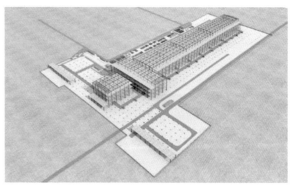

（b）东西侧各完成一跨钢结构的安装

图 6-12　施工方案示意图（一）

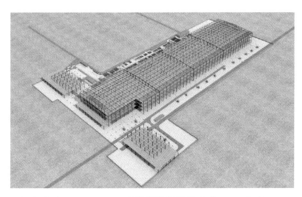 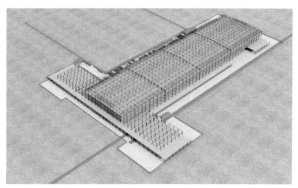

（c）完成 A2、A3、A4 主体结构钢结构安装，A1 完成 80%　　　　（d）完成剩余钢结构的安装工作

图 6-12　施工方案示意图（二）

2. 施工流程及工序模拟

三维可视化功能再加上时间维度，可以进行可视化的施工过程模拟，以分析多工作面的施工情况，合理组织施工流水。

根据本工程采用的多机械施工方案，结合 BIM，分区进行吊装模拟，实现全过程的前置模拟，分析施工方案的合理性，避免事故的发生。根据每日安装情况，进行主体结构施工流程三维模拟，如图 6-13 所示。

DAY13-14
施工内容：蓝区四层钢结构吊装
　　　　　红区三层钢柱及四层钢梁焊接
　　　　　红区三层楼板铺设及栓钉施工
　　　　　红区二层楼板钢筋绑扎及水电洞口处理
　　　　　红区地坪板钢筋绑扎

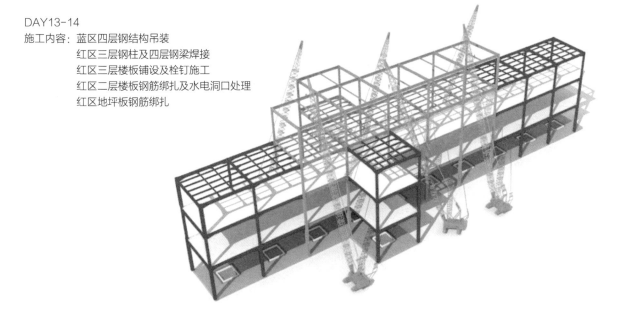

图 6-13　主体结构施工流程三维模拟

通过平台进行施工进度管理，融合计划和实际进度对比分析，工期进度情况可以直接预见，若进度显示延后，工期预警，再通过后期计划调整，检验关键节点进度是否满足要求，计划与实际进度对比如图 6-14 所示。

本工程均为大尺寸构件，且局部有超长、超重构件，除严格按照 BIM 进行钢结构数字加工外，吊装过程存在较大的安全隐患，需根据实际需求，通过三维可视化仿真模拟的方式，从空间相对位置的关系评判大型构件吊装的可行性，必要时对吊装方案进行调整。典型超大钢结构构件吊装模拟如图 6-15 所示。

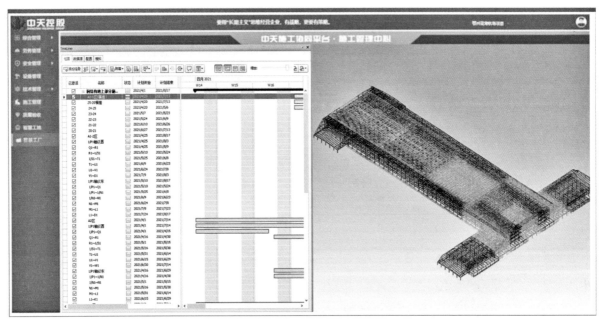

图 6-14 计划与实际进度对比图

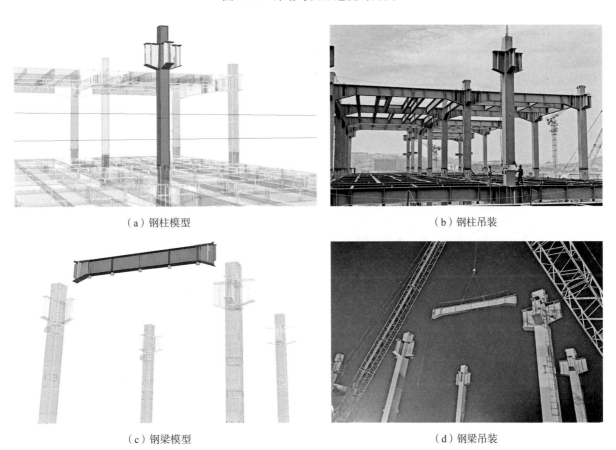

（a）钢柱模型　　　　　　　　　　（b）钢柱吊装

（c）钢梁模型　　　　　　　　　　（d）钢梁吊装

图 6-15 典型超大钢结构构件吊装模拟

3. 施工方案数值模拟

针对超长、超重构件，在吊装过程中易出现的内力重分布现象，给施工带来了巨大挑战，可采用有限元分析等软件，结合施工方案进行数值模拟，针对钢构件的吊装工况及各工况下吊耳等部位的应力状态进行分析，如图 6-16、图 6-17 所示，为现场实际安装质量和吊装安全提供有力支撑。钢构件的吊装工况分析主要考虑 1.3× 自重的分析工况，在吊点位置设置铰支座，根据构件材质属性确定强度控制值，如板厚为 60mm 的 Q390GJC，结构强度控制在 310N/mm² 内，若结果的应力值在该范围内，即满足要求。除控制应力结果外，钢构件吊装还需对挠度值进行控制，一般钢梁挠度控制在 $L/400$ 以内。钢梁吊装采用两个吊耳，根据构件重量、钢丝绳与构件夹角等情况确定吊耳受力大小及方向，对吊耳进行有限元分析，控制板单元的应力及挠度。

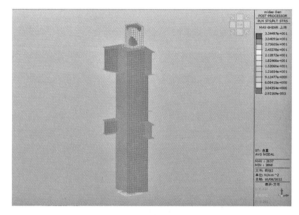
（a）位移云图

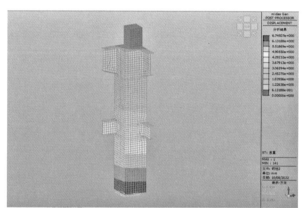
（b）应力云图

图 6-16　超重钢柱吊装工况模拟

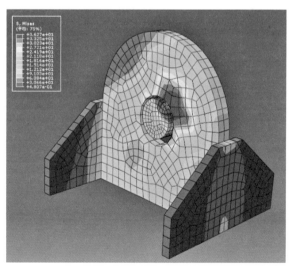
（a）Mises 应力

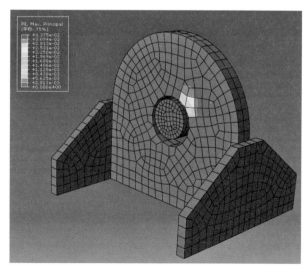
（b）Max Principal 应力

图 6-17　超长钢梁吊耳吊装工况模拟

4. 厚板智能化焊接机器人施工技术

本工程现场钢结构焊接主要有厚板焊接、焊接量大、材质特殊等难点。详细情况如下：

（1）厚板焊接

通常钢板划分为薄板、中厚板、厚板、特厚板，划分界限为 4mm 以下为薄板，4～20mm 为中厚板，20～60mm 为厚板，厚度大于 60mm 为特厚板。本工程焊接钢板板厚在 8～60mm 范围内，主要涉及中厚板、厚板，中厚板及厚板占比如图 6-18 所示，其中厚板的板厚情况分布如图 6-19 所示，可知钢柱厚板大多分布在 20～30mm 范围内，其次是 40～50mm、30～40mm。

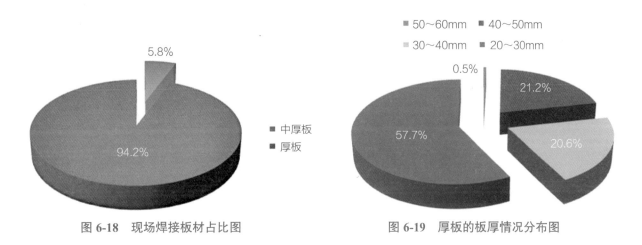

图 6-18　现场焊接板材占比图　　　　　图 6-19　厚板的板厚情况分布图

（2）焊接量大

本工程现场焊接主要为箱型柱对接焊接和 H 型钢梁对接焊接，总计钢柱对接焊缝共 2843 组，钢梁对接焊缝 27595 组，焊缝总长度为 51970.4m，现场焊接工作量大。

（3）材质特殊

本工程采用了 Q390GJC 材质的钢板，与通用的碳素钢、低合金钢不同，主要差异是屈强比、屈服强度波动范围，碳当量和焊接裂纹敏感性指数，降低了 P、S 含量，但 Ni 含量高，易与许多元素形成低熔共晶，故易产生裂纹，焊接难度增加。

为解决以上难题，提高焊接质量及效率，现场尝试采用智能化焊接机器人进行板厚为 20～30mm 的焊接作业，如图 6-20 所示。基于焊接过程中采集到的特征信号，可用于实现机器人焊接动态过程的焊缝跟踪以及焊接质量监控，包含了焊接环境视觉识别、焊接构件及焊缝类型的识别、焊前导引、焊缝跟踪、焊缝成形及质量控制、故障诊断等功能。智能化焊接机器人不仅解决了目前市场上焊接人才的稀缺问题，而且操作安全性高，可实现长时间不间断作业，并且将工作效率提高四分之一以上，从而为建筑业传统管理难题找到了新的解决途径，成为未来钢结构数字化发展的新方向之一。

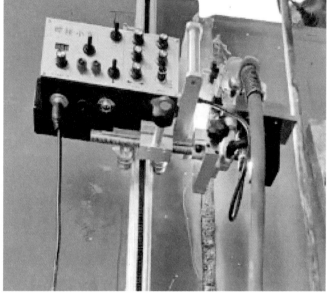

（a）现场焊接　　　　　　　　　　　　　　（b）焊接机器人

图 6-20　智能化焊接机器人

5. 钢结构垂直度偏差数字化管理

本工程以现行国家标准《钢结构工程施工质量验收标准》GB 50205—2020 为依据进行钢结构垂直度的验收，针对国家验收表单中的主控项目内容，按检验批次将相应的测量过程照片上传至质量验收评定系统，如图 6-21、图 6-22 所示。通过该控制手段，在留存影像资料的同时，各参建方可通过平台实时把控现场的安装质量，实现钢结构质量管理数字化。

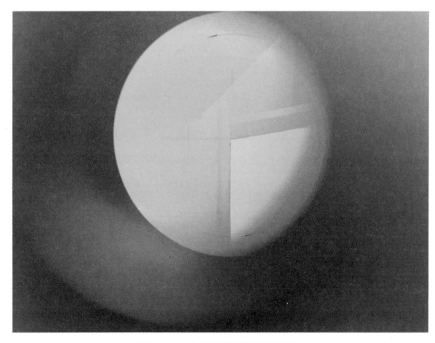

图 6-21　全站仪测量过程照片

图 6-22 测量过程照片上传平台

6. 三维激光扫描技术

（1）概况

为控制本工程钢结构安装的质量，采用了三维激光扫描技术（又称为"实景复制技术"）进行检验批内的钢结构测量。三维激光扫描技术是利用激光测距的原理，通过记录被测物体表面大量密集的点三维坐标、反射率和纹理等信息，可快速复建出被测目标的三维模型及线、面、体等各种图件数据，精度可达毫米级。利用三维激光扫描仪对钢构件进行三维测量，得到精确的三维模型，通过软件分析得出钢构件的偏差度。

在常规测量手段里，每一点的测量费时都在 2～5s 不等，甚至有时要花几分钟的时间对一点的坐标进行测量；而通过三维激光扫描仪进行测量，每秒能够记录超过 40000 个测量点。若通过常规测量手段对一个检验批内的所有钢构件进行复测，需花费 264min，而通过三维激光扫描仪仅需 20min，通过数字化的测量手段，不仅减少了人为测量的误差，提高数据的准确性，还大大缩减了结构复测所占用的人力、物力资源。

（2）在本工程中的实际应用

以检验批为单位，采用三维激光扫描技术对钢结构进行复测，测量过程如图 6-23 所示。应用过滤算法剔除原始点云数据中的错误点和含有粗差的点，对点云数据进行识别分类，最后根据点云数据快速建立所测钢结构的三维可视化模型，如图 6-24 所示。通过专业的对比分析软件，对点云模型与深化模型进行叠加分析，以彩色图谱的形式反映实际偏差，应用数字化工具进一步保证施工质量，进行统计分析后得出最大偏差值为 3mm，如图 6-25、图 6-26 所示。

图 6-23　现场三维激光扫描

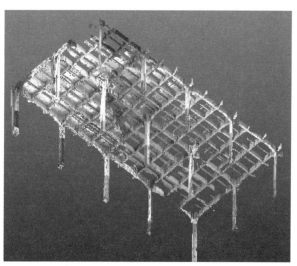

图 6-24　三维可视化模型

图 6-25　点云模型设置

图 6-26　模型叠加分析

6.3　幕墙工程数字装配技术实施与管理

6.3.1　幕墙工程数字加工技术与管理

1. 幕墙工程概况

花湖机场转运中心主楼幕墙工程总面积 12 万 m^2，幕墙高度 42.5m，包括横明竖隐玻璃幕墙、超长悬挑铝板檐口多种幕墙形式，体量大，工期紧，组织协调难，如图 6-27 所示。

本工程幕墙采用数字化加工技术，将深化设计阶段导出的模型数据导入工厂的数字加工中心，实现构件全自动加工生产，提高加工精度，缩短供货周期。

2. 幕墙数字化加工特点

（1）数据精准，无损传输

传统幕墙生产过程中，由技术人员对深化设计输出的料单识别，信息获取的完整性、准确度难以保证，无法避免人工识别导致的疏漏。数字化加工技术将幕墙工程深化设计模型信息精确、高效、完整地直接导入 CAM 软件，通过无损转换生成数控机床能够直接识别的数据，并生成相应的加工代码、格式文件，打破了深化设计端与加工生产端的数据传递壁垒，实现信息无损交换。

图 6-27　转运中心主楼幕墙工程

（2）数控加工，提质增效

幕墙加工生产基于深化设计数据的无损传递，数控机床自动读取加工指令，实现全自动数字生产加工，减少了传统加工方式中手动操作加工设备引起的误差。此外，传统生产车间工人往往实行流水作业，工序衔接存在不可避免的功效损耗，低效或无效的工时成为整个生产线的"短板效应"。通过对数字加工流水线工序衔接、排产顺序优化，满足全天候、高标准的生产效率，实现批量化、高质量、高工效的加工生产。

3. 应用实施

花湖机场转运中心主楼工程采用幕墙数字化加工技术对幕墙构件进行集中加工。通过 BIM 技术建立幕墙深化模型，直接导入 CAM 软件进行数控程序转换，由数控加工中心接收程序输入后，自动生成机床可读取的指令，最终实现幕墙构件自动生产加工。以本工程玻璃幕墙横框的加工为例，简述幕墙系统构件的自动化加工生产，具体应用流程如图 6-28 所示。

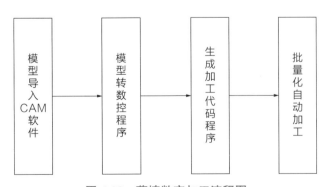

图 6-28　幕墙数字加工流程图

（1）模型导入 CAM 软件

根据建立的玻璃幕墙横框深化设计模型，导入 CAM 软件。

（2）模型转数控程序

根据导入的模型相关数据，在 CAM 软件内完成玻璃幕墙横框加工信息设置，包括工序划分、加工余量、切削深度、细节处理等。同时应拟合刀具轨迹，通过合理的连接命令将各种刀具轨道首尾相接，以保障加工作业效果，如图 6-29 所示。

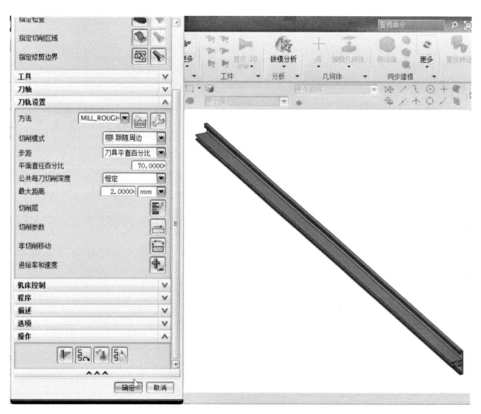

图 6-29　数控程序生成

（3）生成加工代码程序

根据数控机床控制条件，结合玻璃幕墙横框材质、壁厚、尺寸、孔位等信息，合理调整刀位数据和辅助信息。通过系统生成 NC 代码（数控机械控制器能识别的代码），应及时完成三维图像仿真，并使用数控机床对数据进行预加工验证，防止出现加工误差，如图 6-30 所示。

（4）批量化自动加工

NC 代码生成之后，系统会将接收到的加工指令直接传输到相应的机床上，实现批量化自动生产，如图 6-31 所示。批量生产前，制定首批验收制度，检验构件与深化模型的符合性；生产过程中，辅以数控加工自动监测程序，在出现加工问题时及时修正 NC 程序，确保构件生产质量。

图 6-30 NC 代码生成　　　　　　　　　　　图 6-31 批量化生产线

6.3.2 幕墙工程数字吊装技术实施与管理

花湖机场转运中心主楼幕墙工程体量大、工期紧、节点复杂、交叉界面多，采用集中加工、整体吊装的装配式施工，可有效提高功效，缩短工期。本工程屋面檐口铝板幕墙悬挑长，体量大，立面穿插要求高。以檐口铝板幕墙为例，展开叙述以数字化技术为支撑，实现装配式整体吊装施工技术的各个关键环节。

1. 檐口铝板幕墙概况

转运中心主楼檐口铝板幕墙悬挑长度为 5.65m，铝板幕墙底标高 37.80m，其中东西檐口铝板幕墙每个面施工长度达 682m，项目铝板幕墙工程量约为 19600m^2，如图 6-32 所示。

图 6-32 檐口铝板幕墙示意图

2. 檐口铝板幕墙数字吊装技术

传统幕墙安装方法为逐根安装龙骨，然后统一进行面板安装及打胶。屋面挑檐位置施工难度较高，传统幕墙施工方法难以满足施工工期及施工精度的要求。檐口铝板幕墙数字吊装主要基于BIM技术模拟施工工况，根据装配式的施工理念，综合考虑受力情况，将整个挑檐造型分为若干铝板单元，集中进行龙骨组装以及相应铝板的拼装。根据受力情况和现场主体结构尺寸，采用可移动式卷扬机组进行铝板单元吊装。每台卷扬机辅以码盘与接近开关监测系统，通过控制器接收监测信号保证幕墙单元板块的安装同步性。

3. 应用实施

本工程采用幕墙数字吊装技术对檐口铝板进行整体吊装，通过BIM技术进行吊装方案比选、吊装单元确定、起吊过程模拟，对檐口铝板幕墙的施工区段划分、施工工序、施工碰撞可视化分析并优化，形成一套完整的数字化吊装方案，指导现场施工，具体应用流程如图6-33所示。

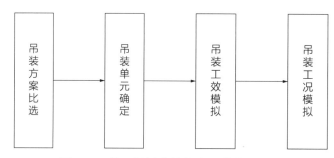

图6-33 檐口铝板幕墙数字吊装应用流程

（1）吊装方案比选

施工模拟从成本、安全、工期等方面比选以下三个方案：

方案一：落地满堂架散装

在施工铝板幕墙时，从地面搭设满堂落地操作架为铝板幕墙安装提供操作面，架体搭设高度约36.6m，脚手架立杆纵横间距2m，步距1.8m，顶部作业面满铺钢板网，如图6-34所示。

方案二：轨道式吊篮散装

在钢构主梁下部安装滑动轨道用来挂设吊篮，以吊篮为作业面安装铝板板块，如图6-35所示。吊篮宽5m，沿南北向（长向）设置轨道。

方案三：卷扬机组整体吊装

对檐口铝板幕墙进行深化设计，将其拆分为铝板单元，每个单元板块在地面完成拼装。通过设置在悬挑钢梁上的卷扬机组（4台），同步牵引铝板单元提升，到达设计标高后利用登高车辅助固定，模块化整体提升方案如图6-36所示。

通过BIM技术对各个施工方案进行可视化模拟，并从安全、成本、工期、施工便利等角度分析其可行性。经综合比选，方案三安全性高、工期短、措施费低、施工便利，具有较强的可行性，方案对比分析见表6-2。

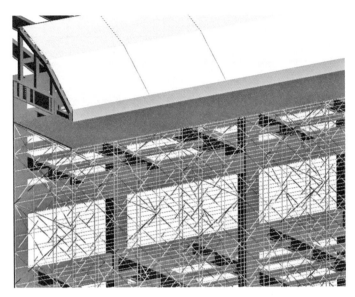

图 6-34 落地满堂架搭设示意图

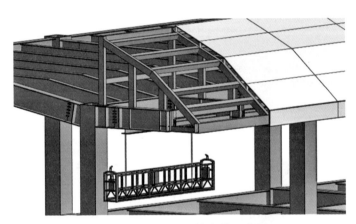

图 6-35 轨道式吊篮安装示意图

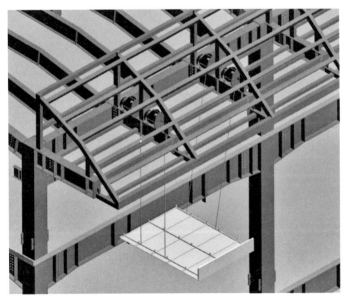

图 6-36 模块化整体提升方案示意图

方案对比分析表

表 6-2

	方案一	方案二	方案三
安全性	一般	高空作业风险大	较高
工期影响	操作架搭设拆除影响地面工序穿插	流水穿插，不影响关键工期	流水穿插，不影响关键工期
措施费	脚手架搭拆人工及材料租赁费，措施费高昂	吊篮租赁费，措施费较低	卷扬机自有，措施费极低
施工便利性	便利	困难	便利

（2）吊装单元确定

铝板幕墙整体吊装单元选取时，有两种方案可供选择：① 底板＋弧形铝板全拼（图 6-37）；② 底板整拼＋弧形铝板散拼，底板整拼见图 6-38。通过受力分析对两种方案中铝板变形进行复核。若采用第一种方案，上部弧形铝板悬臂部分挠度较大，存在安全隐患；第二种方案规避了大悬臂弧形铝板的整体起吊，安全性高，且顶部弧形板散拼采用平行穿插施工的方式，处在整体吊装工期的非关键线路上，合理节省工期。因此，选用底板整拼＋弧形铝板散拼的方式更适合本工程檐口铝板幕墙吊装。

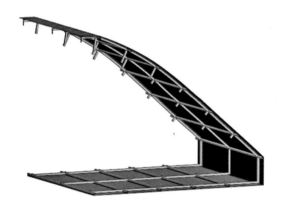

图 6-37　底板＋弧形铝板全拼

图 6-38　底板整拼

（3）吊装工效模拟

檐口幕墙铝板横向龙骨跨度 4m，悬挑长度 5.65m。卷扬机组日吊装铝板单元数量为 15 组，通过吊装工效模拟，采用两套卷扬机组，双向流水施工，15 个工日内完成共 450 组约 9070m² （不含散拼部分面积）的吊装工程量，满足现场施工要求，较目标工期节点，可提前 20 日完成全部吊装作业。

（4）吊装工况模拟

基于已选定的吊装方案及铝板单元，利用 Navisworks 软件，对施工顺序、工序衔接、施工碰撞等内容进行模拟。通过 BIM 技术施工模拟，对檐口铝板幕墙数字吊装方案的工期、工序、工效等进行验证，模拟过程如图 6-39～图 6-42 所示。

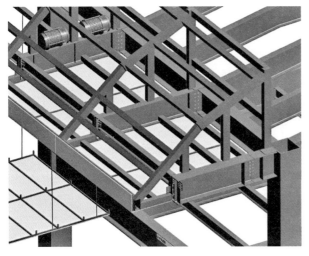

图 6-39　卷扬机组安装

图 6-40　铝板单元吊装

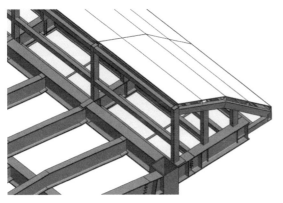

图 6-41　弧形铝板散拼

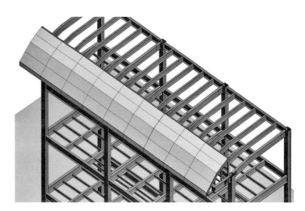

图 6-42　整体完成效果

6.4　应用情况与成效分析

1. 钢结构数字技术应用情况与成效分析

本工程采用数字装配技术，在工厂加工、现场安装等实施过程中的应用中，极大地提高了工作效率、缩短了项目建设周期。项目团队运用数字装配技术在 5 个月内完成 10 万余吨钢构件的加工，6 个月内完成 85682 件钢构件的吊装，在保证质量的前提下，完成业主方指定的工期节点目标。

钢结构加工采用数字加工技术，与传统加工技术相比，更注重人与信息之间的关系，结合管理平台，使业主方、施工方、监理方在实施项目过程中迅速获取所需资料，实现资源的动态管理，防止资源分配不足。另外通过 BIM 技术建立起传递施工管理信息的桥梁，从采购、下料、质检、生产、运输各环节实时跟踪生产进度、质量，为项目履约保驾护航。

数字吊装技术的运用，在资源调配和质量管理方面取得较大成效。在占地面积为 16 万 m^2 的施工场地里，劳动力、构件材料、机械的资源调配在该技术的运用下，得到合理调配，现场施工作业进行得井然有序。通过数字管理平台，记录各阶段施工数据及影像，科学把控安装质量，数据可靠、透明，业主方可随时随地查询安装情况，把控项目施工进度及质量。

2. 幕墙数字技术应用情况与成效分析

花湖机场幕墙工程生产加工及安装以深化设计成果为基础，由深化端向加工端无损传递构件模型信息，数控机床直接执行加工程序指令，搭设了信息传递直通道，避免了人工操作干扰，提升了构件加工精度，保质保量地完成了本工程幕墙工程材料供给。

吊装施工采用数字模拟，充分运用数字技术可视化特点，将施工过程前置，"高精准、无死角"还原幕墙吊装方案，全方位对吊装方案的可行性进行比选。同时，施工模拟直观展示了安全、质量、工效等关键信息，既能对既有方案进行验证，也可根据发现的问题及时修正，降低了施工环节的现场管理难度，消除了安全隐患，全局把控幕墙工程施工作业。

项目团队运用数字加工及吊装技术在 3 个月内完成 20 余万个幕墙系统构件的深化加工，提前 2 个月完成全部幕墙系统的整体吊装。

6.5 本章小结

装配式建筑作为建筑业的一场变革，有效解决了建筑业劳动力匮乏的问题。实现建筑工业化，需结合数字化技术，以工业化思维研究装配式建筑，将预制构件作为建筑的产品单元，进行设计、生产、运输、施工全过程的在线管理。本工程运用数字装配技术，同时将数字化与钢结构和幕墙深度融合，是工业化和数字化建造的成功案例。

（1）在钢结构加工阶段，可做到实时跟踪每一根构件的生产过程，可视化加工，与此同时，利用智能化设备，提高加工效率及精度，解放生产力；构件加工完成后，利用物联网管理系统＋二维码，实现上层管理与基础层之间的信息联通，做到精细化管理。

（2）在钢结构安装阶段，在建设初期即可推演出建筑在各阶段的状态，技术先行，进行必要的施工模拟、结构验算，尽早规避风险，节省工期和建设成本。建设过程中，信息透明，管理人员可通过平台实时掌握现场施工的一手数据，做到过程留痕，有据可依。此外采用先进的设备把控现场安装质量，在高效安装的同时，守住质量"底线"，为工程建设质量保驾护航。

（3）在幕墙加工阶段，运用数字化加工技术数据无损传递的特点，打通深化设计与加工生产之间的数据壁垒，生产车间直接读取加工数据，大大降低数据误差。利用数控加工设备的自动化、机械化等加工特点，完整、精确地执行加工指令，实现幕墙构件数字化加工生产。

（4）在幕墙安装阶段，以装配式幕墙整体提升为总思路，通过施工模拟对施工方案、吊装单元、施工工序等比选优化，进行工效分析、工期模拟，确定装配式幕墙整体吊装方案等内容，辅助项目管理和施工指导，确保工程质量与工期进度。

数字工地及项目管理

7.1　概述

转运中心主楼在工程建设过程中应用了数字工地施工管理平台，通过移动互联网、传感器、BIM等技术，管理人员可以迅速地掌握最新、最准确的施工人员、机械、车辆、物料、施工过程等数据，辅助进行进度、成本、质量、安全、绿色低碳的管理，实现了对施工的人、机、料、法、环等因素进行精细化管控，解决了施工管理过程中数据不透明的问题，提高了施工质量和管理效率，节约了人力成本，减少了工程总投资。

7.2　基于 BIM 与智慧工地的数字工地技术体系

本工程的数字工地技术体系可分为软硬件基础设施、项目管理平台、大数据中心和智能分析系统四个构成部分。

数字工地技术体系如图 7-1 所示。首先，信息采集设施可以实时准确地将各类信息采集并上传到项目管理平台，随后，平台能够过滤出有效信息并上传至大数据中心，最终，通过应用终端以直观可视化的方式提供给项目管理者，帮助其管理和辅助决策。

7.2.1　软硬件基础设施

数字工地涉及的软硬件基础设施包括信息采集设施、网络基础设施和控制及应用终端等硬件设备。

1. 信息采集设施

信息采集设施可以实时准确地将施工机械运行状况、工地现场环境、进出工地人员信息、运输车辆信息、施工现场视频信息、特定对象的智能监测信息、施工管理人员工作情况等各类数据进行自动获取。本工程应用的信息采集设施包括智能传感设备、无人机、三维激光扫描仪、视频监控设备、门禁设备、穿戴设备、智能地磅、红外检测仪等，如表 7-1 所示。

智能分析系统

大数据中心

项目管理平台

软硬件基础设施

控制及应用终端　固定终端　大数据中心　移动终端

数据分析

项目管理平台

数据传输

网络基础设施　无线网络设施　有线网络设施

数据采集

信息采集设施　智能传感设备　无人机　三维激光扫描仪　视频监控设备　门禁设备　穿戴设备

图 7-1　数字工地技术体系

信息采集设施表　　　　　　　　　　　表 7-1

智能传感设备	无人机

三维激光扫描仪	视频监控设备

续表

门禁设备	穿戴设备

2. 网络基础设施

网络基础设施作为信息传输的通道，实现移动通信网络全方位覆盖，同时实现不同设备、不同主体之间信息的快速传送和接收。本工程网络基础设施可分为两大类：有线网络设施和无线网络设施。有线网络设施主要是指场区内设置的多个 5G 基站，如图 7-2 所示，利用其超高的传输速率和广泛的信号覆盖，可以为数字工地实现信息实时共享。无线网络设施主要使用 Wi-Fi、蓝牙、RFID 技术等。

图 7-2 智慧工地 5G 基站

3. 控制及应用终端

控制终端主要包括服务器、交换机、监控主机等硬件设备，完成对数据的加工、处理、存储等一系列工作。本工程基于数字工地建设数据云共享中心，海量数据被及时、有效地存储，同时授予不同的参建单位管理人员相应权限，使操作者通过应用接口登录并访问存储在云端的数据信息，实现多方信息共享和协同工作。

本工程的应用终端设施包括固定终端和移动终端，是直接与使用人员相关联的硬件设备。固定终端主要包括个人计算机和数据中控台 LED 智慧看板，移动终端包括智能手机和平板电脑。终端通过移动网络接收来自信息采集装置集成的数据后，自动将数据上传至云端。管理人员通过终端设施进行信息交互，实现信息的远程共享，零距离把控工地现场情况，通过在线操作完成项目管理工作，提高现场人员沟通协同的效率。

7.2.2 项目管理平台

本工程项目管理平台基于 B/S 架构，在 B/S 架构下，管理界面简洁美观，数据呈现直观立体。项目各参与方对工程建设的进展情况掌握透彻，解决了传统管理模式下沟通效率低、信息不对称的问题。同其他的项目管理平台相比，本工程管理平台最大的优势是可将 BIM 进行轻量化转换，将现场施工进度、质量管理、成本等各类数据与 BIM 关联，在管理平台上实时呈现并动态更新，进而指导现场施工。数字工地项目管理平台架构如图 7-3 所示，项目管理平台主界面如图 7-4 所示。

现场管理人员可以通过电脑端和移动端登录并访问项目管理平台，进行信息查询和相关业务处理，完成对现场设备实施远程控制或对采集的数据进行初步分析统计及图表输出等工作，实现高效协同办公。

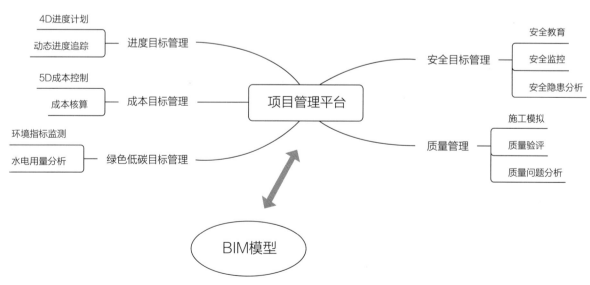

图 7-3 数字工地项目管理平台架构图

图 7-4　项目管理平台主界面

7.2.3　大数据中心

本工程的大数据中心汇集了项目管理平台整合的海量工程数据，将其集中存储到云端，各参建单位通过移动端可以实时获取和共享施工现场的各类数据，实现高效协同管理。大数据中心支持亿级的大规模数据访问，满足数字工地施工管理的要求。此外，大数据中心对接当地政府监管机构信息平台，政府部门相关管理人员按照职责权限对辖区内数字工地进行统一监督和远程管理，建立对应的数据库，对数字工地项目业务数据进行分析统计，对企业实施多维度评价，提升行业综合监管水平。

7.2.4　智能分析系统

智能分析系统可以对项目管理平台汇总的工程相关数据进行深度分析和处理。本工程利用该系统对海量数据进行挖掘、回归及拟合，从而根据生产要素变化情况对项目指标进行预测分析。根据管理者需求一键生成可视化图表，指导项目管理。

7.3　数字工地实施管理机制

本工程为保证数字工地的实施落地，建立一套标准化的管理制度与之配合，保障数字工地体系的顺利运行。

1. 管理流程处理机制

本工程数字工地的管理流程处理主要是基于项目管理平台,该平台涵盖进度管理、设计管理、变更管理、质量管理、安全管理、造价管理、风险管理等内容。各项业务模块从线卜转移到线上进行在线协同工作,从而实现精细化、高效化管理目标。部分主要管理流程审批情况如表7-2所示。

部分主要管理流程审批情况表　　　　　　　　　　　　表 7-2

管理流程	流程审批图
进度管理	技术人员 → BIM负责人 → 项目经理 → 建设单位 → 归档
成本管理	BIM技术人员 → 商务人员 → 项目经理 → 采购人员 → 归档
工程安全巡检	安全员 → 安全监理 → 施工单位 → 安全监理复检 → 归档；安全员 → 审批 → 归档
图纸分发	分发单位 → 接收单位 → 归档
材料及构配件进场检验	施工员 → 质检员 → 项目经理 → 专业监理工程师 → 归档

2. 技术应用机制

本工程开工前就展开数字工地各项技术的应用策划,对不同类型软硬件设施的数量、型号和性能参数进行要求,对服务器信息、http 请求、参数及响应说明、接口说明和组织机构树等内容进行统一,保证各类数据在设备和平台之间被高效传输、读取和集成。

3. 权限管理机制

根据不同岗位管理人员的信息使用需求,对数字工地项目管理平台需要设置不同的访问权限,对所有用户进行统一身份认证管理,经信息化管理部审批同意后方可访问数据共享中心获取相应信息,以此保证数字工地数据共享的安全性和保密性,降低数据被篡改和泄密的风险。

7.4　数字工地要素管理

7.4.1　工地人员管理

1. 劳务管理子系统

劳务管理子系统是以项目管理平台为基础，通过人脸识别智能门禁系统，实时获取现场人员进出信息。劳务人员进入工地时，通过抓拍脸部特征等方式校验其身份，同时收集健康信息。若施工现场作业工人未佩戴安全帽，系统将自动报警。门禁控制器控制闸机动作，允许已被授权的人员通过闸机进场，完成对人员考勤和实名制认证的管理，确保工地现场安全有序。本工程在整个施工过程中，高峰时期总人数为 1800 余人，应用该系统，项目劳务管理工作井然有序，工人考勤统计准确无误，避免了劳务纠纷，做到有据可查，如图 7-5 所示。

图 7-5　劳务管理系统

2. 智能安全帽

本工程应用智能安全帽，在工人佩戴的安全帽中植入智能芯片，通过工地现场安装的传感装置进行数据采集和传输。通过智能安全帽能准确地掌握现场工人的区域分布与个人行动轨迹，如图 7-6 所示，并在数字工地管理平台中自动生成人员管理动态数据，为管理人员提供科学的决策依据。遇到紧急情况指挥中心能在第一时间了解人员的状态信息，并通过对讲机及时进行应急指导。

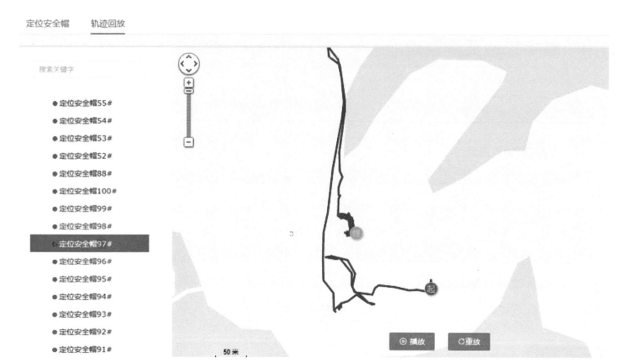

定位安全帽　轨迹回放

搜索关键字

- 定位安全帽55#
- 定位安全帽54#
- 定位安全帽53#
- 定位安全帽52#
- 定位安全帽88#
- 定位安全帽100#
- 定位安全帽99#
- 定位安全帽98#
- 定位安全帽97#
- 定位安全帽96#
- 定位安全帽95#
- 定位安全帽94#
- 定位安全帽93#
- 定位安全帽92#
- 定位安全帽91#

50 米

▷ 播放　　C 重放

图 7-6　人员轨迹图

7.4.2　工地机械管理

机械设备管理系统中的数据，可以被无缝传输至管理平台，通过管理平台对电梯、履带吊、施工车辆等机械的运行情况进行远程实时监控，掌握设备全部运行记录。系统对数据进行分析处理，若出现故障问题，能及时采取紧急措施（刹车、断电等）保障机械设备安全。

1. 施工电梯监控系统

本工程考虑装饰、机电等材料的垂直运输，设置 7 台施工电梯，施工电梯均安装智能监控系统。施工电梯智能监控系统是基于物联网、数据采集和融合、无线传输、远程数据通信等技术构建。电梯司机通过人脸识别技术验证身份后，才能进行设备的作业操作。该系统可实时清晰地显示升降机运行工况，当发生超载或者前后门异常、接近上下限位时，系统自动发出声光报警，确保施工电梯稳定运行。施工电梯监控系统界面如图 7-7 所示。

2. 履带式起重机智能控制系统

本工程在主体钢结构吊装施工中，使用 28 台 50t 的履带吊。履带吊均安装智能控制系统，能实时监测机械运行状态。该系统对故障进行在线监测与预警，变被动安全保护为主动安全保护，变被动维修为主动维护，可大幅度降低故障发生率，减少事故，延长设备使用寿命。履带吊控制系统结合了总线技术、传感器技术、人工智能、无线传输等先进技术，在速度控制、无线遥控、吊装自动定位和平衡重位置自动调节等方面均有较好的体现。履带吊智能控制系统界面如图 7-8 所示。

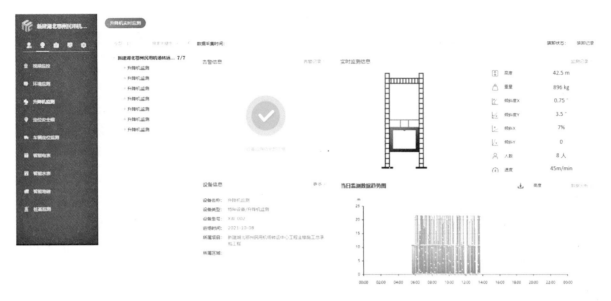

图 7-7　施工电梯监控系统界面

图 7-8　履带吊智能控制系统界面

3. 车辆管理系统

考虑本工程占地面积大、材料用量多等特点，进出场车辆均安装智能管理系统。该系统分为车辆定位系统和车载视频监控系统两个部分。对车辆通过加装监控和 GPS 定位，可将运输车辆的信息（包括启停频率、位置、时间、型号、状态等）回传至管理平台，平台接收数据并进行分析处理后，显示运输设备的实时信息，如图 7-9 所示。该系统实现了对指定设备具体时段的运输路线回放，对运输车辆进行远程管控。车载视频监控系统可记录车辆行驶的录像，能将实时视频和定位数据同步传到平台。

图 7-9　车辆管理系统

7.4.3　工地物资管理

本工程的工地物资管理系统分为两个部分:一是智能收验物料系统,二是现场物料管理系统。智能收验物料系统通过软硬件配合,减少人为干预,提高数据可信度。在物料现场验收时,对进入车辆统一调度和称重,自动计算货物重量(数量)并上传至管理平台,如图7-10、图7-11所示。现场物料管理系统同 ERP 系统、钢筋云点数等程序进行交互对接,满足施工材料质量检验检测的要求,提供检验检测信息化管理,实现对进场材料见证送检、试验检测、结果认证、不合格反馈等全流程记录,如图 7-12、图 7-13 所示,并可以对问题数据进行追溯核查。

图 7-10　智能收验物料装置

图 7-11　收验物料装置数据显示

图 7-12　见证送检

图 7-13　试验检测

本工程数字工地物资管理系统对施工现场材料进行统计分析，实现项目物资管理流程规范化。该系统规避材料进场就亏损等问题，避免了称重环节操作不规范等现象的发生，有效地提高了项目物资管理人员的工作效率与工作准确性，达到了提升经济效益的目的。

7.4.4 工地现场智能监控

1. 环境监测

本工程在场内出入口部位设置环境监测设备，如图 7-14 所示，对现场 PM2.5、PM10、风速、风向、湿度、噪声等数据进行采集，全天候全自动 24 小时、365 天持续不间断工作，通过网络将数据信息集成至管理平台，如图 7-15 所示。在管理平台上设置各项监控数据的预警值，如现场出现 PM2.5、PM10 等颗粒物超标后，监测系统与喷淋系统联动，现场雾炮机和喷淋设备自动降尘，提高工地施工作业环境的空气质量；当风速、噪声超标后，施工现场启动相应的预警。

图 7-14 环境监测设备

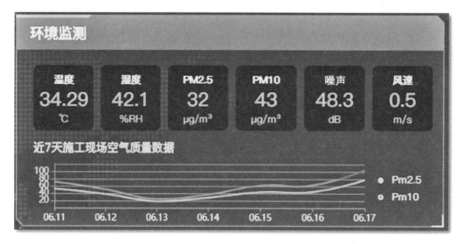

图 7-15 管理平台环境监测模块界面

2. 视频监控

本工程视频监控设备覆盖钢构加工基地、混凝土搅拌基地、工地出入口、施工区、生活办公区等各个区域，以此来实现监控作业场景的目的。基于网络传输技术将视频画面传送至现场控制中心，现场控制中心能够对摄像机的方位进行调控，获得更佳视角。平台端在获得现场影像的同时，借助嵌入的视频识别和行为分析技术，对现场反馈的高清视频和图像进行分析，减少人工监管的疏漏。视频监控系统可以对工地各区域施工情况进行全天候的实时监控，如图 7-16～图 7-19 所示。

图 7-16　施工现场鹰眼摄像机记录画面

图 7-17　生活区摄像机记录画面

图 7-18　钢构加工基地摄像机记录画面

图 7-19　商混搅拌站摄像记录

　　将视频监控系统与人员管理系统、机械管理系统、物资管理系统联动，主要记录作业人员的进出场时间，监控作业人员在施工现场的作业活动，监控施工机械操作情况，监控施工物资使用情况等，保障工地各项管理高效有序的进行。视频监控系统能够使管理者清晰地了解工地中的每一个角落，便于各参与方对现场进行监管。工地现场的视频监控主要点位布置及配置如表 7-3 所示。

视频监控主要点位布置及配置表　　　　　　　　　　　　　　　　表 7-3

序号	覆盖范围	选用设备类型	数量（台）	实现目的
1	工地出入口	高清枪式摄像机	2	记录工人进出场信息

序号	覆盖范围	选用设备类型	数量（台）	实现目的
2	建筑材料堆场	高清枪式摄像机	4	监控施工物资使用情况
3	材料加工区	高清枪式摄像机	4	监控施工人员规范作业
4	办公区	高清网络球机	12	监控办公区车辆及人员
5	生活区	高清网络球机	15	监控工人生活区情况
6	现场全景	碗形鹰眼	7	监控作业区域周围情况
7	钢结构加工基地	高清枪式摄像机	10	监控钢构加工情况
8	商混搅拌站基地	高清网络球机	8	监控商混生产情况

7.5 数字工地管理

本工程在开工前就制定数字工地目标管理，主要从进度、成本、质量、安全以及绿色低碳几方面考虑，进场后各项管理活动始终围绕管理目标展开。通过对数字工地的应用优化，帮助项目管理人员实现对施工现场各项业务的智慧决策，提高生产和管理的效率。

7.5.1 进度管理

工程进度是数字工地管理的关键目标之一，本工程通过数字技术的运用，提高了施工生产和管理的效率，降低返工率，保证进度管理目标的履行。数字工地的进度管理主要通过以下方式实现：

1. 4D 进度计划

将进度信息与 BIM 关联，利用 BIM 技术和 Project 等进度软件制订可视化的 4D 进度计划。本工程技术人员编制施工进度计划时，将其颗粒度细化到构件的施工工序，如图 7-20 所示。深化人员将 BIM 构件进行拆分，如图 7-21 所示，同对应的施工任务绑定，并对里程碑节点做好重点标识，最终形成本工程的 4D 进度计划，如图 7-22 所示。在实施过程中利用管理平台对 BIM 进行施工进度模拟和施工进度维护，将实际施工进展与计划施工进程对比，及时预警里程碑节点滞后工期，以便相关人员制定纠偏措施，对实际工程进度安排和现场资源配置进行动态调整优化。本工程应用该技术，在基础施工阶段节省工期 16d，在主体施工阶段节省工期 21d，克服新冠疫情影响，高效推进项目建设，按时按质完成机场建设任务。

2. 动态进度追踪

通过无人机实景影像采集方式对现场施工进展进行实时跟踪，项目管理人员在移动终端随时掌握工程进度情况，根据实际进度数据对偏差进行监控、分析和纠正，系统对进度延误情况进行自动预警。本工程基础形式为桩承台基础，承台间使用地梁连接，共有 759 个承台和 1353 根基础梁，分成 6 个区展开平行施工，每个构件包含土方开挖、垫层浇筑、砖胎模施工、钢筋绑扎等多道工序。按照传统的项目管理方式，管理人员对当天的构件工序进度报量采取现场核对的方式，会消耗大量人力且容易出错。本工程在基础施工阶段应用了无人机航测技术，即用无人机搭载高分辨率数码相机、视觉定位系统、GPS 等机载遥感设备获取信息，利用计算机解耦合重构图像信息，并按照特定的精度要求生成三维实景模型，如图 7-23 所示。管理人员利用该成果统计承台和基础梁的工序完成情况，如表 7-4 所示，不仅省时、省力，而且模型精确度高。该技术的应用在班组安排和进度协调上起到至关重要的作用。以现代化的管理手段替代传统的管理方式，减少了管理人员现场统计的工作量，既提高了信息填报的准确率，又提高了工作效率。

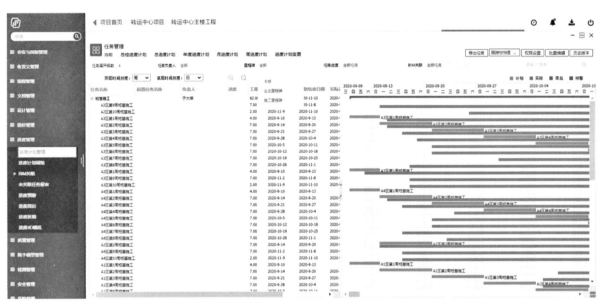

图 7-20　进度计划

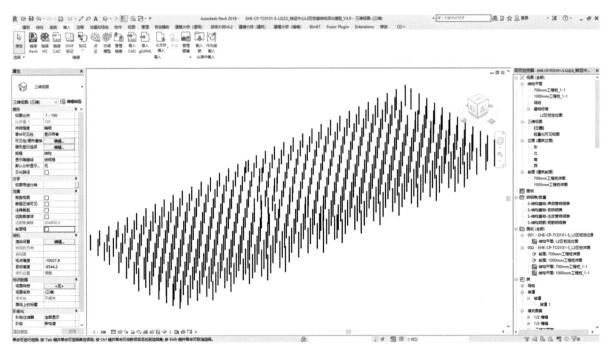

图 7-21　BIM 构件拆分

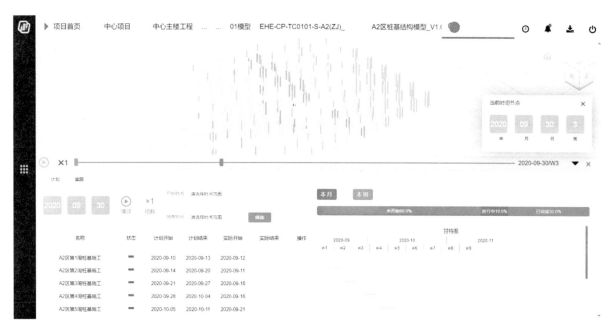

图 7-22　4D 进度计划

图 7-23　无人机三维实景模型

施工情况统计表　　　　　　　　　　　　　　　　　　　　　　　　　　表 7-4

新建湖北鄂州花湖机场转运中心工程主楼施工总承包项目总完成量									
	A1	A2	A3	A4	A5	A6	已完成合计	未完成合计	设计总数
承台总计	232	117	117	183	55	55			759
土方开挖	217	117	117	183	55	55	744	15	

续表

新建湖北鄂州花湖机场转运中心工程主楼施工总承包项目总完成量

	A1	A2	A3	A4	A5	A6	已完成合计	未完成合计	设计总数
承台破桩	212	117	117	183	54	55	738	21	
承台浇筑垫层	203	117	117	181	54	55	727	32	
承台砖胎模砌筑	199	116	117	180	54	55	721	38	
承台第一次混凝土浇筑	158	116	117	175	53	49	668	91	
一节钢柱安装	168	121	116	173	53	57	688	122	810
地梁总计	414	216	216	313	82	112			1353
地梁开挖	141	164	159	224	75	67	830	523	
地梁垫层	121	163	158	217	46	59	764	589	
地梁模板	14	152	140	208	7	10	531	822	
地梁混凝土浇筑	9	133	130	174	0	0	446	907	

7.5.2 成本管理

成本管理是数字工地管理的关键目标之一。成本控制过程包括对施工成本进行预测、规划、核算和分析等，以节约资金支出，避免生产浪费，将费用控制在约定的范围之内。

本工程通过数字技术有效地降低施工成本，减少资源浪费，增加项目收益，从而保证成本管理目标的实现。数字工地的成本管理主要通过以下方式实现：

1. BIM＋5D 技术

将成本造价信息与 BIM 关联，利用 BIM 技术构建 5D 模型，实现施工成本动态控制，随时监控资金流量，对超支情况进行自动预警。

项目 BIM 工作站利用建模软件深化各专业模型，能直接获得工程量。在项目实施过程中，可根据需要统计全部工程量，或者框选某一部分直接导出工程量，也可按专业需求导出工程量，提供给物资管理人员进行采购，满足项目实际需求。项目商务人员将工程量与综合单价匹配，形成项目的计划成本，并在之后的施工进程中，进行实际成本与计划成本的动态对比。基于 BIM 技术开展资源实时状态获取、成本数据的实时搜索、不同维度的对比、限额领料等工作，保证施工成本处于可控状态。

2. 成本核算

根据 BIM 自动提取项目工程量，计算工程造价，减少人力的投入，提高了工作效率和算量结果的精准度。本工程结构体系为钢框架结构，在基础施工阶段，涉及混凝土梁与钢柱脚的穿筋节点高达 750 个。按照传统计量方式，翻模时很难精确地将节点表达出来，因此，导出的工程量也就存在误差。本工程基于 BIM 的钢筋工程深化设计，对基础梁与钢柱脚部位钢筋的贯通、弯折，展开排布，通过建模准确地识别设计意图，提高了项目钢筋工程量的准确性和完整性。同时，深化模型也能指导现场施工，有效地解决了节点施工复杂的问题，减少钢筋加工和施工阶段造成的浪费，提高施工效率，降低施工成本。应用该技术，经测算在基础施工阶段钢筋材料的损耗率控制在 0.3% 以内。

7.5.3　质量管理

"每建必优、品质为先"是中天控股集团的品质理念。本工程在开工前就定下具有挑战性的质量管理目标：确保中国建设工程鲁班奖（国家优质工程）。本工程通过数字技术运用显著提升了工程项目的质量水平，数字工地的质量管理主要通过质量验评系统来实现。

本工程项目管理平台中的质量验评系统，主要基于轻量化 BIM 进行现场全过程施工质量验收与评定管理，同时基于验收合格的检验批发起计量，进行项目工程款申请与支付。质量验评实施流程如图 7-24 所示。

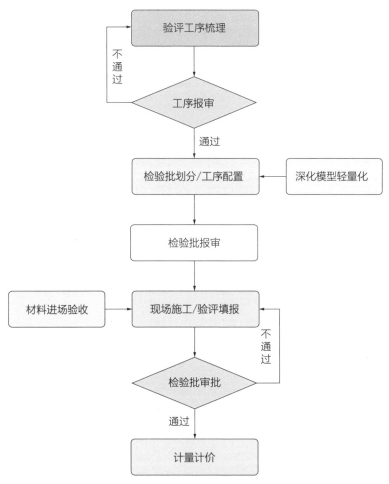

图 7-24　质量验评实施流程

1. 验评工序梳理

在项目开工前期，各专业负责人根据施工内容和施工工艺梳理质量验评工序和验收指标，最终形成验收工序表单。验收工序表单包含工序名称、指标名称、标准值、检验合格标准、资料上传数量及要求和监理工作等内容，明确质量管控要求。主体结构验评工序指标库（节选）如表 7-5 所示。

表7-5

主体结构验评工序指标库（节选）

序号	分部工程	子分部工程	分项工程	工序名称	指标名称	指标单位	指标状态型	指标类型	标准值	合格公式	测点填报数量	监理动作	测点值是否必填	是否必传照片	验收依据
1	主体结构	砌体结构	填充墙砌体	填充墙砌体施工	块材强度等级		状态型	主控项目	符合设计要求		1	平行检测	是	是	《砌体结构工程施工质量验收规范》GB 50203—2011
2					砂浆强度等级		状态型	主控项目	符合设计要求		1	平行检测	是	是	
3					与主体结构连接		状态型	主控项目	第9.2.2条		3	平行检测	是	是	
4					植筋实体检测		状态型	主控项目	第9.2.3条		1	平行检测	是	是	
5					轴线位移	mm	数值型	一般项目	10	AA≤10	3	测量复核	是	是	
6					墙面垂直度（每层）≤3m	mm	数值型	一般项目	5	AA≤5	3	测量复核	是	是	
7					墙面垂直度（每层）>3m	mm	数值型	一般项目	10	AA≤10	3	测量复核	是	是	
8					表面平整度	mm	数值型	一般项目	8	AA≤8	3	测量复核	是	是	
9					门窗洞口高、宽（后塞口）	mm	数值型	一般项目	±10	-10≤AA≤10	3	测量复核	是	是	
10					外墙上、下窗口偏移	mm	数值型	一般项目	20	AA≤20	3	测量复核	是	是	
11					蒸压加气混凝土砌块、轻骨料混凝土小型空心砌块砌体砂浆饱满度		状态型	一般项目	第9.3.2条		3	平行检测	是	是	
12					拉结筋、网片位置		状态型	一般项目	第9.3.3条		3	平行检测	是	是	
13					拉结筋、网片埋置长度		状态型	一般项目	第9.3.3条		3	平行检测	是	是	
14					搭砌长度		状态型	一般项目	第9.3.4条		3	平行检测	是	是	
15					水平、竖向灰缝厚度		状态型	一般项目	第9.3.5条		3	平行检测	是	是	
16			配筋砌体	构造柱圈梁施工	钢筋品种、规格、数量和设置部位		状态型	主控项目	符合设计要求		1	平行检测	是	是	
17					混凝土强度等级		状态型	主控项目	符合设计要求		1	平行检测	是	是	
18					马牙槎尺寸		状态型	主控项目	第8.2.3条		3	平行检测	是	是	
19					不得任意弯折拉结钢筋		状态型	主控项目	第8.2.3条		3	平行检测	是	是	
20					钢筋连接方式		状态型	主控项目	第8.2.4条		3	平行检测	是	是	
21					钢筋锚固、搭接长度		状态型	主控项目	第8.2.4条		3	平行检测	是	是	
22				配筋砌体施工	钢筋长度		状态型	主控项目	第8.2.4条		3	平行检测	是	是	
23					构造柱中心线位置	mm	数值型	一般项目	10	AA≤10	3	测量复核	是	是	
24					每层构造柱垂直度	mm	数值型	一般项目	10	AA≤10	3	测量复核	是	是	
25					全高构造柱垂直度	mm	数值型	一般项目	20	AA≤20	3	测量复核	是	是	

2. 工序申报

管理人员在平台录入验评工序，并发起报审，经审批通过的工序方可用于现场质量验收与评定，如图 7-25 所示。

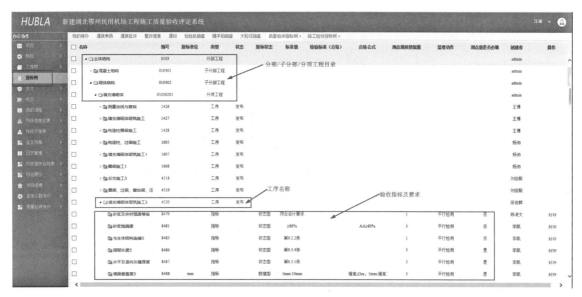

图 7-25　质量验评工序申报

3. 深化模型轻量化

系统通过专用插件对模型进行轻量化处理，使得模型存储空间减少、调取更快捷、保证构件相关属性（质量、造价等）信息不缺失，满足验评及计量要求。

4. 检验批划分 / 工序配置

将 BIM 深化模型轻量化后，各专业负责人根据现场施工部署，对轻量化模型进行检验批划分，将模型中对应构件同检验批挂接，如图 7-26 所示。

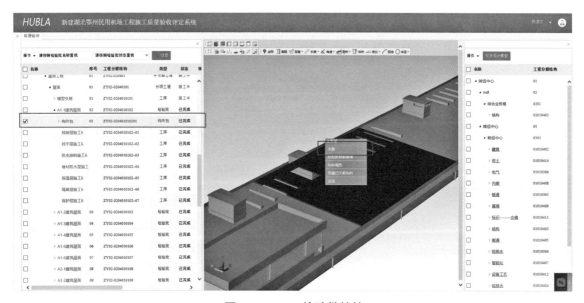

图 7-26　BIM 检验批挂接

5. 检验批报审

各专业负责人线上发起流程至监理工程师处，由监理工程师对检验批划分合理性、模型挂接准确性、工序表单配置规范性等进行审查，审批合格后可进行现场验评填报，检验批审批流程如图 7-27 所示。

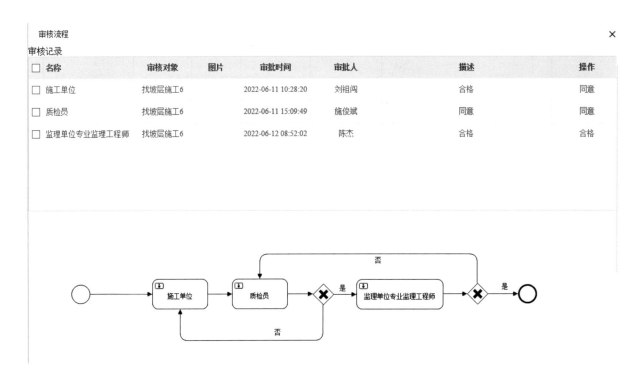

	名称	审核对象	图片	审批时间	审批人	描述	操作
	施工单位	找坡层施工6		2022-06-11 10:28:20	刘祖闯	合格	同意
	质检员	找坡层施工6		2022-06-11 15:09:49	施俊斌	同意	同意
	监理单位专业监理工程师	找坡层施工6		2022-06-12 08:52:02	陈杰	合格	合格

图 7-27　检验批审批流程

6. 现场施工 / 验评填报

在每道工序施工过程中，现场管理人员根据验收工序表单的相关要求收集施工过程数据及影像资料，通过移动端将影像资料实时上传至系统中的对应条目，如图 7-28、图 7-29 所示。

图 7-28　用移动端采集上传验评资料

图 7-29 工序验评资料

7. 检验批审批

检验批验评资料上传完成后，由监理工程师对验评资料进行线上审批如图 7-30 所示。同时，平台会自动推送相关资料至建设单位进行抽查，抽查合格后进行最后的计量计价工作。

图 7-30 检验批审批

线上质量验评系统打破了传统施工模式，采用数字化、信息化模式，直观地反映现场质量情况，全过程掌控工程实施质量。

7.5.4 安全管理

安全生产是项目管理的重中之重,本工程安全管理目标为确保获得国家 AAA 级安全文明标准化工地。

本工程通过数字技术运用保障施工现场的安全,数字工地的安全管理主要通过以下方式实现:

1. 安全教育

利用虚拟现实技术,结合 BIM 对现场进行危险源警示教育,使作业人员身临其境,配合模拟硬件设备,让作业人员真实感受各类危险源的伤害场景,增强安全教育的真实感,让作业人员真正意识到现场安全的重要性。本工程根据项目特点组建的 VR 体验馆含洞口安全体验、安全帽撞击体验、安全用电触电体验、灭火器使用体验、安全防护用品展示、消防逃生体验、安全带使用体验、机械伤害体验和支模系统坍塌体验九大模块,如图 7-31 所示。

图 7-31 VR 体验馆

2. 安全隐患分析

现场巡检人员将存在安全隐患拍照上传至管理平台,管理人员通过移动终端实时获取安全信息,安排整改闭合。管理平台定期对安全隐患进行统计分析。本工程工期紧、体量大,项目部署采用全面平行施工、专业穿插施工的思路,施工区域跨度达 700 余米,涉及钢构吊装、幕墙安装、大型机械作业等各类危险源,安全风险极高。若在本工程施工过程中依旧采取传统的安全管理手段,不但消耗大量人力物力,而且也无法保障安全体系的正常运行。新技术的应用可降低安全隐患的发生,本项目借助项目管理平台移动端,对现场安全进行管控。在现场发现任何安全问题,项目安全工程师通过移动端进行问题上报,说明问题类型、问题部位和具体问题描述,同时拍摄并上传问题照片,明确整改时限。相关责任人收到整改信息后,按照要求及时对上报的问题进行整改。对于超过期限未整改的情况,安全工程师发起处罚。平台也会定期对上传问题进行分类统计,自动识别出高危风险项,安全管理人员根据结论进行专项整改。本工程累计上报并处理完成安全类问题达 1681 条,安全问题台账如图 7-32 所示,有效地提升现场施工安全管理。

第 7 章 数字工地及项目管理

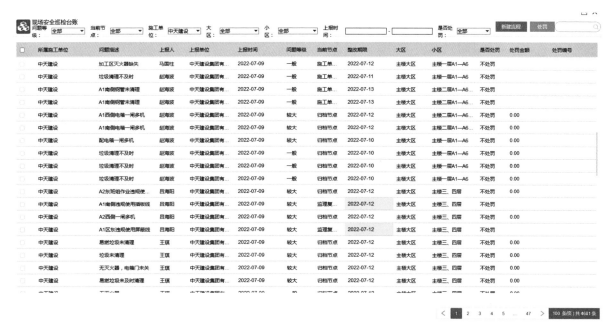

图 7-32 安全问题台账

7.5.5 绿色低碳管理

本工程在开工前就确定了国家级绿色施工示范项目的目标，结合《建筑工程绿色施工评价标准》GB/T 50640—2010 "四节一环保" 的要求，在建造过程中，贯彻可持续发展理念，在保证质量、安全等基本要求的前提下，通过数字管理和技术，最大限度地实现土地、能源、建筑材料、水资源、人力资源等的高效利用。

在绿色低碳管理方面以水电用量分析技术为例。结合绿色施工的要求，本工程在施工区、办公区和生活区分别布设智能水表、电表，如图 7-33 所示，利用物联网技术对施工现场用水用电情况

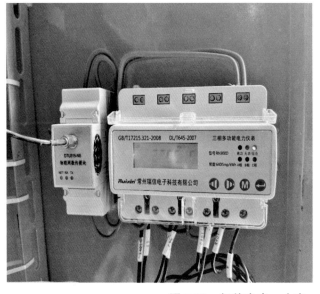

图 7-33 智能电表、水表

245

進行信息采集和统计分析，如图7-34所示，管理人员采取相应措施优化工地的水电用量。本工程各区域最终用水量如表7-6所示，用电量如表7-7所示，经测算分析，每万元产值仅消耗5.305t水和31.76kW·h电，远低于目标消耗量。

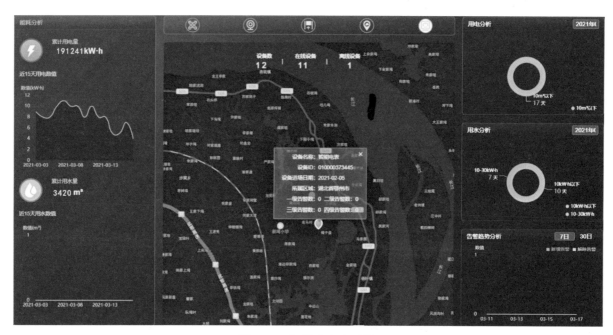

图7-34　智能水电表系统

本工程各区域最终用水量　　　　　　　　　　表7-6

序号	施工阶段及区域	目标耗水量	实际耗水量	实际耗水量／产值（每万元）
1	办公、生活区	212886m³	175210m³	1.01
2	加工区	37945m³	31230m³	0.18
3	施工区	865000m³	711915m³	4.115
4	节水设备（设施）配制率	90%	100%	—
5	非市政自来水利用量占总用水量	≥30%	41.3%	

本工程各区域最终用电量　　　　　　　　　　表7-7

序号	施工阶段及区域	目标耗电量	实际耗电量	实际耗电量／产值（每万元）
1	办公、生活区	3460000kW·h	2530693kW·h	15.04
2	加工区	1603710kW·h	1245631kW·h	8.69
3	施工区	2283600kW·h	1687129kW·h	8.03
4	节电设备配制率	60%	100%	—

7.6　本章小结

本章节阐述了基于 BIM 与智慧工地的数字工地技术体系，分别论述软硬件基础设施、项目管理平台、大数据中心和智能分析系统的主要功能。从流程处理机制、技术应用机制和权限管理机制分析了数字工地实施管理机制。

本工程全面采用数字工地技术，在人员管理方面应用项目管理平台实现一码一证一 ID，多维信息融合，为解决劳务人员工资问题、防疫管控问题提供了强有力的数据支持。在机械管理方面，现场所有机械设备安装传感器及视频监控设备，实时回传施工过程数据及车辆轨迹，实时掌握现场进度，及时对比施工部署要求，纠正现场不规范施工。在材料管理方面，现场物料管理系统同 ERP 系统、钢筋云点数等程序进行交互对接，实现材料精细管控。在环境管理方面，利用环境监测系统和视频监控系统，实时监测现场施工环境，从源头消除人的不安全行为和物的不安全状态，实现现场作业安全可控。在目标管理方面，针对不同的管理目标，应用多项数字技术，如 4D 进度计划、5D 成本控制、质量验评系统等，帮助项目管理人员实现对施工现场各项业务的智慧决策，提高生产和管理的效率。

第 8 章 数字造价管理

8.1 概述

造价管理作为建设工程项目管理的关键环节，是影响建设单位作投资决策的主要因素，也是施工单位成本管理的重要指标。在传统项目中，造价管理主要通过商务人员对二维图纸进行测量、计算和统计。随着工程建设的深入，尤其对于大型工程，信息量呈几何指数增长，至工程建设中后期，仅凭项目参与人员自身能力难以掌控项目全过程的造价管理。此外，大型工程造价管理是动态调整的过程，设计、施工方案会随着工程建设的推进而不断被优化，而且参建各方对于造价信息的要求亦不相同，在发生设计变更时，信息往往不能及时做出修正，信息孤岛化现象突出。

BIM 技术凭借可视化、协调性、优化性、共享性、多向关联等优势，将工程项目全过程的所有信息高度集成为一个标准的数字信息模型，基于 BIM 技术的施工管理应用也愈发成熟，但传统计量、计价标准及规则与 BIM 技术之间存在差异性，导致其在造价管理领域的应用尚浅。转运中心主楼工程遵循花湖机场非民航专业计量计价规则，接受住房和城乡建设部与湖北省住房和城乡建设厅的组织领导，以 BIM 技术在工程造价领域应用为突破口，实施全过程工程造价管理，合理确定和有效控制工程造价，探索市场形成工程造价的改革路径。

8.2 BIM 造价管理的可行性与问题分析

8.2.1 BIM 造价管理的可行性分析

BIM 技术在创建三维模型时，引入了"族"的概念，根据参数（属性）集的共用、使用上的相同和图形表示的相似来对某一类别中的构件进行分组归类，同时对各个构件的几何元素和物理属性进行设定，以构件的属性信息为筛选条件，对模型工程量进行分类汇总与输出，BIM 应用于计量计价具备先天的可能性。使用 BIM 技术进行造价管理主要有以下几点基础：

1. 用 BIM 直接输出工程量

作为工程设计、建造、管理的数据化工具，BIM 软件可对模型工程量进行直接输出，同时可赋予模型构件相应的项目特征标签，便于统计与分析。BIM 工程量为实体量，造价工程师可对输出的工程量根据具体的应用目标进行再加工，得到项目所需的数据。

2. BIM 与造价软件接口互通

通过二次开发插件，在 BIM 与造价管理软件之间建立应用程序接口，以固定数据标准，比如 IFC 标准，将 BIM 转换为工程信息数据，将其传输至造价软件中，进行基于 BIM 工程量的造价工作。

3. BIM 协调造价管理工作

BIM 技术可将抽象的二维工程信息以三维视觉的形式呈现出来，在深化设计阶段进行专业间碰撞分析，有效控制净高，消除构件与构件之间的硬碰撞，减少因人为设计原因导致的拆装、返工等资金浪费；发生设计变更时，可通过模型的参数化调整，快速得到模型变更后的工程量，便于参建各方快速调取数据，实现造价信息的动态协同管理。

8.2.2　BIM 造价管理的问题分析

基于 BIM 开展造价管理工作具备一定的可行性，但其在国内的实践于花湖机场工程之前仍处于探索阶段，主要存在以下几点问题：

1. 计价依据不完善

目前国内的工程计价方式主要有工程量清单计价、工程量定额计价两种方式，其中工程量清单计价基于《建设工程工程量清单计价规范》GB 50500—2013 开展计价工作，工程量定额计价则是按照国家建设行政主管部门发布的建设工程预算定额的"工程量计算规则"，同时参照各省建设工程平均发展水平确定建筑工程安装造价。然而，以上两种计价方式均未考虑应用 BIM 技术进行计量计价，非工程实体项目，如措施费、规费、税金等费用无法通过 BIM 直接计量，国内关于 BIM 计量计价的法定依据不完善。

2. 计量规则不一致

行业内 BIM 主流建模软件有 Revit、Tekla、Bentley 等，以 Revit 为例，该软件是 Autodesk 公司为建筑信息模型构建的一套系列软件，属于国外引进软件，其在建模过程中梁、板、柱等结构构件之间的扣减执行与国内工程量计量不同的规则，且针对国标某些清单项构件输出的单位也不一致，如钢结构钢梁、钢柱等构件，Revit 输出为构件体积，而国内计量则按质量进行，需对其进行统一的出量单位换算。

3. 构件与清单自动挂接

应用 BIM 技术可创建与工程实体完全一致的建筑信息模型，同时实现构件级别的造价管理，但由此也会产生庞大的构件数据。数百万，甚至千万级别的构件难以通过人力进行清单挂接工作，且在挂接过程中极易出错，为实现基于 BIM 的造价管理目标，模型构件与工程量清单的自动挂接与准确映射问题亟需用数字化手段解决。

8.3 BIM 造价管理中的关键技术

工程建设造价改革已是工程行业的发展趋势，花湖机场凭借着 BIM 技术全生命周期管理的优势，申请成为住房和城乡建设部首个应用 BIM 技术进行造价改革试点的项目，为 BIM 计量争取到了国家政策层面的支持，花湖机场参照《建设工程工程量清单计价规范》GB 50500—2013（以下简称国标清单规范）、《湖北省建筑安装工程费用定额》及其编制依据，针对现有的基于 BIM 的造价管理问题制定了一系列解决措施与优化方案，创建《花湖机场项目计量计价规则》。

8.3.1 计量计价规则优化方案

1. 计价形式优化

国标清单规范采用部分费用综合单价法计算工程造价，明确建设工程施工发承包造价由分部分项工程费、措施项目费、其他项目费、规费和税金组成，分部分项工程和措施项目清单应采用综合单价计价，综合单价则包括一个规定计量单位的分部分项工程和措施项目所需的人工费、材料和工程设备费、施工机具使用费和企业管理费、利润以及一定范围内的风险费用，如图 8-1 所示。

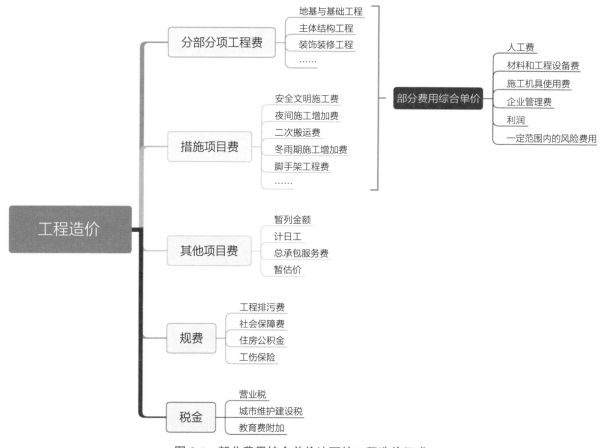

图 8-1 部分费用综合单价法下的工程造价组成

　　部分费用综合单价法是我国建筑行业招标投标过程中通常采用的计价方式，由招标人根据国标清单规范中的编制规则制定出工程实体与非实体清单，投标人则根据企业自身的发展水平套用企业定额，根据工程量清单形成投标报价。该种计价方式可准确计算非实体清单项的费用组成，却难以满足应用 BIM 实体量计算工程造价的要求。由此，花湖机场对国内现有的计价方式进行优化，采用全费用综合单价法计价。

　　全费用综合单价法即单价中包含了人工费、材料和工程设备费、施工机具使用费和企业管理费、利润、一定范围内的风险费用、措施项目费、规费、税金等，以各分项工程量乘以综合单价的合价汇总后，即生成工程发包与承包价，如图 8-2 所示。采用全费用综合单价法有效解决了基于 BIM 的造价管理无法对非实体项目计价的问题，同时还具备其他优势：

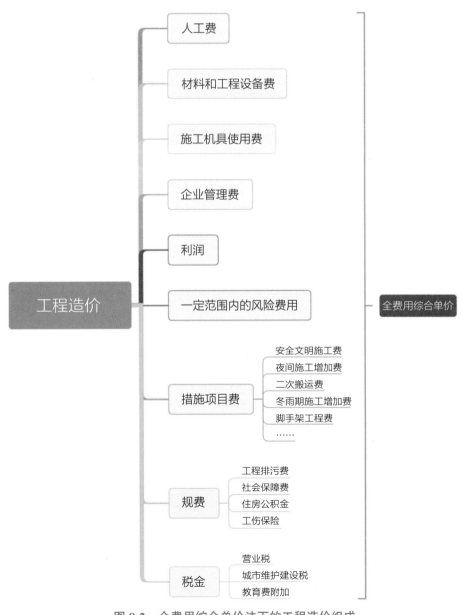

图 8-2　全费用综合单价法下的工程造价组成

（1）工程造价明朗，业主管理高效

全费用综合单价已囊括了完成一个分部分项工程的所有费用，减少了许多接口管理，让成本、费用、利润等透明化，仅体现一个最终的实际结果。计价程序简单明了，将全费用综合单价乘以相应的工程量，即可将工程实施各个阶段的价格进行分析和汇总，使得整个工程的造价更为简单、明朗，对于工程项目建设方而言，项目投资也更容易控制。

（2）施工水平提升，促进行业发展

在招标投标过程中，全费用综合单价的报价形式直接体现出施工企业施工技术与施工管理的水准，是企业全方位实力的高度凝练。在如今优胜劣汰的市场环境中，综合实力强的企业更能控制工程成本，其报价相对更低，优秀的企业也更能脱颖而出。全费用综合单价可督促施工企业努力提升自身的施工水平，大力推广"新材料、新工艺、新技术、新设备"等"四新"技术，促进行业发展。

（3）市场规则优化，利于国际接轨

全费用综合单价与工程成本的关系更直接，通过全费用综合单价分析表，可直观反映工程的人工费、材料费、机械费等，工程造价管理机构由此进一步提高工程计价定额消耗量的准确性，发布满足各阶段计价需要的全费用综合单价，优化现有的市场规则。采用全费用综合单价法进行工程计价，可为工程参建各方积累相关实施经验，同时与国际计价规则接轨，可以让国内的企业在海外市场中发挥更大的影响力。

2. 出量方法优化

转运中心主楼工程基于 Revit 开展深化设计工作，Revit 自带构件长度、面积、体积、材质等属性字段，同时可对构件的属性信息进行统计输出，但软件于设计之初并未考虑国内计量、计价的需求，更未设置直接满足工程量统计的完备的出量规则，导致部分构件出量单位不完善，接触面积等参数计算困难。出于 BIM 造价管理目标，工程在项目策划前期便综合考虑国标清单规范与 Revit 中的出量方式，对现有出量方法进行优化，形成以下四种出量方式：

（1）模型直接出量

国标清单规范中的计量单位主要可分为数量计量（根、个、樘、孔等）、长度计量（m）、面积计量（m^2）、体积计量（m^3）、质量计量（t、kg）五大类，其中，前四类出量单位属性基本可通过 Revit 自带功能识别读取，且土建、安装、装饰三大专业中，半数以上构件可利用 Revit 基于三维信息模型自动生成实物量，采用模型直接出量的方式，进行工程量统计工作。可直接应用 Revit 进行工程量识别应用的典型构件如图 8-3 所示。

结合实际样例和国标清单项的出量方式，基于 BIM 直接出量的清单项示例如表 8-1 所示。

（a）基础梁　　　　　　　（b）特种门　　　　　　　（c）自流坪楼地面

图 8-3　BIM 工程量识别

基于 BIM 直接出量的清单项示例　　　　　　表 8-1

项目编码	项目名称	项目特征	模型出量单位	国标计量单位	出量方式描述
010503001	基础梁	（1）混凝土种类； （2）混凝土强度等级； （3）后浇带混凝土强度等级； （4）其他	m^3	m^3	模型直接出量
010804007	特种门	（1）门代号及洞口尺寸； （2）门框或扇外围尺寸； （3）其他	樘	樘	模型直接出量
011101005	自流坪楼地面	（1）垫层材料种类、厚度； （2）界面剂材料种类； （3）中层漆材料种类、厚度； （4）面漆材料种类、厚度； （5）面层材料种类； （6）防水（防潮）层、防腐层、保温隔热层、找平层等构造层的材料品种、做法及厚度	m^2	m^2	模型直接出量

（2）模型衍生出量

对于主楼工程而言，基础采用钢筋混凝土结构，主体为钢框架结构，钢筋与钢结构工程量占了工程总体造价的绝大部分，而国标清单规范中对于两者构件的计量单位均为质量，与 Revit 输出的长度、体积属性不一致，针对该类构件需借助线上平台进行衍生换算出量，BIM 工程量识别如图 8-4 所示。

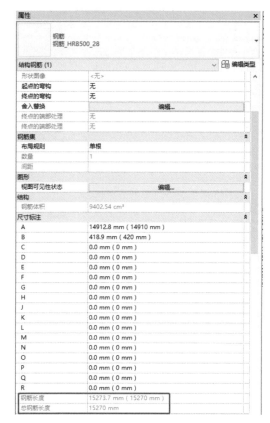

（a）钢梁　　　　　　　　　　　（b）现浇构件钢筋

图 8-4　BIM 工程量识别

结合实际样例和国标清单项的出量方式，基于 BIM 衍生出量的清单项示例如表 8-2 所示。

基于 BIM 衍生出量的清单项示例　　　　　　　　　　　　　　　　表 8-2

项目编码	项目名称	项目特征	模型出量单位	国标计量单位	出量方式描述
010604001	钢梁	（1）梁类型； （2）钢材品种、规格； （3）单根质量； （4）螺栓种类； （5）安装高度； （6）探伤要求； （7）防火要求	m³	t	模型衍生出量
010515001	现浇构件钢筋	（1）钢筋种类、规格； （2）其他	m	t	模型衍生出量

（3）虚拟模型出量

Revit 具备出色的建模能力，同时可对绝大部分工程量进行有效统计，但对于国标清单规范中的部分大体量项目依旧难以实现有效建模。以钢结构工程中的金属面油漆为例，该项清单要求仅对钢柱等外表面面积出量，各个连接与接触部位不计入出量面积，由于钢结构节点复杂、接触面众多，直接应用 Revit 建立满足出量要求的油漆模型过于困难，但是 Revit 配备了开放的二次开发接口，可根据需求将金属面油漆出量规则植入到插件中，以钢结构 Revit 模型为基础，自动添加金属面油漆（内）、金属面油漆（外）字段，识别并赋予满足合同要求的构件表面积，进行虚拟模型出量，如图 8-5 所示。

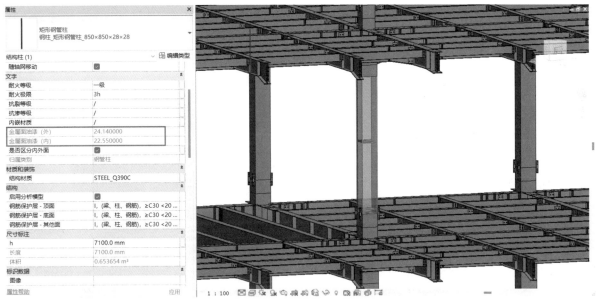

图 8-5　虚拟模型出量

结合实际样例和国标清单项的出量方式，基于 BIM 虚拟模型出量的清单项示例如表 8-3 所示。

基于 BIM 虚拟模型出量的清单项示例　　　　　　　　　　　　　　表 8-3

项目编码	项目名称	项目特征	模型出量单位	国标计量单位	出量方式描述
011405001	金属面油漆	（1）构件名称； （2）油漆品种、刷漆遍数	—	m²	虚拟模型出量

（4）模型不出量

除满足造价管理的要求外，BIM 在指导现场施工方面同样起着十分重要的作用，因此，同样需对不要求出量的模型构件进行创建，如钻孔灌注桩中的注浆管不单独参与计量，合并至桩基清单；钢筋桁架楼承板中的桁架筋等构件不单独参与计量，合并至楼承板清单以投影面积统一计量。

结合实际样例和国标清单项的出量方式，基于 BIM 不出量的构件示例如表 8-4 所示。

基于 BIM 不出量的构件示例　　　　　　　　　　　　　　表 8-4

构件名称	项目编码	项目名称	出量方式描述
桩 _ 钻孔灌注桩注浆管 _25×2	—	—	模型不出量
楼板 _ 钢筋桁架楼承板 - 钢筋桁架 _90	—	—	模型不出量

3. 计量规则优化

（1）构件扣减规则优化

在 Revit 中，梁、板、柱、墙等结构构件在设置结构属性与模型行为材质的前提下，会执行自动扣减规则，其默认的被扣减优先级关系为板→柱→梁，但是该规则与国标清单规范中的规则存在一定冲突，需将结构构件切换连接顺序，使构件的扣减规则符合相关规范的计量要求，构件扣减规则优化示意如图 8-6 所示。

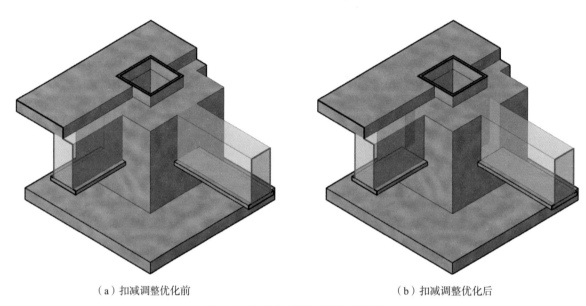

（a）扣减调整优化前　　　　　　　　　　　　　　（b）扣减调整优化后

图 8-6　构件扣减规则优化示意图

（2）孔洞扣减规则优化

主楼工程创建与实体工程一比一的数字孪生模型，会对组成工程实体的所有构件进行创建，因此需扣除所有洞口以及构件之间交叉部分的面积。对于部分清单项而言，如屋面刚性层工程量计算，依据国标清单计算规则，需按设计图示尺寸以面积计算，不扣除房上烟囱、风帽底座、风道等所占面积；对坡道、散水工程量的计算，依据国标清单计算规则，需按设计图示尺寸以面积计算，不扣除单个 $0.3m^2$ 以内的孔洞所占面积，如表 8-5 所示。

孔洞扣减规则优化示例　　　　　　　　　　　　　　　　表 8-5

项目编码	项目名称	国标工程量计算规则	Revit 计量规则调整
010902003	屋面刚性层	按设计图示尺寸以面积计算。不扣除房上烟囱、风帽底座、风道等所占面积	扣除房上烟囱、风帽底座、风道等所占面积
010507001	散水、坡道	以平方米计量，按设计图示尺寸以面积计算。不扣除单个 ≤ $0.3m^2$ 的孔洞所占面积	散水、坡道采用楼板创建的：按图纸示意尺寸以斜面积计算，扣除孔洞所占面积

（3）清单项合并优化

对于工程建设过程中，体量较小、单独建模难度较大且对工程整体造价影响不大的部分清单项，进行清单项合并计算优化，并对合并后的计算规则作出进一步调整。如表8-6所示，将化粪池、检查井合并为一个清单项，对顶、底、侧壁不单独计量，并将原国标规范中按体积计量的方式调整为以数量（座）计算；将柱、梁面砂浆找平、柱面勾缝及柱、梁面装饰抹灰合并进柱、梁面装饰抹灰，不单独列项，将原柱、梁断面周长乘高度以面积计算再分别累加的方式调整为按图纸示意尺寸以面积计算，并扣除孔洞及占位面积，同时利用Revit结构构造层功能绘制柱、梁面各级构造，保持构造层级与工程实体的一致性。在保证深化设计准确性的前提下，进行细碎清单项的优化工作，可在最大范围内提升深化设计人员的建模效率，同时降低基于BIM进行造价管理的难度。

清单项合并优化示例

表 8-6

项目编码		项目名称		调整前计算规则	调整后计算规则
国标	机场	国标	机场		
010507005	010507006	化粪池底	化粪池、检查井	按设计图示尺寸以体积计算。不扣除构件内钢筋、预埋铁件所占体积	按图纸示意以座计算
010507006		化粪池壁			
010507007		化粪池顶			
010507008		检查井底			
010507009		检查井壁			
010507010		检查井顶			
011202002	011202002	柱、梁面装饰抹灰	柱、梁面装饰抹灰	按设计图示梁、柱断面周长乘长度以面积计算	按图纸示意尺寸以面积计算，扣除孔洞及占位面积
011202003		柱、梁面砂浆找平		按设计图示梁、柱断面周长乘高度以面积计算	
011202004		柱、梁面勾缝		按设计图示柱断面周长乘长度以面积计算	

8.3.2　构件与清单挂接方案

转运中心主楼工程基于《花湖机场项目计量计价规则》（非民航专业）进行造价管理工作，其中清单12位项目编码有且唯一，该编码直接确定项目的所有计算参数，其中前9位由计量计价规则直接确定，后3位流水码则以建设单位根据项目特征以及具体工程特点自行确定。因此，BIM构件清单挂接与计量支付工作，重点在于解决模型构件与12位项目编码的准确映射与快速挂接问题，为此赋予所有BIM构件各自唯一的36位全编码。

构件全编码包含工程属性、设计属性、模型属性以及实例属性。工程属性即项目管理属性，如项目、单项工程、单位工程等；设计属性包含构件的建设阶段、专业、子专业归属等；构件管理属性包含构件的具体类别、类型信息；实例属性为同一构件类型的顺序码，以保证全编码唯一性。构件全编码示例如表8-7所示。

构件全编码示例   表 8-7

组别	项目管理属性				设计管理属性				构件管理属性			构件实例属性
代码类别	项目	单项工程	单位工程	子单位工程	阶段	专业	子专业	二级子专业	构件类别	构件子类别	构件类型	构件实例
代码位数	××	××	××	××	××	××	××	××	××	××	××××	××××××××××
代码范围	01-99	01-99	01-99	01-99	01-99	01-99	01-99	01-99	01-99	0001-9999	0001-9999	0000000001-9999999999
代码示意	01	01	01	01	04	03	01	01	09	0001	0002	0000000001
编码示例	01.01.01.01_04.03.01.01_09.0001.0002_0000000001											
示例说明	湖北国际物流核心枢纽项目.鄂州花湖机场转运中心工程.转运中心.转运中心_施工准备阶段.结构专业.地基基础.地基基础_基础垫层.素混凝土垫层.100-C15_素混凝土垫层-100-C15-1											

由于在既定的构件编码规则中，编码中没有承载造价设计属性，无法直接映射清单 12 位项目编码，基于项目管理平台，可将构件编码快速挂接工作分为两步。首先，36 位全编码具备全场唯一性，由此系统可直接确定一类构件合同清单中的前 9 位项目编码；其次，通过系统自动比对复核该类构件模型中设置的造价设计属性与项目特征，以此确定项目清单后 3 位流水码，最终实现构件全编码与 12 位项目编码的准确映射。

8.4 BIM 造价管理实施

8.4.1 造价管理总体应用流程

转运中心主楼工程充分发挥 BIM 信息可视化、专业协同、信息互享等优势，依托线上项目管理平台，采用全费用综合单价法基于 BIM 开展施工全过程造价管理工作，不仅有效地打破了参建各方之间的信息壁垒，解决了信息不对称问题，而且通过 BIM 技术的动态管理手段，以数字孪生建造的方式，不断优化现有方案，减少设计变更的产生，便于建设单位投资总额的控制。主楼工程造价管理的最小单位为检验批，造价管理总体应用流程如图 8-7 所示，主要在以下几个阶段体现：

1. 数据准备阶段

与工程实体几何及拓扑信息完全一致的 BIM 是造价管理的数据底盘，基于既定的构件信息总表命名规则，赋予模型构件全编码、造价设计属性等信息，于线上平台分析构件是否能与现有的机场造价信息总库匹配，若能则判定该类构件满足计量计价的基本要求；若无该类构件的造价信息，则对该类构件进行造价规则维护工作，将其新增至主楼标段子库中。

2. 出量出价阶段

基于轻量化 BIM 的检验批通过质量验评是进入出量出价阶段的前提，项目管理平台自动输出模型构件工程量，并识别构件全编码以及自身的造价设计属性赋值，通过触发造价编码规则，实现模型构件与 12 位项目编码的准确映射，确定唯一综合单价。通过检验批构件统计操作并输出对应造价信息表，进行模型工程量复核工作。

3. 数据推送阶段

造价编码完成，工程量核对无误之后，可对满足计量支付要求的检验批进行数据推送，发起中间计量支付流程，自动触发中间计量证书与进度款支付证书，由建设方等相关单位完成审核、签认后，完成相应检验批的造价管理工作。

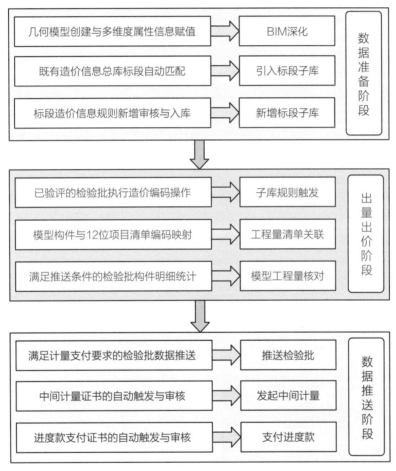

图 8-7　造价管理总体应用流程

8.4.2　信息总表与标段子库管理

在数据准备阶段基于信息总表开展 BIM 深化以及标段子库管理工作。

1. 信息总表管理

构件信息总表模块为实现 BIM 构件的标准化建立以及清单的准确挂接，对各类构件模型结构、建模方式、命名规则、深化方式、设计属性、模型出量单位与属性、项目编码（前 9 位）、计量计价规则以及出量方式等信息进行统筹化管理，其主要工作在建模阶段以及造价阶段进行。

（1）建模阶段

深化设计时，各专业模型应根据既定的信息总表要求进行几何深化与属性赋值工作。以基础垫层为例，具体规则如表8-8～表8-10所示，其中，工程量计算时应扣除伸入垫层的桩头所占体积，而在国标清单规范中则不扣除相应体积，两者计量规则有所不同，同时，完成包含模型结构、构件命名、设计属性在内的各类模型属性的赋值以及全编码刷取工作，基础垫层深化如图8-8所示。

模型结构 表8-8

专业	子专业	二级子专业	构件类别	构件子类别	构件类型（规则）	构件类型
结构	地基基础	地基基础	基础垫层	素混凝土垫层	厚度（mm）-［混凝土强度等级］	100-C15

建模方式及构件命名 表8-9

建模方式 Revit	族名称（规则）	族名称	族类型名称/构件名称（规则）	族类型名称/构件名称
系统族：基础底板/统族：楼板	系统族：自带类型	系统族：基础底板/系统族楼板	［构件类别］_［构件子类别］_［构件类型］	基础垫层_素混凝土垫层_100-C15

深化方式及设计属性 表8-10

设计阶段	深化方式	深化阶段	工程量计算规则	模型出量属性名称 Revit	模型出量单位	设计属性
规则的垫层按设计尺寸建模	局部增加	所有垫层按实际尺寸建模	扣除伸入垫层的桩所占体积	体积	m³	基础厚度、体积、结构材质

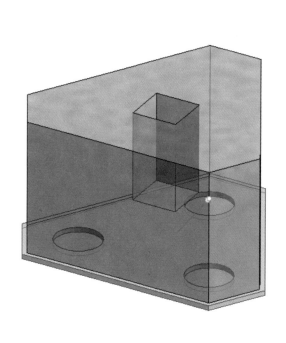

（a）几何深化

（b）属性赋值

图8-8 基础垫层深化

若在建模阶段中，在既定的信息总表中无法找到某类构件的信息，即遇到新增类型构件，则应基于相应的总表规则在系统上发起该类构件的扩库申请，完成总表维护工作，构件扩库申请如图 8-9 所示。

图 8-9　构件扩库申请

（2）造价阶段

在建模阶段明确构件信息总体模型结构、建模方式及构件命名、深化方式及设计属性等信息的基础上，进行各类构件造价属性信息的维护，主要根据清单规范及总承包合同，对清单前 9 位项目编码、项目特征以及模型出量方式进行确定，如表 8-11 所示。

造价属性　　　　　　　　　　　　　　　　　　　　　　表 8-11

项目编码（前9位）	项目名称	清单计量单位	项目特征	模型出量方式
010501001	垫层	m³	（1）混凝土类别； （2）混凝土强度等级； （3）后浇带混凝土类别； （4）后浇带混凝土强度等级； （5）后浇带金属网材料品种、规格、加固方式； （6）模板、支架和支架超高	模型出量

2. 标段子库管理

标段子库为主楼标段工程量清单中涵盖项目名称、项目编码、计量单位、计量方式等数据在内的信息库，标段子库模块主要用于工程量清单中后三位清单编码以及库中造价属性值的确定。为了保证所有构件种类均能准确实现清单挂接，系统支持新增标段子库，施工单位商务人员通过在系统 Web 端进行手动或者批量方式对标段子库进行导入。实现方式为：用户通过标段、发布状态、构件类型、构件编码等过滤条件确定新增构件标段子库，根据标段合同清单确定后三位项目编码、出量方式、出量属性等字段。出量属性主要有个数、长度、面积、体积等，出现两个出量属性时，采用 # 分隔开，如"体积 # 面积"。以装饰灯为例，其出量属性为长度（X），清单计量方式为体积，需对其进行公式转换 $X \times 0.01 \times 0.03$，转换公式只支持乘法（×）和除法（/），转换公式录入如图 8-10 所示。

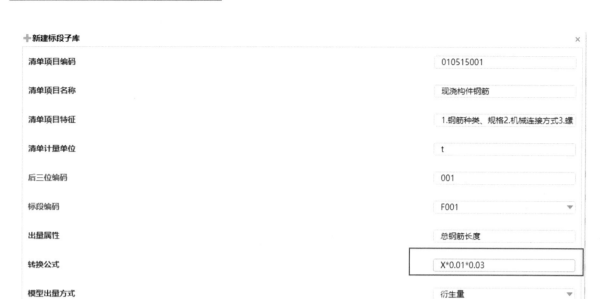

图 8-10　转换公式录入

　　新增标段子库后 3 位编码确定后，商务人员应进行造价属性值的维护。在填写造价属性值的时候，所填写的属性值必须与模型中构件的属性值保持一致，避免空格的出现。同一类同一属性名称存在多个属性值的情况，同样采用 # 分隔开，如"数值 1 # 数值 2 # 数值 3"，多属性出量如图 8-11 所示。当所有属性字段的确定无误后，对新增子库发起审批流程，由造价咨询以及建设单位审核后，方能正式入库。

图 8-11　多属性出量

8.4.3　工程造价管理

工程造价管理主要涉及出量出价以及数据推送阶段，造价管理模块主要通过规则触发、工程量核对以及数据推送完成基于 BIM 的计量计价工作。

1. 造价规则的触发

在主楼工程中，检验批为最小的验收单位，同时也是最小的计量单位，某一类的模型构件完成检验批划分，验评合格，并且该类构件具备相应标段子库信息后，商务人员可通过系统勾选该检验批，基于既定的造价规则，使用造价编码功能触发造价子库规则，如图 8-12 所示，实现基于模型构件 36 位全编码和设计属性与 12 位项目清单编码的映射关联。触发规则后，可进入核验检验批状态查看构件所属的检验批及验评状态、模型转换后的工程量、工程量清单（BOQ）层级码、构件的单价以及该构件的综合价格，如图 8-13 所示，由此正式进入计量支付流程。

2. 工程量的核对

通过触发造价规则，生成造价编码表。鉴于花湖机场为国内首个全面深入应用 BIM 技术进行计量、计价工作的项目，并无可参考的工程先例，在造价管理实施应用过程中，如模型轻量化、造价规则触发等过程，存在工程量有误的可能性，商务人员可输出造价编码表，如图 8-14 所示，用于造价编码后数据的核对，主要核对编码表中 12 位项目清单编码、BOQ 层级码、出量属性、造价属性等信息是否正确，重点核对转换后的工程量与线下深化人员通过明细表统计的工程量是否一致，确保工程量无遗漏。

图 8-12　触发造价子库规则

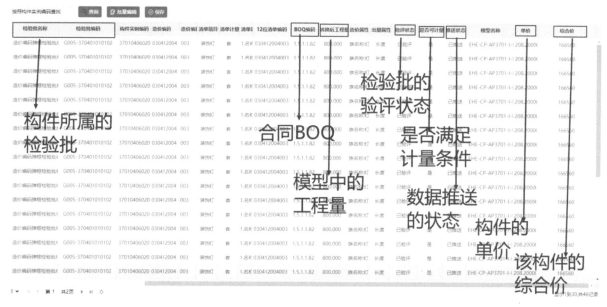

图 8-13　核验检验批状态

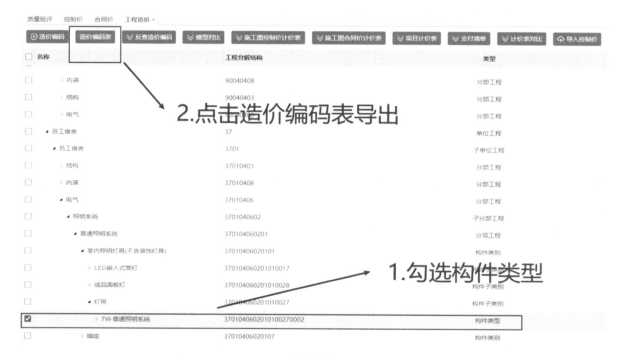

图 8-14　输出造价编码表

3. 数据推送

基于以上工作的顺利进行，进行工程量计价数据的推送，发起计量支付流程。同时可用构件统计功能以检验批为单位进行统计，进一步核验该检验批下满足推送条件的模型构件数目。待流程运转至造价咨询单位，由造价咨询单位完成检验批工程量及造价属性的审核，最终由建设单位批准，触发计量、支付证书，完成进度款支付后，整体造价管理流程运行结束。

8.4.4　造价管理应用

1. 投标阶段

转运中心主楼工程基于 BIM 开展造价管理工作，同时采用全费用综合单价法进行工程计价，全新的计量计价方式给投标工作提出巨大的挑战，在投标阶段引入 BIM 技术，改变了传统的工程量统计方法。对于招标单位，这种招标投标的机制，给招标单位带来了好处。在保障施工质量和工期的条件下，通过招标投标确定的工程造价，提高了投资者的收益，同时，也选择了更为优秀的承包商。

量是价的基础，在工程量清单的基础上，采用全费用综合单价的模式，投标单位根据自己的综合实力填写综合单价，最终形成项目的总费用即工程造价，所以量的准确性，决定工程造价，决定签订的合同价。对于招标单位而言，投标单位基于 BIM 的深化设计能力是选择中标单位重要的考虑因素。为了充分表现投标单位 BIM 技术与管理的能力，招标阶段造价管理应用主要可分为以下几个方面：

（1）基于 BIM 的投标策划

在拿到招标文件后首先要做的是考虑工程量统计与工作模式的变化，按照招标文件中要求的工程量计算、计价规则，组织商务、技术、法务、财务等部门人员对基于 BIM 的造价管理进行整体策划，商定投标策略。

（2）创建 BIM 深化设计模型

基于招标文件中提供的初步施工图纸以及初步设计模型，依据招标投标相关要求，附加招标投标信息，按照招标投标确定的工程量计算原则，创建建筑、结构、机电等专业模型，如图 8-15 所示。为满足计量支付要求完善 BIM 中构件属性参数信息，如"构件全编码""尺寸""材质""规格""部位""工程量表规范约定""特殊说明""经验要素""项目特征""工艺做法"。

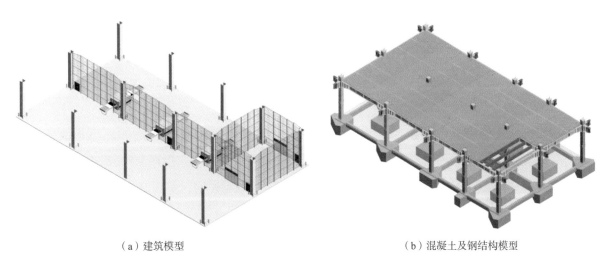

（a）建筑模型　　　　　　　　　　　　　（b）混凝土及钢结构模型

图 8-15　投标阶段 BIM（一）

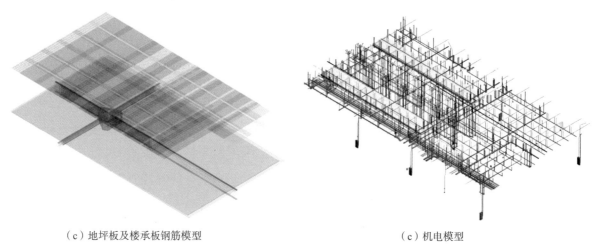

（c）地坪板及楼承板钢筋模型　　　　　　　　（c）机电模型

图 8-15　投标阶段 BIM（二）

（3）模型构件映射与工程量输出

确定符合工程量计算要求的构件与分部分项工程的对应关系，并进行工程量表编码映射，将构件与对应的工程量表编码进行匹配，完成模型中构件与工程量计算分类的对应关系，按招标工程量表编制要求，进行工程量表的编制，完成工程量的计算、分析、汇总，导出符合招标投标要求的工程量表，并详述"编制说明"。

2. 中间计量阶段

中间计量阶段是转运中心主楼工程应用 BIM 技术进行造价管理核心阶段，该阶段造价管理应用是在施工图和施工图设计模型的基础上，按照合同规定深化设计和工程量计算要求深化模型，同时进行工程量的快速计算。中间计量阶段在工程量计算各阶段中时间最长、变化最频，并且工程量计算工作具有多次性、多样性、复杂性等特点，且该阶段模型和数据的调整和应用贯穿整个阶段。为了保证应用效果，模型和数据的补充与调整需确保及时与准确，中间计量阶段造价管理应用主要可分为以下几个方面：

（1）过程造价管理模型创建

在施工图模型和施工图设计模型的基础上，根据施工实施过程中的计划与实际情况，在构件上附加"进度""质量"和"造价"等相关属性信息，生成施工过程造价管理模型。

（2）施工过程造价动态管理

利用施工造价管控模型，按"时间进度""形象进度""空间区域"实时获取工程量信息数据，并进行"工程量报表"的编制，准确地反映构件的净工程量（不含相应损耗），完成工程量的计算、分析、汇总，导出符合施工过程管理要求的工程量报表和编制说明，实现施工过程造价管理动态管理。

（3）施工过程工程量计算

利用施工造价管理模型，进行资源计划的制订与执行，动态合理地配置项目所需资源；同时，在招采管理中高效获取精准的材料设备等数量，与供应商洽谈并安排采购；最终，在施工过程中对用料、领料进行精益管理，实现所需材料的精准调配与管理。

3. 竣工结算阶段

竣工结算工程量计算是在施工过程造价管理应用模型基础上，依据未完成变更和结算材料，附加结算相关信息，按照结算需要的工程量计算规则进行模型的深化，形成竣工结算模型并利用此模型完成竣工结算的工程量计算，以此提高竣工结算阶段工程量计算效率和准确性。本阶段强调对项目最终成果的完整表达，要将反映项目真实情况的竣工资料与结算模型相统一。竣工结算阶段工程量计算应注重对前面几个阶段技术与经济成果的延续、完善和总结，成为工程结算工作的重要依据。

竣工结算阶段基于 BIM 的造价管理应用主要可分为以下几个方面：

（1）数据准备与收集

对最终版施工过程造价管理模型，竣工结算工程量计算相关的构件属性参数信息文件进行收集整理，同时，根据结算工程量计算范围、计量要求、设计变更与依据文件及结算相关的技术与经济资料等，创建系统文档，完成竣工结算阶段数据准备与收集工作。

（2）竣工模型创建及审核

根据经确认的竣工资料与结算工作相关的各类合同、规范、双方约定等文件资料进行模型的调整，生成竣工结算模型。对于在竣工结算阶段中产生的新类型的分部分项工程按施工阶段的要求完成工程量表编码映射、完善构件属性参数信息、构件深化等相关工作，生成符合工程量计算要求的构件，并将最终版施工过程造价管理模型与竣工结算模型进行审核比对，确保模型中反映的工程技术信息与商务经济信息相统一。

（3）竣工结算成果输出

基于经校验并多方确认的竣工结算模型，进行"结算工程量报表"的编制，完成工程量的计算、分析、汇总，导出完整、全面的结算工程量报表，并编制说明，表述本次计量的范围、要求、依据以及其他内容，以满足结算工作的要求。

8.5　应用情况与成效分析

8.5.1　应用情况

作为国内迄今为止首个以 BIM 技术为核心深入进行造价管理的工程，鄂州花湖机场同时在BIM 和工程造价两大领域实现重大突破。项目前期策划阶段，便成立专项课题研究组，研究建立了基于 BIM 技术的计量计价标准体系，为项目实施阶段提供理论基础；项目实施阶段，基于既定的造价规则，在施工单位、造价咨询单位、BIM 咨询单位以及设计单位等多方协调工作下，积累了能够实现模型构件与清单项准确挂接的标准数据库。

转运中心主楼工程基于 BIM 技术的造价管理现场实际应用情况如下：

（1）系统录入了含建筑、结构、岩土、暖通、幕墙等专业在内的 3.9 万种构件类型以及近 300 种标段子库信息，满足主楼标段内所有模型构件的计量支付需求。

（2）主楼工程完成了一千多万个构件的深化设计工作，并基于相应的深化模型完成质量验评与计量支付工作。

（3）工程依据模型深化、施工以及验评进度平均每月发起 1～2 次计量支付流程，顺利完成既定合同要求内的产值目标。

8.5.2 成效分析

转运中心主楼工程全程利用 BIM 技术进行造价管理，深入结合施工准备阶段深化的高精度 BIM，进行一键式算量，应用成效显著。

对于施工单位而言，商务人员相较传统项目无需进行繁琐、复杂的建模工作，同时计量计价工作全程在线上基于 BIM 进行，直观高效。类比同体量项目，商务人员仅需在土建、机电、钢构等各大专业分别配置 1 人，小专业合并配置 1 人即可完成计量计价工作，人员配备减少 50% 以上。

对于建设单位，用 BIM 计算的工程量均为实体工程量，可有效地避免传统项目中工程量计算错算、多算的问题，有效地保证各参建方利益。基于数字化系统的流程管控，可自动形成全过程、可溯源的造价管理运行记录，保证工程各子项造价的合理性，同时为项目完工后评价提供信息依据，考评项目投资效果，促进投资管理科学发展。

对于建设工程领域数字化改革应用场景，本工程以 BIM 技术在工程造价领域的应用为突破口，实行工程全过程数字化造价管理，顺利完成千万级构件的计量支付工作，实现里程碑式的突破，对于未来项目应用 BIM 技术进行造价管理具有重大借鉴意义。

8.6 本章小结

数字技术的发展不仅给工程领域带来了新的生机，也为项目造价管理带来了新的应用思路。作为工程数字建造核心技术的 BIM 技术，将之与造价管理深入融合有很大的应用价值，基于 BIM 技术的计量计价，不仅可以完成工程量的自动统计，还能使得设计变更等内容以可视化的形式呈现出来，让各项造价信息都有据可依，为后期复查节省大量的人力物力。本章详细介绍了基于 BIM 技术的数字造价管理设计原则及应用流程，并对各阶段的实施情况以及应用成效做了系统分析，具体分为以下几点：

（1）应用 BIM 技术进行工程造价管理具有先天的优势，但存在着无国内法定依据、计量计价规则与国标规范不一致、大体量模型构件与清单无法实现快速映射与挂接问题。

（2）通过引入全费用综合单价法的计价方式，并对模型出量方式、模型计量规则等进行调整优化，创建 36 位构件全编码、造价设计属性与 12 位项目编码快速关联的清单挂接方案，成功搭建了建筑信息模型技术与工程造价领域之间的应用通道。

（3）基于 BIM 技术的造价管理主要可分为数据准备阶段、出量出价阶段以及数据推送阶段，各阶段又可细分为信息总表管理、标段子库管理、造价规则触发、工程量核对以及数据推送等模块，有效地保证了 BIM 造价管理的顺利实施。

（4）转运中心主楼工程应用 BIM 技术开展全生命周期的造价管理，在投标阶段、中间计量阶段以及最终的竣工结算阶段都得到了高效的应用，创造了不菲的社会经济效益。

第9章 数字交付管理

9.1 概述

大型工程建设过程中各参建单位难以避免会产生海量文件及各类信息，依靠设计图纸、纸质文档以及线下管理人员填报表单的传统项目管理方式，不仅会在过程中产生过于庞大的信息量，使得工程参建各方的众多资料处于相对孤立、分散的状态，难以满足精确交付管理的需求，而且在给交付接收方带来巨大的项目数据整合、校对成本的同时，依然无法解决运维阶段对于施工阶段产生的数据利用率低下，价值转换弱的问题。

随着"数字中国"的大力推进建设，作为数字化程度相对较低的工程领域同样面临着数字化转型的严峻问题，一般国内工程数字交付只是简单地将纸质文档通过电子扫描的方式改为电子文档进行移交，仅仅从形式上做到数字化，源头上暂未作出根本性改变。转运中心主楼工程充分发挥BIM技术全生命周期、各参建方协调管理的优势，建立以BIM为核心，依托项目管理平台，对工程项目施工图设计、施工准备、施工实施、竣工验收等过程中各方产生的相关BIM资料进行数字化创建，实现BIM及应用成果、管理文档的数字化移交，创建涵盖BIM、综合会审文件、设计文件、成果文件等在内的数字化验收档案，促进数据流通、激活数据价值，满足后期的数字运维需求。

9.2 数字集成交付流程

转运中心主楼工程数字交付并非项目竣工时一次性交付，而是项目实施各阶段的过程交付，其交付成果足以支持项目全过程数字化管理的应用需求，实现了终版文件管理向全生命周期成果管理方式的转变。数字集成交付的数据信息以深化设计模型和深化图纸为基础，以相关管控审核报告、过程管理文件、应用报告以及相关验收资料为辅，由成果交付方分阶段按工程及合同具体需求交付。

转运中心主楼工程数字交付成果为数字建造实施过程中产生的重要数据资产，从施工管理的角度出发，施工总承包单位为实施阶段数字成果的主要创建方，而设计阶段交付的设计成果则是后续开展施工准备阶段深化设计工作的前提。数字化集成交付整体流程如图9-1所示，在以下几个阶段分别体现：

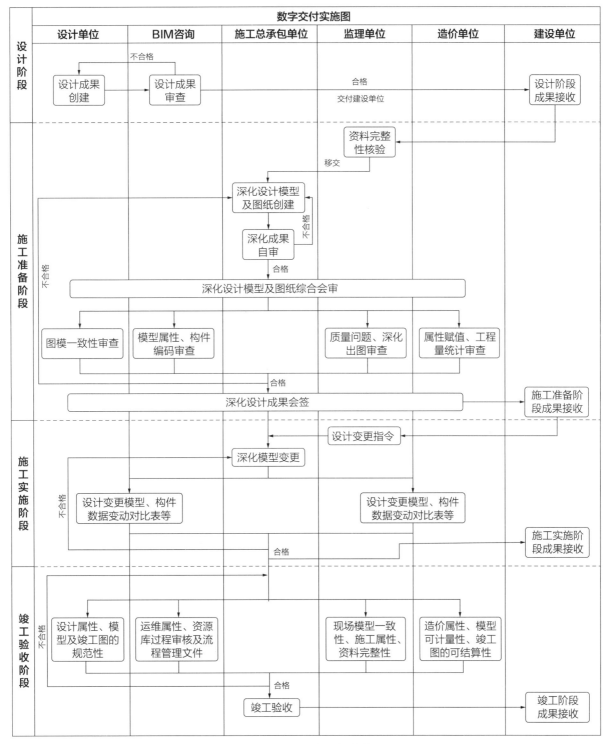

图 9-1　数字化集成交付整体流程

1. 设计阶段

设计单位于施工图设计阶段同步创建设计图纸与 BIM 设计模型,其中施工图由第三方审图机构审核,审核通过后将主要设计成果提交 BIM 咨询单位,由 BIM 咨询单位对设计图纸与设计模型之间进行标准性、规范性审核,设计单位应根据咨询单位所提审核意见对设计成果进行修改,直至成果审查合格后，向建设单位移交，完成设计阶段成果交付工作。

2. 施工准备阶段

施工准备阶段主要进行深化设计以及各方成果审核工作，是数字建造实施的基础。该阶段由监理单位对建设单位下发的施工图设计阶段设计成果进行资料完整性核验，并于线上项目管理平台移交至施工总承包单位。施工总承包单位作为该阶段实施主体，接收相关施工图设计图纸及模型后，进行深化信息确认，同时完成整体深化成果策划。完成策划后，完成各专业深化设计模型及深化图纸创建，深化成果重点保证深化模型与设计图纸的一致性、深化模型与深化图纸的适用性、模型设计管理属性及构件全编码的标准性、模型造价管理属性及工程量统计的合规性。施工总承包单位在深化成果自审合格的基础上提交BIM咨询单位、造价咨询单位、设计单位、监理单位进行深化设计模型及图纸综合会审，通过四方审核后，完成各方深化设计成果会签，于项目管理平台向建设单位完成施工准备阶段成果交付工作。

3. 施工实施阶段

施工实施阶段主要基于施工准备阶段深化设计成果完成数字建造与管理工作，若该阶段建设单位提出新的功能要求，并下达相应的设计变更指令，则由监理单位转发相关指令至施工总承包单位。由施工总承包单位根据设计变更指令对已完成的深化设计成果进行模型变更等工作，并将完成的设计变更成果通过线上项目管理平台提交四方审核，其中审查单位重点对设计变更模型变更部分以及构件数据变动表进行重点核查，审核通过后，由施工总承包单位向建设单位移交相关深化设计变更成果。

4. 竣工验收阶段

竣工阶段模型是在相应深化设计模型基础上，根据工程项目竣工验收要求，通过修改、增加或删除相关模型构件或信息创建的、满足BIM实施约束性文件要求，并能够反映竣工时实体工程的BIM，针对交付后的运维要求，BIM构件还赋予了各类完善的运维属性。竣工阶段成果重点保证竣工模型及图纸的规范性，运维属性赋值的准确性，过程管控资料的完整性，竣工模型、竣工图纸与工程实体的一致性，竣工模型、竣工图纸的可结算性。竣工验收阶段的成果同样需要经过四方审核，竣工成果审核通过后，施工总承包单位发起竣工验收流程。竣工成果审核流程由各审核方审核，建设单位批准；工程验收后，施工总承包方向建设单位移交相关竣工阶段成果。

9.3 数字集成交付要点

9.3.1 集成交付总体要求

转运中心主楼工程建设实施交付阶段主要包括施工图设计、施工准备、施工实施、竣工验收等阶段，各阶段基于建筑信息模型的交付物、交付行为、交付管理应满足各阶段深化设计或者施工实施的要求，其数字化集成交付总体要求可分为以下几个方面：

（1）在建筑信息模型交付准备过程中，应根据交付深度、交付物形式、交付要求、项目和应用需求设置模型结构并选取适宜的模型精度等级，其交付深度与模型精度等级应符合 3.5 节"BIM 精度标准与实施"。

（2）建筑信息模型的结构设置、构件编码、文件命名等应符合 3.3 节"BIM 信息分类及编码标准与实施"、3.4 节"BIM 管理标准与实施"等其他标准。

（3）项目实施各关联方应根据各阶段要求和应用需求，从各阶段建筑信息模型中提取所需的信息形成交付物，交付物还应包括交付管理产生的过程审核文件和管理流程文件。

（4）交付物包括模型、图纸、平台自动导出的表格、数字化施工及相关纸质扫描而成的电子文档等，不同表现形式之间的数据、信息应一致，交付物应以通用的数据格式或者各方商定的数据格式传递建筑信息模型。

（5）交付方应保证建筑信息模型及交付物所有文件、信息链接的有效性，同时保证 BIM 交付物几何信息与属性信息的准确完整性；在工程的每个交付阶段，应以交付双方最后认可的成果作为唯一有效文件，以保证成果的唯一有效性。

9.3.2 集成交付物类别及格式要求

1. 集成交付物类别

转运中心主楼工程基于 BIM 数字集成交付物的代码及类别如表 9-1 所示，建设实施各阶段由交付方选取相应的交付物完成交付工作。

BIM 数字集成交付物的代码及类别　　　　表 9-1

代码	交付物类别	代码	交付物类别	代码	交付物类别
A1	BIM 成果说明	01	数字化交付成果说明报告	01	模型成果交付说明
				02	模型成果交付说明附件
		02	BIM 成果交付清单（模型地图）		
		03	造价对比分析表（交付版与平台轻量化版本的对比，如果没有轻量化则与招标清单对比）		
		04	模型实物一致性报告		
		05	图模一致及实模一致承诺函		
		06	图纸会审及图审清单		
		07	运维属性信息表		
		08	设计变更及变更清单		
A2	BIM 管理文档	01	BIM 实施方案		
		02	专项方案汇报资料		
A3	BIM 应用成果	01	施工组织模拟		
		02	施工工艺模拟		

续表

代码	交付物类别	代码	交付物类别	代码	交付物类别
A3	BIM 应用成果	03	进度模拟		
		04	净高控制报告		
		05	构件明细表（需包含全部属性信息）		
		06	根据施工合同确定的其他文件		
A4	BIM 审核文档	01	模型报审文件	01	送审表
				02	校审卡
				03	边界确认文件
				04	四方审核意见汇总表
				05	预审会及综合评审会会议纪要、签到表
A5	BIM 模型成果	01	设计成果（含设计与深化设计成果）	01	BIM
				02	设计图纸和模型切图
				03	设计变更（若有）
				04	图纸会审记录
				05	其他报审文件（四方审核报告、工程量清单、链接文件等）
		02	设计变更成果	01	设计变更模型
				02	设计变更模型切图和设计变更图纸
				03	设计变更、图纸会审记录及图审和变更清单
				04	其他报审文件（四方审核报告、工程量清单、链接文件等）
		03	竣工交付成果	01	竣工模型
				02	竣工模型切图
				03	竣工图（电子版和盖竣工图章的扫描件）
				04	图模一致及实模一致承诺函
				05	所有图纸会审及图审清单
				06	所有变更及变更清单
				07	运维属性信息表
				08	使用说明书
				09	铭牌照片
		04	轻量化模型	01	Revit 提供 .nwc 或者 .nwd 格式、i.dgn 格式、.bim 格式
				02	Bentley 提供 i.dgn 格式、.bim 格式
				03	Tekla 提供原格式、.ifc 格式
		05	资源库（高精度设备模型、族库样板文件、模板库、构件库）	01	独立的高精度机械设备、电气设备、电梯、消防、安防、安检设备模型
				01	样板文件
				02	族库

（1）BIM 成果说明

交付成果时，交付方应向被交付方提供 BIM 成果说明相关文件，应对数字化交付成果作出详细说明。各阶段交付物均应包含数字化交付成果说明报告，说明报告由模型成果交付说明、模型成果交付说明附件组成。模型成果交付说明应包含模型成果交付目标、深化设计成果过会流程批次、图纸会审、图纸变更、构件总数等内容。交付说明附件中应列表对模型过会时间、对应图纸版本等内容进行说明，便于交付双方进行交付对接工作。

BIM 成果交付清单、造价分析对比表、模型实物一致性报告、图模一致及实模一致承诺函、图纸会审及图审清单、运维属性信息表、设计变更及变更清单等内容则根据各自阶段交付要求选择其中一项或多项交付。

（2）BIM 管理文档

BIM 管理文档基于 BIM 实施过程管理产生，实时记录提交，主要分为工程前期 BIM 实施方案与施工过程各专项方案汇报资料，例如支吊架、净高方案及其他面向各处室的汇报资料等。

（3）BIM 应用成果

BIM 应用成果主要基于各专业 BIM 完成，例如通过场布模型进行施工组织模拟，基于 BIM 开展重要施工工艺模拟与进度模拟等，同时输出对应图像文件，多媒体文件及图像文件应当能清晰地表达建筑物的设计效果，并反映主要空间布置、复杂区域的空间构造等。

（4）BIM 审核文档

BIM 审核文档为模型报审文件，该文件应根据交付物审核管理过程，及时提交。审核文件主要包含送审表、校审卡、边界确认文件、四方审核意见汇总表、会议纪要等，四方审核意见汇总表应包括以下内容：

1）工程名称、提交阶段相关信息。

2）交付物类型、内容等基本信息。

3）提交单位、审查单位相关信息。

4）审查意见内容，修改情况。

5）审查单位、接收单位签名、签章和日期。

（5）BIM 成果

1）建筑信息模型及资源库

建筑信息模型应包含各阶段交付所需的全部信息，同时提交合规的轻量化模型与模型资源库。建筑信息模型可索引其他类别的交付要件，交付时，应一同交付，并确保索引路径有效。建筑信息模型的表达方式宜包括模型视图、表格、文档、图像、点云、多媒体及网页，各种表达方式间应具有关联访问关系。交付建筑信息模型时，宜集中管理并设置数据访问权限。

2）工程图纸及图审、变更文件

工程图纸应基于建筑信息模型的视图和表格加工而成，电子工程图纸文件可索引其他交付物，确保索引路径有效，并一同交付，同时若存在对应的图纸会审以及设计变更文件，则需要一并提交。工程图纸的制图应符合现行国家标准《房屋建筑制图统一标准》GB/T 50001—2017 的相关规定。

3）模型工程量清单

模型工程量清单应基于建筑信息模型导出。模型工程量清单应包含下列内容：

① 项目简述。

② 模型工程量清单应用目的。

③ 模型工程量及编码。

④ 单项工程量所对应的模型构件单元信息。

2. 集成交付物格式要求

BIM 交付物需提供原始模型文件格式，对于同类文件格式应使用统一的版本，交付物的文件类型如表9-2所示。交付物表达方式应根据建设阶段和应用需求所要求的交付内容和交付物特点选取，应采用模型视图、文档、表格，宜采用图纸、图像、多媒体和网页作为表达方式。

交付物的文件类型　　　　　　　　　　　　　　　　　表 9-2

序号	文件类型	软件名称	交付格式	备注
1	模型成果文件	Autodesk Revit 2018	*.rvt	在满足数据互用的前提下，软件应采用当前广泛应用的版本。模型提交时，应同时提交符合合同要求的轻量化格式
		Tekla Structures 2018	*.dbl	
		AutoCAD Civil 3D 2018	*.xml	
		Rhino 6.0	*.3DM	
2	浏览审核文件	Autodesk Navisworks 2018	*.nwd	
3	多媒体文件	—	*.avi	原始分辨率不小于 1920×1080，帧率不少于 24 帧/s。内容时长应以充分说明表达内容为准
			*.wmv	
			*.exe	
			*.mp4	
4	图像文件	—	*.jpeg	图像文件分辨率不小于 1920×1080
			*.png	
			*.tif	
5	二维图纸文件	Autodesk Auto CAD 2018	*.dwg	—
6	文档表格类文件	Office 2013	*.docx	—
			*.xlsx	
			*.pptx	
		Adobe 相关软件	*.pdf	

9.4　建设实施阶段关联方交付

9.4.1　设计阶段

设计阶段由设计单位交付的各专业设计模型以及相应的工程图纸是施工准备阶段施工总承包单位开展深化设计的重要工作前提，设计阶段成果的准确性直接影响后续各阶段工作开展以及成果交付得顺利与否，设计阶段各关联方交付物如表 9-3 所示。

设计阶段各关联方主要交付物　　　　　　　　　表 9-3

阶段	交付单位	交付物	备注
设计阶段	设计单位	数字化交付成果说明报告	含模型成果交付说明及说明附件
		BIM 成果交付清单	—
		设计各阶段、各专业 BIM	—
		设计各阶段、各专业完整的工程设计图纸	—
		设计各阶段基于各专业 BIM 的应用分析报告	—
		设计各阶段、各专业模型工程量清单	—
		设计各阶段、各专业模型属性信息表	—
		设计方案虚拟模拟动画、效果图等多媒体文件	—
	BIM 咨询单位	审核报告、评估报告等	—
		会议纪要、工作联系单、进度计划表等	—

以转运中心主楼 A 区内装工程为例，对设计阶段主要交付物进行示例说明。转运中心主楼施工设计图纸需经第三方审核并加盖审核通过印章，内装盖章图纸目录如图 9-2 所示；专业设计模型需通过 BIM 咨询审核并修改直至通过，才可进行施工图设计阶段成果交付，转运中心主楼内装设计模型及相应的审查意见分别如图 9-3 与图 9-4 所示，设计阶段该批次模型主要存在以下问题：

（1）2 层夹层部分区域缺少内饰面、楼面，需补充。

（2）内饰面部分门窗洞口与建筑不符，或缺少门窗洞口，情况严重。

（3）部分区域内饰面项标高需调整。

（4）内饰面与门窗边缘处碰撞情况严重。

（5）内饰面与结构梁、柱之间的剪切关系需调整。

（6）车道线需补充。

AA_施工图_封面01A_2019-02-100_01-1 (1).p… | AA_施工图_封面01A_2019-02-100_01-1.pdf | AB_建施目录03A_2019-02-100_01-1.pdf | AB_建施目录04A_2019-02-100_01-1.pdf | AB_建施目录05A_2019-02-100_01-1.pdf
AF_建施建施1A_建筑施工图设计说明（一）… | AE_建施建施2A_建筑施工图设计总说明（二… | AF_建施SM03A_建筑施工图设计说明（三）… | AF_建施SM04A_建筑施工图设计说明（四）_2… | AF_建施SM05A_建筑施工图说明（五）_2…
AF_建施SM08A_建筑装修做法（三）_2019-0… | AF_建施SM09A_建筑装修做法（四）建筑装… | AF_建施SM06A_建筑装修做法（一）_2… | AF_建施SM07A_建筑装修做法（二）_2019-0…
AF_建施建施2-8A_一层A1-2区放大平面图_2… | AF_建施建施2-5A_一层B区放大平面图_2019… | AF_建施建施2-6A_一层A1-1区放大平面图_20… | AF_建施建施2-7A_一层A6区放大平面图_20…
AF_建施建施2-11A_二层夹层组合平面图_201… | AF_建施建施2-10A_一层夹层组合平面图_20… | AF_建施建施2-9A_一层A2-2区放大平面图_2… | AF_建施建施2-12A_三层组合平面图_2019-02… | AF_建施建施2-13A_二层组合平面图_2019-02-1…
AF_建施建施2-15A_二层防火分区疏散图_2019… | AF_建施建施2-14A_一层A4区放大平面图_2… | AF_建施建施1-5A_三层组合平面图_2019-02-1… | AF_建施建施1-6A_二层组合平面图_2019-… | AF_建施建施1-8A_四层夹层组合平面图_2019-…
AF_建施建施2-17A_一层A5区放大平面图_2… | AF_建施建施2-18A_一层夹1区放大平面图_2… | AF_建施建施2-19A_一层夹层A6区放大平面图… | AF_建施建施2-20A_二层夹层A1-2放大平面… | AF_建施建施2-21A_一层夹1区放大平面图_2…
AF_建施建施2-27A_二层A5区放大平面图_201… | AF_建施建施2-28A_一层A1-1区放大平面图_2… | AF_建施建施2-29A_二层A6区放大平面图_201… | AF_建施建施2-30A_二层A1-2区放大平面图_2… | AF_建施建施2-31A_二层A2-1区放大平面图_2…
AF_建施建施2-32A_二层A2区放大平面图_2… | AF_建施建施2-33A_二层A3区放大平面图_2… | AF_建施建施2-38A_二层A1-1区放大平面图_2… | AF_建施建施2-35A_二层A4-1区放大平面图_2… | AF_建施建施2-36A_二层A4-2区放大平面图_2…
AF_建施建施2-42A_二层夹层A2-2区放大平面… | AF_建施建施2-43A_二层A3区放大平面图_2… | AF_建施建施2-44A_二层A2-2区放大平面图_2… | AF_建施建施2-45A_一层夹层A4-1区放大平面… | AF_建施建施2-46A_一层夹层A4-2区放大平面…
AF_建施建施2-47A_三层A1-1区放大平面图_2… | AF_建施建施2-52A_三层A5区放大平面图_2… | AF_建施建施2-53A_三层A4-1区放大平面图_2… | AF_建施建施2-54A_三层A4-2区放大平面图_2… | AF_建施建施2-56A_三层夹层A2-1区放大平面…
AF_建施建施2-57A_三层夹1区放大平面图_2… | AF_建施建施2-58A_三层夹A2-2区放大平面图… | AF_建施建施2-59A_三层A1区放大平面图_2… | AF_建施建施2-60A_三层夹A3-2区放大平面… | AF_建施建施2-61A_三层夹A4-1区放大平面图…
AF_建施建施2-62A_三层A3区放大平面图_2… | AF_建施建施2-67A_四层A3-1区放大平面图_2… | AF_建施建施2-68A_四层A3区放大平面图_2… | AF_建施建施2-69A_四层A4区放大平面图_2… | AF_建施建施2-66A_四层夹层A2区放大平面图…
AF_建施建施2-72A_四层夹层A4-2区放大平面… | AF_建施建施2-73A_四层夹层A1区放大平面图… | AF_建施建施2-74A_四层夹层A2区放大平面图… | AF_建施建施2-75A_四层A3-1区放大平面图_2… | AF_建施建施2-76A_四层夹层A3-2区放大平面…
AF_建施建施2-77A_四层夹层A2-1区放大平面… | AF_建施建施2-82A_屋面A1区放大平面图_2… | AF_建施建施2-83A_屋面A1区放大平面图_2… | AF_建施建施2-84A_屋面A1-2区放大平面图_201… | AF_建施建施2-85A_屋面A6区放大平面图_201…
AF_建施建施2-87A_屋面A3-2区放大平面图_2… | AF_建施建施2-88A_屋面A4-1区放大平面图_2… | AF_建施建施2-89A_屋面A1-1区放大平面图_2… | AF_建施建施2-90A_屋面A4-3区放大平面图_屋… | AF_建施建施3-1A_南立面图（M2-Q1轴）南…
AF_建施建施3-2A_2O轴（1 U-K1轴）立面图… | AF_建施建施3-3A_北立面图（K1-B2轴）51轴… | AF_建施建施3-4A_11-1 35轴立面图 1 35-57… | AF_建施建施3-5A_57-1 35轴立面图 1 35-57… | AF_建施建施3-1A_南立面图（M2-Q1轴）22轴…
AF_建施建施3-7A_剖面图_2019-02-100_01-1… | AF_建施建施4-1A_卫生间放大平面图（一）… | AF_建施建施4-2A_卫生间放大图（二）… | AF_建施建施4-3A_电梯大样（一）_2019-02-1… | AF_建施建施4-4A_电梯大样（二）_2019-02-1…
AF_建施建施4-5A_电梯大样（三）_2019-02-1… | AF_建施建施4-6A_电梯大样（四）_2019-02-1… | AF_建施建施4-7A_电梯大样（五）_2019-02-1… | AF_建施建施4-8A_电梯大样（六）_2019-02-1… | AF_建施建施4-9A_电梯大样（七）_2019-02-1…
AF_建施建施4-10A_楼梯大样（一）_2019-02-1… | AF_建施建施4-15A_楼梯大样（五）_2019-02-1… | AF_建施建施4-18A_楼梯大样（八）_2019-02-… | AF_建施建施4-19A_楼梯大样（十）_2019-02-1… | AF_建施建施4-20A_楼梯大样（十一）_2019-02-1…
AF_建施建施4-16A_楼梯大样（七）_2019-02-… | AF_建施建施4-17A_楼梯大样（八）_2019-02-… | AF_建施建施4-23A_屋面节点图_2019-02-100… | AF_建施建施4-14A_楼梯大样（六）_2019-02-… | AF_建施建施4-25A_墙身大样_2019-02-100-1…
AF_建施建施4-21A_楼梯大样（十二）_2019-02-… | AF_建施建施4-22A_屋面大样_2019-02-100_01-1… | AF_建施建施4-13A_楼梯大样（四）_2019-02-… | AF_建施建施4-19A_楼梯大样（十）_2019-02-1… | AF_建施建施4-20A_楼梯大样（十一）_2019-02-1…
AF_建施建施4-26A_外窗节点图_2019-02-100… | AF_建施建施4-27A_集水坑大样_2019-02-100-1… | AF_建施建施4-28A_地面垫层大样 防火楼… | AF_建施建施4-34A_调平台大样_2019-02-100… | AF_建施建施4-30A_无天网格大样 空动围网…
AF_建施建施4-31A_边撑柱大样_2019-02-100… | AF_建施建施4-32A_防火封堵大样_2019-02-100… | AF_建施建施4-33A_防火封堵大样_2019-02-1… | AF_建施建施4-34A_调平台大样_2019-02-1… | AF_建施建施4-35A_门窗表_2019-02-100_01-…
AF_建施建施4-36A_门窗（一）_2019-02-100… | AF_建施建施4-37A_门窗（二）_2019-02-1… | AF_建施建施4-38A_门窗（三）_2019-02-1… | AF_建施建施4-39A_门窗（四）_2019-02-1… | AF_建施建施4-40A_门窗（五）_2019-02-1…
AF_建施建施4-41A_门窗（六）_2019-02-1… | AF_建施建施4-42A_门窗（七）_2019-02-1… | AF_建施建施4-43A_门窗（八）_2019-02-1… | AF_建施建施4-44A_门窗（九）_2019-02-1… | AF_建施建施4-45A_门窗（十）_2019-02-1…
AF_建施建施4-46A_门窗（十一）_2019-02-1… | AF_建施建施4-47A_门窗（十二）_2019-0… | AF_建施建施4-48A_门窗大样（十三）_2019-0… | AF_建施建施4-49A_门窗大样（十四）_2019-0… | AF_建施建施4-50A_门窗大样（十五）_2019-0…
AF_建施建施4-51A_门窗大样（十六）_2019-0… | AF_总施ZT01A_总平面定位图_2019-02-100_0…

图 9-2 转运中心主楼内装图纸目录

图 9-3 转运中心主楼内装设计模型

BIM 成果审查意见表

编号：

工程名称	转运中心工程	阶段	施工图设计阶段
成果名称/版本	EHE-CD-TC0101-I-A(F1)_转运中心A区1层内装模型_V1.0 EHE-CD-TC0101-I-A(F2)_转运中心A区2层内装模型_V1.0 EHE-CD-TC0101-I-A(F3)_转运中心A区3层内装模型_V1.0 EHE-CD-TC0101-I-A(F4)_转运中心A区4层内装模型_V1.0		
审查方式	BIM实施关联方审查 □　　总协调方审查 □　　BIM咨询方审查 ☑		
送审单位	××××有限公司		
送 审 人		日期	20201104
评审单位	××××有限公司		
评 审 人		日期	20201106
接收单位		日期	
审查意见			

经过我方对施工图设计阶段EHE-CD-TC0101-I-A_转运中心A区内装模型_V1.0的审查，模型存在的问题种类如下：

1. 2层夹层部分区域缺少内饰面、楼面，需补充。
2. 内饰面部分与门窗洞口与建筑不符，或缺少门窗洞口，情况严重。
3. 部分区域内饰面顶标高需调整。
4. 内饰面与门窗边缝处缝隙较大情况严重。
5. 内饰面与结构梁、柱之间的剪切关系需调整。
6. 车道线需补充。

图 9-4 转运中心主楼内装审查意见表

9.4.2 施工准备阶段

施工准备阶段输出的成果是开展后续施工的基本技术条件，同时基于相应的成果进行重大施工方案工艺模拟工作。该阶段主要工作为施工总承包单位进行各专业深化设计以及模型出图工作，设计单位、BIM 咨询单位、造价咨询单位、监理单位则对深化设计成果进行审查，并出具相应的审核报告，以此保证数字施工的顺利进行。施工准备阶段主要关联方交付物如表 9-4 所示。

施工准备阶段主要关联方交付物　　　　　　　　　　　　　　表 9-4

阶段	交付单位	交付物	备注
施工准备阶段	施工总承包单位	数字化交付成果说明报告	含模型成果交付说明及说明附件
		BIM 成果交付清单	—
		BIM 实施方案	—
		BIM 深化设计模型	—
		深化模型切图	—
		净高控制报告	—
		构件数据变动对比表	类比施工图设计模型
		施工组织模拟	场布模型等
		施工工艺模拟	—
		进度模拟	—
		模型构件明细表、工程量清单等	包含全部属性信息
		数字化加工的数据信息	钢筋、钢结构等
		深化成果送审表	—
		深化成果校审卡	—
		BIM 边界确认文件	—
		深化成果四方审核意见汇总表	—
		预审会及综合评审会会议纪要、签到表	—
		图纸会审及图审清单	—
	设计单位	审核报告、评估报告等	—
	BIM 咨询单位	模型应用报告、多媒体等交付成果的过程审核文件	—
		评估报告总结、工作联系单、进度计划表等	—
	造价咨询单位	审核报告、评估报告等	—
	监理单位	审核报告、评估报告等	—

以转运中心主楼钢结构工程为例，对施工准备阶段各关联方重点交付物进行示例说明。施工准备阶段主要由施工单位基于设计阶段工程图纸和 BIM 开展深化设计工作，其中最重要的交付成果为钢结构深化设计模型以及深化切图，该成果为工厂构件加工的主要依据，直接决定钢结构构件加工的精准度以及过程中工程量的计量。转运中心主楼 A1-1 区 1～4 层钢结构模型、深化切图以及部分构件数字化加工构件数据导入示例分别如图 9-5～图 9-7 所示。深化设计模型对比施工图设计模型相关构件数据变动对比如表 9-5 所示，深化设计过程亦为数字孪生建造的过程，施工单位通过数字深化设计的手段可有效发现并主动解决原设计图纸的各类问题，形成相应的图纸会审记录及清单如图 9-8 所示。此外，主楼工程为了保证自身提交成果的质量，采用完善的内审机制并形成基于深

化设计模型的内审报告。内审报告除自检发现的构件本身错误外，对模型内部自身以及与其他专业模型间的碰撞检测问题列举说明。成果送审表及内审报告如图 9-9 与图 9-10 所示。

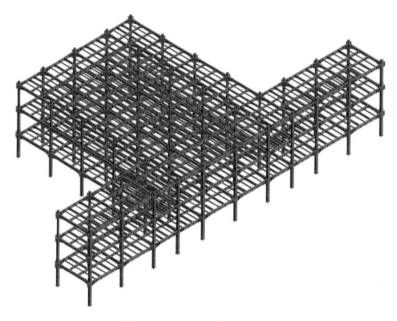

图 9-5　转运中心 A1-1 区 1～4 层钢结构模型

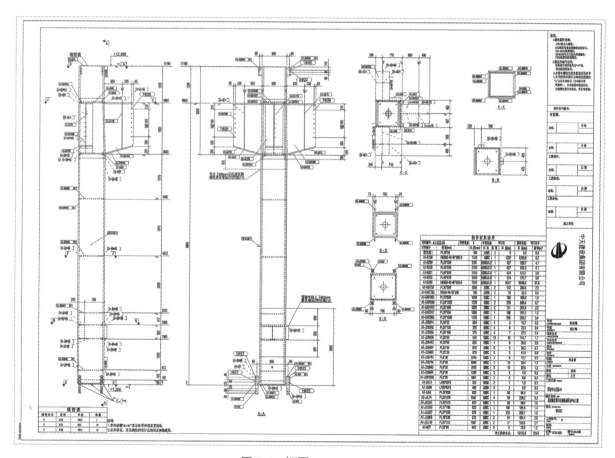

图 9-6　切图 A1-2GZ-60

图 9-7 钢构件数字化加工数据导入示意图

构件数据变动对比表（样例） 表 9-5

序号	阶段（项目）			体积（m³）			材质（钢材）			合计
	A	B	对比（B-A）	A	B	对比（B-A）	A	B	对比（B-A）	
1	施工图设计	施工准备	深化设计	3.59	3.74	0.15	Q390C	Q390C	一致	1
2	施工图设计	施工准备	深化设计		3.78	3.78	Q390C	Q390C	一致	1
3	施工图设计	施工准备	深化设计		3.81	3.81	Q390C	Q390C	一致	1
4	施工图设计	施工准备	深化设计	3.24		-3.24	Q390C	Q390C	一致	1
5	施工图设计	施工准备	深化设计	3.15		-3.15	Q390C	Q390C	一致	1

	施工标段	区域	涉及专业	会审日期	图纸会审编号	对应编号中的序号	施工图号、图名	图纸问题说明	图纸修订意见
1	主楼	A1区	钢结构	2020.12.2	02-03-B3-006	1 (第1页)	子项号: 01, 图号: A1-9 A, 图名: A1区基础梁平法施工图 (二)	20~21轴交1/P1~R1轴基础梁、K1轴交22~23轴基础梁、22轴交1/P1~R1轴基础梁与承台顶标高, 模型与图纸互相矛盾。	20轴交1/P1~R1轴基础梁以模型为准, 梁面标高为-0.800; 21轴1/P1~R1轴基础梁以模型为准, 梁面标高-0.400; K1轴交22~23轴基
2	主楼	A3区	钢结构	2020.12.2	02-03-B3-006	2 (第1页)	子项号: 01, 图号: A3-8 A, 图名: A3区基础梁平法施工图 (一)	A3区, 40轴交U1-T1轴基础梁, 图纸与模型定位不一致。	以图纸为准
3	主楼	A4区	钢结构	2020.12.2	02-03-B3-006	3 (第1页)	子项号: 01, 图号: A4-8 A, 图名: A4区基础梁平法施工图 (一) 子项号: 01, 图号: A4-9 A, 图	A4区, 48轴交N1~M1轴、48~49轴交Q1轴、48~49轴交L1轴、52轴交V1-W1轴, 图纸与模型定位不一致	48~49轴交Q1轴以模型为准, 48轴交N1~M1轴、、48~49轴交L1轴、52轴交V1-W1轴以图纸为准。
4	主楼	A2区	钢结构	2020.12.8	02-03-B3-007	1 (第1页)	子项号: 01, 图号: A2-8 A, 图名: A2区基础梁平法施工图 (一)	A2区, K1轴线交28~29轴线A2-L12 (5) 梁面标高为-0.400m, BIM模型上为-0.800m, 以哪个为准?	修改图纸, 以模型为准, 结施A2-8中, K1轴线交28~29轴线A2-L12 (5) 梁面标高为调整为-0.800。
5	主楼	主楼	钢结构	2020.12.8	02-03-B3-007	2 (第1页)	子项号: 01, 图号: 通12 A, 图名: 基础梁与承台及钢柱连接详图	A1~A6区, 基础梁平法施工图中与有外包混凝土的钢柱脚 (ZJ2、ZJ3、ZJ5) 连接的基础梁, 梁的上下纵筋是否穿钢柱?	是, 按结施通12中基础梁纵筋布置示意图 (二) 中穿筋构造执行。
6	主楼	A2区	钢结构	2020.12.8	02-03-B3-007	3 (第1页)	子项号: 01-1, 图号: 结施通8 A, 图名: 钢柱脚详图	施施通8中, 柱脚ZJ2和ZJ5基础梁梁底钢筋穿孔位置是否需要加水平加劲肋, 请复核。	是, 此处水平加劲肋设置同ZJ3
7	主楼	主楼	钢结构	2020.12.10	02-03-B3-008	1 (第1页)	子项号: 01-1, 图号: 结施通8, 图名: 钢柱脚详图	图中柱子隔板预留一个灌浆孔, 钢柱内有较多梁钢筋穿筋情况, 单个灌浆孔容易被穿筋遮挡, 请复核。	—

图 9-8　图纸会审记录及清单示意图

BIM 成果送审表

编号:

标段	转运中心主楼标段		
工程名称	新建湖北鄂州民用机场转运中心工程主楼施工总承包工程	阶段	施工准备
成果名称/版本	EHE-CP-TC0101-S-A1_转运中心A1-1区 1-4层结构模型(24~25轴交V1~L1轴及 19~24轴交 1/N1~1/S1轴+1.200~+32.970)_V3.0		
成果类型	模型成果 ☑　　模型应用成果 □　　其他成果 □		
BIM 软件及版本	Revit2018		
送审单位	中天建设集团有限公司		
成果完成人	陈立军、蔡国一、曹洋、俞鼎鼎、干勇祥、孙得军		

BIM 成果说明 (包括成果清单及其他需要说明的问题):

转运中心A1-1区 1-4层 钢结构模型 (24~25轴交V1~L1轴及 19~24轴交1/N1~1/S1轴+1.200~+32.970)

送审单位自审意见 (成果是否经过内审, 成果质量如何):

转运中心工程一标段总包方已经完成A1-1区1-4层钢结构模型(24~25轴交V1~L1轴及19~24轴交 1/N1~1/S1轴+1.200~+32.970)深化成果内审

好

BIM 负责人: 汇昆 (签字、盖章)
2021 年 04 月 13 日

图 9-9　成果送审表

转运中心工程 BIM 模型质量校审卡

标段	转运中心主楼标段		单位名称	中天建设集团有限公司
工程名称	新建湖北鄂州民用机场转运中心工程主楼施工总承包工程			
成果名称/版本	EHE-CP-TC0101-S-A1_转运中心A1-1区 1-4层钢结构模型(24~25轴交 V1~L1轴及 19~24轴交 1/N1-1/S1轴+1.200~+32.970)_V3.0		BIM 软件及版本	Revit2018
完成人	曹洋、俞鼎鼎、蔡国一、干勇祥、孙得军		送审日期	04.13
校审人	陈立军		校审日期	04.13

BIM 成果说明 (说明完成 BIM 成果的前置条件、基础资料和指导性意见, 说明模型主要参数、规格, 明确建模范围、坐标系, 简述所使用的工具软件及建模方法等):

转运中心A1-1区 1-4层钢结构模型 (24~25轴交 V1~L1轴及 19~24轴交 1/N1-1/S1轴 +1.200~+32.970) 深化

图 9-10　内审报告

在施工单位完成内部审查的基础上, BIM 咨询、设计、监理及造价咨询单位根据各自的审核职责对施工方提交成果进行细致核查, 并形成相应的评估报告, 完成施工准备阶段关联方成果交付。

基于深化成果与四方评估报告，定期召开模型审核会，形成 BIM 实施评估报告总结以及相应的会议纪要，由各方签字确认后，由施工单位上传项目管理平台，完成相应的成果交付。BIM 实施评估报告总结与会议纪要示例如图 9-11、图 9-12 所示。

图 9-11　转运中心 A1-1 区 1～4 层钢结构评估报告总结

图 9-12　转运中心 A1-1 区 1～4 层钢结构成果评审会议纪要

转运中心主楼主体结构形式为钢框架结构，体量大、工期紧、超长构件多，为保证施工安全及进度，主楼项目部制定相应的专项施工方案并进行施工工艺推演，形成以模拟动画为主要形式的成果交付。主楼钢结构采用履带吊、汽车式起重机（在施工现场也称汽车吊）等运输安装机械进行双向立体退装作业，钢结构吊装方案模拟如图 9-13 所示。

图 9-13 钢结构吊装方案模拟

9.4.3 施工实施阶段

转运中心主楼工程全程应用施工准备阶段创建的深化模型以及深化图纸进行施工作业,然而由于项目体量大,建筑功能需求多,在施工过程中难免出现施工图设计变更,并由此导致的深化设计成果变更,甚至对相关施工工艺以及进度造成影响。施工实施阶段,施工总承包单位根据监理下发的设计变更指令对施工准备阶段交付成果进行变更修改工作,并且将变更成果重新提交四方审核。施工实施阶段主要关联方交付物如表 9-6 所示。

施工实施阶段主要关联方交付物

表 9-6

阶段	交付单位	交付物	备注
施工实施阶段	施工总承包单位	数字化交付成果说明报告	含模型成果交付说明及说明附件
		BIM 成果交付清单	—
		造价对比分析表	交付版与平台轻量化版本的对比,如果没有轻量化则跟招标清单对比
		BIM 深化设计模型	—
		深化模型切图	—
		图纸会审及图审清单	—
		设计变更及变更清单	—
		施工工艺模拟报告	—
		施工节点验收可视化视频展示	—
		构件明细表、工程量清单等	—
		施工节点验收可视化视频展示	—
		深化成果送审表	—
		深化成果校审卡	—
		BIM 边界确认文件	—
		深化成果四方审核意见汇总表	—

续表

阶段	交付单位	交付物	备注
施工实施阶段	设计单位	审核报告、评估报告等	
	BIM 咨询单位	审核报告、评估报告等	—
		评估报告总结、工作联系单等	—
	造价咨询单位	审核报告、评估报告等	—
	监理单位	审核报告、评估报告等	—

以转运中心主楼建筑工程为例介绍施工实施阶段各关联方主要交付物。在完成一层深化设计工作后，施工单位开始进行基于深化模型与图纸的施工作业，在实施过程中，设计单位接收到项目指挥部确认的分拣提资需求，同时根据幕墙深化设计复核发现 A4 区消防通道处部分专业冲突，由此发生一般设计变更，造成建筑平面修改，如图 9-14 所示。施工总承包单位接收设计变更单之后，根据相关变更内容对施工准备阶段深化成果进行设计变更修改，并对变更产生的构件数据变动出具相应的对比表，建筑设计变更模型与对应的造价对比分析表如图 9-15、表 9-7 所示。此外，由于主楼标段与周边多个标段接壤，为保证模型边界的准确性，明确施工范围，实施阶段还需上传相应的结构模型边界确认文件，如图 9-16 所示。

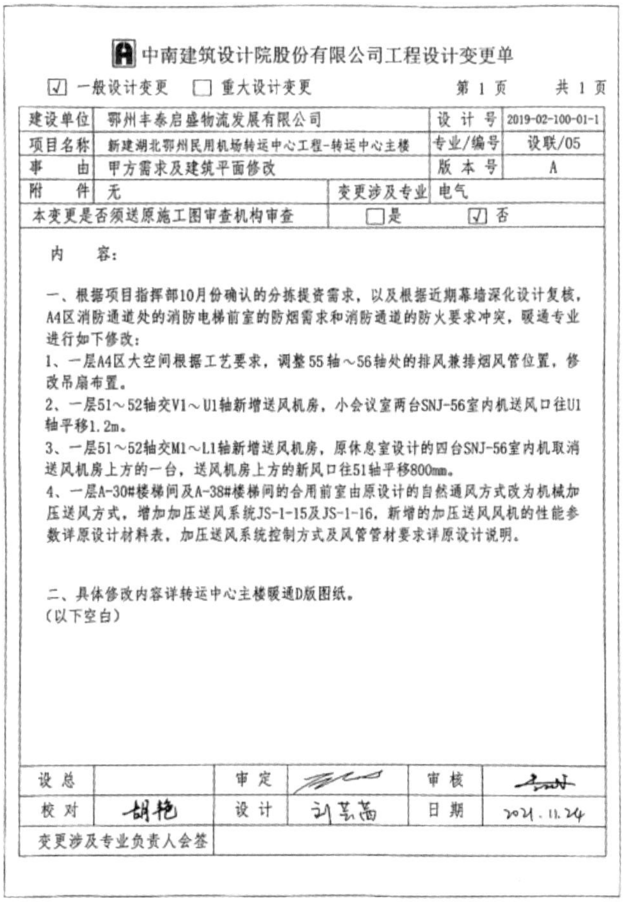
中南建筑设计院股份有限公司工程设计变更单

☑ 一般设计变更　☐ 重大设计变更　第 1 页　共 1 页

建设单位	鄂州丰泰启盛物流发展有限公司	设计号	2019-02-100-01-1
项目名称	新建湖北鄂州民用机场转运中心工程-转运中心主楼	专业/编号	设联/05
事由	甲方需求及建筑平面修改	版本号	A
附件	无	变更涉及专业	电气
本变更是否须送原施工图审查机构审查		☐是	☑否

内　容：

一、根据项目指挥部10月份确认的分拣提资需求，以及根据近期幕墙深化设计复核，A4区消防通道处的消防电梯前室的防烟需求和消防通道的防火要求冲突，暖通专业进行如下修改：

1、一层A4区大空间根据工艺要求，调整55轴～56轴处的排风兼排烟风管位置，修改吊扇布置。

2、一层51～52轴交V1～U1轴新增送风机房，小会议室两台SNJ-56室内机送风口往U1轴平移1.2m。

3、一层51～52轴交M1～L1轴新增送风机房，原休息室设计的四台SNJ-56室内机取消送风机房上方的一台，送风机房上方的新风口往51轴平移800mm。

4、一层A-30#楼梯间及A-38#楼梯间的合用前室由原设计的自然通风方式改为机械加压送风方式，增加加压送风系统JS-1-15及JS-1-16，新增的加压送风风机的性能参数详原设计材料表，加压送风系统控制方式及风管管材要求详原设计说明。

二、具体修改内容详转运中心主楼暖通D版图纸。

（以下空白）

设总		审定		审核	
校对	胡艳	设计		日期	2021.11.24
变更涉及专业负责人会签					

图 9-14　设计变更单

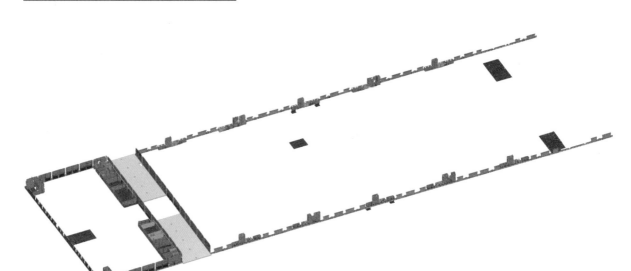

图 9-15 转运中心 A2～A4 区一层建筑设计变更模型

造价分析对比表（样例）   表 9-7

序号	区域	项目编码	项目名称	项目特征	工作内容	计量单位	变更前			变更后			工程量差	价差	备注
							工程量	单价	合价	工程量	单价	合价			
1	主楼	010402 001003	砌块墙 200mm 厚	（1）砌块品种、规格、强度等级：200mm 厚 B06 级（强度等级不低于 A2.5）蒸压加气混凝土砌块；（2）墙体类型：内墙；（3）砂浆强度等级：按设计要求；（4）其他：含墙面钢丝网或耐碱玻纤网格布加固	（1）砂浆制作、运输；（2）砌砖、砌块；（3）勾缝；（4）材料运输；（5）加砌块内外侧清扫；（6）钢丝网加固安装、校正、安螺栓及金属立柱	m³	x	x	x	x	x	x	x	x	工程量差与价差为变更后－变更前
2	主楼	010503 004001	圈梁	（1）混凝土种类：预拌（商品）混凝土；（2）混凝土强度等级：C25；（3）其他：模板、支架及支架超高等措施均由投标单位自行考虑	（1）模板及支架（撑）制作、安装、拆除、堆放、运输及清理模内杂物、刷隔离剂等；（2）混凝土制作、运输、浇筑、振捣、养护、泵送、泵送管道安拆、外加剂、抗渗剂、混凝土养护；（3）模板对拉螺栓、止水螺栓及其堵眼费；（4）后浇带金属网的铺贴与锚固	m³	x	x	x	x	x	x	x	xx	工程量差与价差为变更后－变更前
n	…	…	…		…		…	…	…	…	…	…	…	…	…
				合计			x	x	x	x	x	x	x	x	—

转运中心工程

施工阶段 BIM 模型边界确认文件

编号：

标段	湖北国际物流核心枢纽项目转运中心工程一标段		
工程名称	湖北国际物流核心枢纽项目		
成果名称/版本	EHE-CP-TC0101-S-A1(DPB)_转运中心 A1 区地坪板结构模型_V1.0 EHE-CP-TC0101-S-A1(DPB)_转运中心 A2 区地坪板结构模型_V1.0 EHE-CP-TC0101-S-A1(DPB)_转运中心 A3 区地坪板结构模型_V1.0 EHE-CP-TC0101-S-A1(DPB)_转运中心 A4 区地坪板结构模型_V1.0 EHE-CP-TC0101-S-A1(DPB)_转运中心 A6 区地坪板结构模型_V1.0	BIM 软件及版本	Revit 2018
完成单位	中天建设集团有限公司	监理单位	北京帕克国际工程咨询股份有限公司
确认事项	本 BIM 模型是否需其他标段单位会签：☑是　　□否 (1)本工程承台专业模型与 FXQ-CD-004 标段与机场工程飞行区场道工程地梁专业模型的接口已确认无误； 除上述以外，本工程模型与其他各标段之间不存在模型接口及碰撞问题。 施工单位 BIM 负责人（签字、盖章）：　　监理单位 BIM 负责人（签字、盖章）： 2020年12月7日　　　　　　　　2020 年12月 8日 设计单位 BIM 负责人（签字、盖章）：　　BIM 咨询负责人（签字、盖章）： 2020 年12月 8日　　　　　　　　2020 年12月 8日		

图 9-16　施工实施阶段边界确认文件

9.4.4　竣工交付阶段

转运中心主楼工程竣工阶段交付与接收对象分别为施工总承包单位和建设单位，其交付成果涵盖各个分部、分项工程的物理信息、位置信息、深化图纸、过程文件、说明文件等后续验收备案所需的各类数字化文件，同时交付成果保持与现场实际工程的一致性，并且满足相关运营部门就运营阶段的数字模型应用、管理平台数据传输与信息流转等要求。

竣工阶段 BIM、图纸、文件等相关交付成果均为电子版，通过线上项目管理平台进行竣工成果过程版报审流程，审核通过的成果文件通过线上正式版竣工成果报审流程提交，相关流程流转至归档。竣工阶段数字集成交付合格标准：

（1）所含施工各阶段数字交付成果均应检验合格。

（2）数字交付成果过程应用资料应完整。

（3）数字交付成果过程管控资料应完整。

（4）竣工模型、竣工图等交付成果应同时满足基于BIM的竣工结算和后续运维管理需求，同时审查合格。

（5）基于竣工模型的轻量化模型以及配套资源库应准确并完整。

竣工交付阶段应对表9-1中的所有类型文件进行交付，除施工阶段形成的各类过程交付文件外，竣工阶段创建的数字成果为该阶段交付物的重要组成部分，其主要交付物如表9-8所示。

竣工阶段主要交付物 表9-8

阶段	交付单位	交付物	备注
竣工交付阶段	施工总承包单位	数字化验收成果说明报告	含模型成果交付说明及说明附件
		BIM成果交付清单	—
		竣工模型	Revit版
		轻量化模型	竣工模型版，采用.nwc或.nwd格式、i.dgn格式、.bim格式
		竣工图	电子版和盖竣工图章的扫描件
		模型实物一致性报告	—
		图模一致及实模一致承诺函	—
		所有图纸会审及图审清单	—
		所有变更及变更清单	—
		运维属性信息表	—
		使用说明书	—
		铭牌照片	—
		资源库	高精度设备模型、族库样板文件、模板库、构件库等

数字化验收成果说明报告为竣工验收阶段BIM成果的重要说明文件，其主要由模型成果说明及相应的说明附件组成，如图9-17所示。竣工模型成果交付说明对深化设计成果、设计变更成果线上流程批次，对应模型、模型内构件数量、图纸会审与变更图纸版本份数等内容进行阐述，成果交付说明附件则对相应设计图纸与变更图纸的下发时间，深化设计与设计变更成果的过审时间、流程归档时间、具体的模型变更数量进行注释说明。

竣工阶段BIM成果交付清单由数字化成果交付物的文件夹序列及类别组成，清单逐一列举了本批次交付物的文件构成，并且遵循既定标准下的文件命名规则，保证本工程竣工阶段BIM成果按计划有序推进，转运中心主楼工程竣工阶段BIM成果交付清单如图9-18所示。

竣工模型为竣工阶段交付成果的核心组成部分，模型交付前，需核对模型构件与工程量清单的映射准确性。为减少建设单位后期数据整合成本，同时满足后期运维管理的要求，转运中心主楼工程以建筑楼层划分情况进行成果提交，每次成果提交分别涵盖结构、建筑、机电等所有专业在内的BIM，并且提供.nwc或.nwd、i.dgn、.bim等格式的轻量化整合模型。转运中心主楼一层竣工模型及其轻量化模型如图 9-19 和图 9-20 所示。

（a）模型成果交付说明　　　　　　　　　（b）模型成果交付说明附件

图 9-17　数字化验收成果说明报告（样例）

序号	标段	专业	区域	报审模型流程名称	平台流程编号	构件数量	四方审核同期总数	过会时间	过审模型上传平台时间	对应图纸版本	该版模型对应图纸下发时间	是否变更	变更图纸版本	变更图纸下发时间	变更模型过审时间	变更模型构件数量	变更模型上传平台时间	变更模型平台流程归档时间
1	转运中心主楼	建筑	A2A3A4区	转运中心A2A3A4区一层建筑模型	SHSJ-828	23300	90	2021.5.31	2021.6.5	A	2021.1.14	有	D	2021.12.25	2021.1.5	23000	2022.1.24	2022.3.30
2			A2A3A4区	转运中心A2A3A4区二层建筑模型	SHSJ-825	21900	40	2021.8.3	2021.8.21	A	2021.1.14	有	D	2021.12.25	2021.1.5	18310	2022.1.24	2022.3.25
3			A1A2A3A4区	转运中心A1A2A3A4区三层建筑模型	SHSJ-826	20381	30	2021.9.27	2021.12.25	A	2021.1.14	有	D	2021.12.25	2021.1.5	23377	2022.1.24	2022.3.24
4			A1A2A3A4区	转运中心A1A2A3A4区四层建筑模型	SHSJ-830	29343	40	2021.11.3	2021.12.25	A	2021.1.14	有	D	2021.12.25	2021.1.6	29034	2022.1.24	2022.3.30
5			A1A5A6区	转运中心A1A5A6区一层建筑模型	SHSJ-827	29140	80	2021.6.9	2021.6.17	A	2021.1.14	有	D	2021.12.25	2021.1.6	32480	2022.1.24	2022.2.25
6			A1A5A6区	转运中心A1A5A6区二层建筑模型	SHSJ-829	29168	20	2021.9.1	2021.9.6	A	2021.1.14	有	D	2021.12.25	2021.1.6	28397	2022.1.24	2022.4.6

I		II		III		IV	
A	数字化验收成果	A1	BIM成果说明	01	数字化验收成果说明报告	01	模型成果交付说明
						02	模型成果交付说明附件
				02	BIM成果交付清单（模型地图）		
				03	造价对比分析表（交付版与平台轻量化版本的对比，如果没有轻量化则跟招标清单对比）		
				04	模型实物一致性报告		
				05	图模一致及实模一致承诺函		
				06	图纸会审及图审清单		
				07	运维属性信息表		
				08	设计变更及变更清单		
		A2	BIM管理文档	01	BIM实施方案		
				02	专项方案汇报资料（例如支吊架、净高方案及其他面向各处室及领导的汇报资料）		
		A3	BIM应用成果	01	施工组织模拟（例如场布模型）		
				02	施工工艺模拟		
				03	进度模拟		
				04	净高控制报告		
				05	构件明细表（需包含全部属性信息）		
				06	其他应用（各标段根据施工合同确定）		
		A4	BIM审核文档	01	竣工模型报审文件	01	送审表
						02	校审卡
						03	边界确认文件
						04	四方审核意见汇总表
						05	预审会及综合评审会会议纪要、签到表
		A5	BIM模型成果	01	深化设计成果（过会版）	01	深化设计模型
						02	深化设计模型切图和设计图纸
						03	设计变更（如果有的话）
						04	图纸会审记录
						05	其他报审文件（自审表、送审卡、四方审核报告、纪要、边界确认、链接文件）
				02	设计变更成果	01	设计变更模型
						02	设计变更模型切图和设计变更图纸
						03	设计变更、图纸会审记录及图审和变更清单
						04	其他报审文件（自审表、送审卡、四方审核报告、纪要、边界确认、链接文件）
				03	竣工交付成果	01	竣工模型
						02	竣工模型切图
						03	竣工图（电子版和盖竣工图章的扫描件）
						04	图模一致及实模一致承诺函
						05	所有图纸会审及图审清单
						06	所有变更及变更清单
						07	运维属性信息表
						08	使用说明书
						09	铭牌照片
				04	轻量化模型	01	Revit提供.nwc或者.nwd格式，i.dgn格式、.bim格式
						02	Bentley提供i.dgn格式、.bim格式
						03	Tekla提供原格式、ifc格式
				05	资源库（高精度设备模型、族库样板文件、模板库、构件库）	01	独立的高精度机械设备、电气设备、电梯、消防、安防、安检设备模型
						01	样板文件
						02	族库

图 9-18　转运中心主楼工程竣工阶段 BIM 成果交付清单

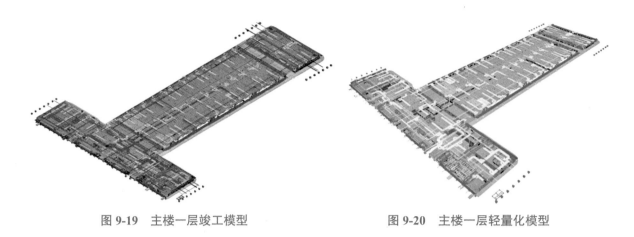

图 9-19　主楼一层竣工模型　　　　　图 9-20　主楼一层轻量化模型

竣工模型生成的二维竣工切图为 BIM 的重要衍生成果，以立面图、剖面图和详图为出图重点，辅以工程复杂部位的三维节点图、轴测图、剖切图的竣工切图，可更为准确高效地表达设计意图和实际做法，提升读图人员的理解效率。主楼一层医务室竣工切图与 A1-1 区管线综合轴测竣工切图分别如图 9-21 和图 9-22 所示。

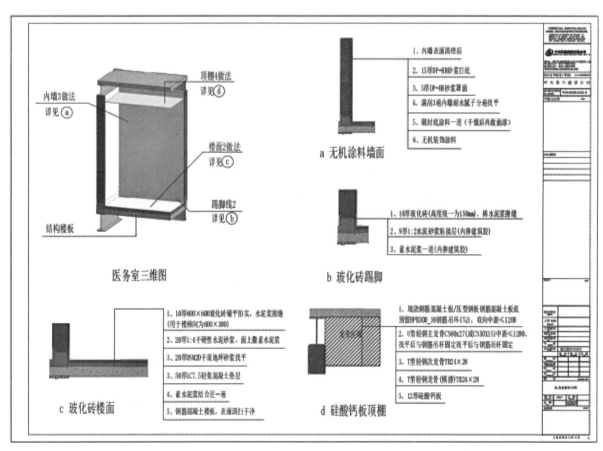

图 9-21　医务室竣工切图

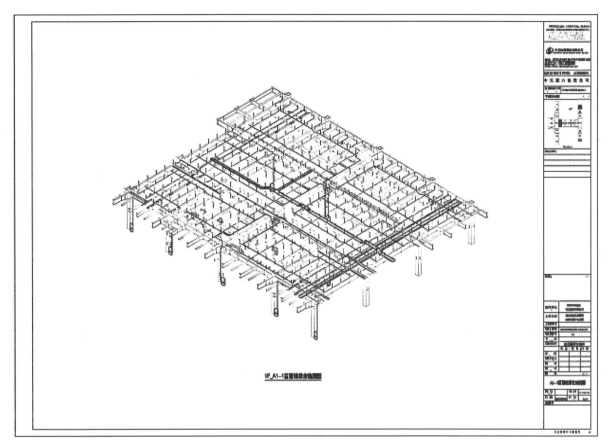

图 9-22　A1-1 区管线综合轴测竣工切图

转运中心主楼工程以 BIM 深化设计模型为唯一数据源开展按模施工工作，随着施工作业的开展，考虑设计变更等因素对深化模型进行迭代更新，最终形成与工程实体一致的竣工模型，同时满足竣工模型与竣工图的一致性要求，由施工总承包单位出具竣工模型图模一致性承诺函和竣工模型实模一致性承诺函，分别如图 9-23 和图 9-24 所示。工程验收时还需出具模型和实物的核对报告，配备相应区域的模型截图和现场照片加以说明，同时由施工总承包单位和监理单位共同签字确认，模型实物一致性报告如图 9-25 所示。

转运中心主楼工程体量大，设计、施工周期短，在施工过程中，不可避免由于设计自查、设计优化、分拣新需求的提出等原因引起设计变更，设计变更直接导致现场相关施工工艺、工序的改变，同时带来对应 BIM 的调整与工程造价的变动。为了建设单位在竣工阶段能够更快地对工程变更情况以及变更造成的影响进行统计分析，需提交所有专业施工全过程的设计变更清单，清单包括变更的编号、变更的位置及内容、变更原因、变更成果、模型变更及造价测算等信息。转运中心主楼工程设计变更部分清单如表 9-9 所示。

新建湖北鄂州民用机场转运中心工程主楼标段

竣工阶段图模一致的承诺函

鄂州丰泰启盛物流发展有限公司（合同主体）：

　　我司上传项目管理平台竣工阶段成果报审流程的相关 BIM 成果，承诺已将全部设计变更及图纸会审内容均反馈至竣工图内，竣工阶段 BIM 模型与竣工图完全一致。

特此说明。

签字：（项目经理）

公司（盖项目章）

2022 年 X 月 X 日

图 9-23　竣工模型图模一致性承诺函（样例）

新建湖北鄂州民用机场转运中心工程主楼标段

竣工阶段实模一致的承诺函

鄂州丰泰启盛物流发展有限公司（合同主体）：

　　我司承诺承建标段内的现场全部实体施工内容，与上传至项目管理平台竣工阶段成果报审流程的 BIM 竣工模型完全一致。

　　如出现实体与模型不一致的情况，承诺根据甲方/监理指令调整现场实体/调整竣工模型直至实模完全一致，且承担相应的整改费用。

特此说明。

签字：（项目经理）

XX 公司（盖项目章）

2022 年 X 月 X 日

图 9-24　竣工模型实模一致性承诺函（样例）

模型与二维图纸和实物核对报告

标段名称：　转运中心主楼　　子单位工程名称：　　转运中心

序号	三维模型截图 1	三维模型截图 2	现场照片 1	现场照片 2
1				
2				
施工单位意见	模型与二维图纸和实物一致 项目经理签字（盖章）： 2022 年 xx 月 xx 日			
监理单位意见	模型与二维图纸和实物一致 总监/总代签字（盖章）： 2022 年 xx 月 xx 日			

说明：1、三维模型截图视角要求能让现场拍到相应角度，每个房间/走廊不少于 2 张，每处走向发生变化的地方均要求表达出来；2、模型切图包括平立剖，与三维模型截图范围一致；3、机电模型的三维模型截图须链接有土建模型；4、现场照片须与三维模型截图视角保持高度一致。

图 9-25　模型实物一致性报告（样例）

转运中心主楼工程设计变更部分清单　表 9-9

序号	标段	变更单编号	变更相关的位置	变更内容概述	变更原因	变更成果（附图或施工图编号）	变更下发时间	对应变更模型	现场落实情况	商务会的会议纪要编号	造价测算
1	主楼	建联/15	二层 A5 区域；平层及夹层	海关区域功能用房布局调整	甲方新需求，根据项目指挥部正式确认的分拣提资，以及海关供应商设备相关提资，对转运中心主楼 A5 区海关离线区二层及二层夹层进行调整	建施 2-27D 建施 2-37D	2021.11	EHE-CP-TC0101-A-A(F2)_转运中心 A1A5A6 区二层建筑模型	已落实	—	—
2	主楼	建联/20	一层 A4 区域 V1-L1 轴交 51-52	A4 区新增加压送风机房的隔墙	设计自查		2021.11	EHE-CP-TC0101-A-A(F1)_转运中心 A2A3A4 区一层建筑模型	已落实	—	—
3	主楼	建联/23	二层 A2 区域 M1-L1 轴交 25-26	恢复原建筑 B 版施工图的二层 B62、B63 分拣线体洞口	建设单位需求		2022.01	EHE-CP-TC0101-A-A(F2)_转运中心 A2A3A4 区二层建筑模型	已落实	—	—
n	……	……	……	……	……	……	……	……	……	……	……

　　转运中心主楼建筑设计的首要任务为满足物流分拣的功能要求，为了给设备运行维护提供可靠依据，实现建设期到运维期资产的无缝交接，使得运维单位能够快速调阅并掌握工程的整体情况，熟悉各类照明系统设备、空调系统设备、消防系统设备、门窗等工程构件的属性信息及安装方式，主楼工程在 BIM 主要管理设备以及防火门窗等构件中赋予运维属性，建立运维属性信息表。

　　运维属性信息包含构件的定位信息、生产信息、采购信息、安装信息、铭牌信息、说明书等内容，运维单位可利用 BIM 中积累的各类设备信息，结合传感器等监控设备，实时监测项目运行、设备容量等信息。一旦监测异常，可根据 BIM 可视化模型掌握工程结构、管道走向与机材信息，快速找到损坏设备并展开维修或替换，有效降低设备运行及维修成本。转运中心主楼工程部分运维属性信息如表 9-10 所示。某电机使用说明书及铭牌如图 9-26、图 9-27 所示。

表 9-10

转运中心主楼工程部分运维属性信息表

序号	专业	子专业	二级子专业	构件类别	构件子类别	构件类型	族名称	族类型名称/构件名称	设计属性	定位信息（房间名称或区域位置）	生产信息（生产厂家、联系方式、使用说明）	采购信息（采购单位、进场日期）	安装信息（安装单位、安装日期、安装方式、交付日期）备注：未进场设备相关属性可用"*"代替，待交付时完善	铭牌信息（包含铭牌内所有信息，电子版铭牌照片命名与族类型名称/构件名称一致）备注：所有字段以"、"分割。各组信息用键值对以"；"连接	说明书名称（说明书名称以构件编码命名）备注：如果同一构件类型存在多种构件，后面用"-"连接两位自然数编号区分
1	电气	供配电系统	低压配电系统	低压配电箱	双电源自动切换箱	600×250×1000－低压配电系统	双电源自动切换箱	双电源自动切换箱_600×1000－250×1000－低压配电系统	风量、功率、电压、叶片直径、设备编号	主楼一层	—	中天建设集团有限公司.2021.6	中天建设集团有限公司.2021.6.落地安装	额定频率：50Hz；额定电压：380V；额定电流：100A	06.01.02_01.0005.0024
2	建筑	门窗工程	门	防火门	单扇钢制防火门（无门套）	FM甲0721	防火门	单扇钢制防火门（无门套）－FM甲0721	门板材质、〈其他材质〉、宽度、高度	主楼一层	—	中天建设集团有限公司.2021.7	中天建设集团有限公司.2021.7.安装于墙壁洞口	FM甲0721，小保养3日/次，大保养6月/次	02.06.01_03.0009.0020
3	建筑	门窗工程	门	卷帘门	卷帘门	JM3048	卷帘门	卷帘门_JM3048	门板材质、〈其他材质〉、（尺寸）、宽度、高度	主楼一层	—	中天建设集团有限公司.2021.7	中天建设集团有限公司.2021.7.安装在门洞上	产品名称：防盗抗风卷帘；生产厂家/	02.06.01_05.0001.0022
n	……	……	……	……	……	……	……	……	……	……	……	……	……	……	……

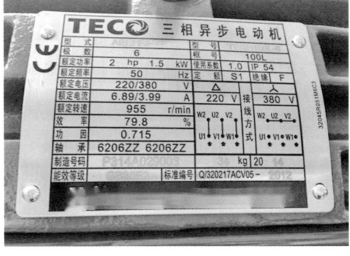

图 9-26　使用说明书　　　　　　图 9-27　铭牌照片

9.5　本章小结

转运中心主楼工程的数字交付是项目实施各阶段的过程交付，通过进一步完善施工阶段 BIM 的精度与运维属性，保持数据源的唯一性，一模到底，创建工程数据资产，最终完成数字孪生模型与工程实体的双重交付。主楼工程中，施工总承包单位与建设单位分别为交付与接收的主要对象，各类工程信息高度集成的 BIM 为交付的核心组成物，主楼工程竣工阶段的顺利交付同样得益于施工阶段交付成果与文件的成功创建。本章系统地介绍了转运中心主楼工程数字集成交付的流程与要点，将数字交付划分为设计、施工准备、施工实施与竣工交付四个阶段，并分别对其典型交付物与作用作出详细介绍：

（1）设计阶段交付物是开展施工准备阶段深化设计工作的前提，对于应用 BIM 技术进行工程数字建造与管理而言，设计阶段工程图纸与模型为重要交付物。

（2）施工准备阶段交付物是施工作业的基础，工程基于 BIM 技术开展全专业深化设计工作，并且基于深化模型进行全过程施工作业，同时通过 BIM 进行净高控制、施工组织模拟等应用，形成含 BIM 深化模型、深化切图、过程应用及管理文件等在内的交付物。

（3）施工实施阶段交付物是施工准备阶段的延伸，工程基于设计变更文件进行成果变更工作，利用 BIM 深化模型开展可视化验收，除深化设计变更模型与切图外，还需提交含设计变更文件、造价分析对比表等在内的交付物。

（4）竣工交付物是后续运维的保障，竣工阶段需对施工各阶段数字成果进行统一交付，为建设单位创建规范、系统的工程数据资产。其中，竣工模型需保持与现场工程实物、竣工图纸的一致性，同时满足竣工结算以及后续运维管理的要求。

第10章 数字建造应用成果

10.1 概述

历经数百个日夜的努力与奋斗,一座总建筑面积达 54.8 万 m^2 的转运中心主楼终于呈现在世人面前。它不仅凝结了中天控股集团项目管理团队及 3000 余名一线作业人员的智慧和汗水,更承载了数字赋能建筑行业转型升级的期许与展望。花湖机场是首个由住房和城乡建设部批复应用 BIM 技术进行造价管理的改革试点项目,作为其中应用深度与广度的典型代表之一,转运中心主楼工程数字建造的实施与开展备受行业瞩目。中天控股集团项目团队作为这一过程的亲历者,与参建各方共同推进工程在数字建造技术下的深化与实施,以及包括质量、造价、交付等管理维度在内的深入应用。中天控股集团通过在过程中的积极探索与总结提炼,截至 2022 年 7 月,已取得一系列数字建造应用成果,同时也正在为将来的"钢结构金奖""鲁班奖""詹天佑奖"而努力奋斗。

10.2 成果概览及创新

10.2.1 荣获奖项

转运中心主楼工程因其在数字建造方面的深度应用而广受关注,相关成果也得到了来自行业的充分肯定与高度评价。本着交流学习与经验推广的角度,项目团队也在积极的进行相关奖项的申报工作,本工程已获奖项如下:

1. 示范工程

(1)2021 年度湖北省装配式建筑示范项目

(2)2021 年度湖北省建筑节能示范项目

(3)2021—2022 年度湖北省建筑工程安全文明施工现场

(4)2022 年度湖北省绿色施工示范项目

(5)2022 年度国家 AAA 级安全文明标准化工地

(6)2022 年度湖北省绿色建筑示范项目

（7）2023 年度湖北省建筑业绿色建造暨绿色施工技术应用（示范）工程

（8）2023 年度湖北省新技术应用示范工程

（9）2022～2023 年度第一批湖北省建筑结构优质工程

2. 竞赛奖项

（1）第十一届"龙图杯"全国 BIM 大赛综合组一等奖

（2）第三届工程建设行业 BIM 大赛一等成果

（3）2022 年度中建协绿色施工竞赛一类成果

（4）2022 年度工程建造微创新技术大赛二等成果

（5）2022 年度湖北省建设工程 BIM 大赛单项应用二类成果

（6）2022 年度中建协建设工程 BIM 大赛单项应用一类成果

（7）2022 年度中建协建设工程 BIM 大赛综合应用二类成果

（8）2023 年度湖北省建设工程项目管理成果竞赛一等成果

（9）2023 年度中国建筑业协会质量管理标准化竞赛一等成果

3. QC 成果

（1）超长悬挑铝板幕墙檐口施工工艺创新，荣获 2022 年工程建设质量管理小组活动成果大赛国家级二等奖

（2）提高转运中心基础钢筋 Revit 建模效率，荣获 2022 年湖北省工程建设优秀 QC 成果大赛Ⅱ类成果

（3）提高钢结构厚板焊接一次合格率，荣获 2022 年湖北省工程建设优秀 QC 成果大赛Ⅱ类成果

10.2.2　知识产权

知识是组织赖以生存的核心战略资源，是企业参与市场竞争的关键要素。经过转运中心主楼的工程历练，中天项目团队持续进行知识的提炼与总结，并以此为契机，将单个项目中数字建造的成功经验进行复制与推广，由点及面，实现工程经验的有效转化。本工程已获得省级工法、专利、软件著作权以及发表论文的情况如下：

1. 省级工法

（1）超长可转动式直立锁边金属屋面系统施工工法

（2）大悬挑铝板幕墙半装配式整体提升施工工法

（3）免钉免胶体系圆拱固定天窗施工工法

（4）外墙饰面企口隐钉结构复合板施工工法

2. 专利

（1）一种地面变形缝连接构造结构［P］. 湖北省：CN114941267A，2022-08-26.

（2）一种钢结构施工用安全防坠保护装置［P］．湖北省：CN115009952A，2022-09-06.

（3）一种金属屋面施工过程中的运输车［P］．湖北省：CN217866470U，2022-11-22.

（4）一种具有双重防水功能的新型防水套管［P］．湖北省：CN217871995U，2022-11-22.

（5）一种线管疏通测量装置［P］．湖北省：CN216815408U，2022-06-24.

3. 软件著作权

（1）中天建设 TTR 工具集系统 V1.0

（2）钢结构施工安全监控软件

（3）焊缝质量检测管理软件

（4）吊重分析辅助验算软件 V1.0

（5）ZTGG 钢柱分段设计与吊重校核软件 V1.0

4. 论文

（1）BIM 技术在大型货运机场工程施工管理中的应用——以鄂州花湖机场转运中心工程为例［J］．建筑经济，2022，43（08）：55-64.

（2）新建湖北鄂州民用机场转运中心钢结构工程施工方案比选研究［J］．建筑施工，2022，44（03）：576-578.

（3）建筑信息模型的结构标准与编码体系及其造价应用研究［J］．建筑施工，2022，44（03）：588-590.

（4）货运机场转运中心钢结构建造方式分析［J］．建筑施工，2022，44（05）：1045-1047，1054.

（5）新建湖北鄂州民用机场转运中心钢结构工程施工方案比选研究［J］．建筑施工，2022，44（03）：576-578.

（6）BIM 技术在大型货运机场转运中心全专业深化设计中的应用［J］．施工技术（中英文），2022，51（17）：41-44，51.

（7）基于 BIM 技术的数字化施工流程管理应用探索［J］．绿色建筑与建筑工业化，2022，23（03）：28-31.

10.2.3　创新点及价值

转运中心主楼工程着眼于 BIM 深化设计模型的全过程正向实施以及数字施工相关应用问题，以工程项目建设特点与目标为出发点，策划并提出基于 BIM 技术、数字工地技术的数字建造全过程实施路径，立足于数字建造标准，使用 BIM 技术对工程进行全专业深化设计，打造数字建造信息底盘，最后将相关数字技术应用于工程实体建造与管理，并对应用情况与成效进行分析，创建一整套由前期策划至竣工交付的全过程数字建造体系，工程价值显著，可为类似工程数字建造应用提供借鉴和参考。转运中心主楼工程主要创新点归纳如下：

1. 基于 BIM 的全专业深化设计技术

转运中心主楼工程以 BIM 技术为核心开展涵盖地基与基础、主体结构、装饰装修、机电安装等专业的深化设计工作，搭建与工程实体完全一致的数字孪生模型，提出以施工总承包为主体高效且可控的数字深化设计实施流程，进而总结提出解决大型项目单专业、多专业、标段间的设计图纸"错、漏、碰、缺"等问题的优化方法。与传统深化设计技术相比，基于 BIM 的深化设计技术在全专业协调性、信息可视化性、虚拟建造等方面更为优秀突出，更适合于大型工程的实施应用。

2. 基于 BIM 与智慧工地的数字工地技术

相较于传统工程中凭借现场管理人员工作经验进行施工作业的工作模式，本工程充分考虑施工过程中的诸多因素，提出以 BIM 与智慧工地为核心的数字工地技术，充分发挥 BIM 三维可视化的优势，遵循先有模型、后施工的原则，全面开展按模、按图施工；利用各类监测系统、智能施工设备、信息化管理系统进行施工作业与管理，有效降低项目管理的风险，完成 BIM 技术与智慧工地技术的有机融合，实现工程项目的智能建造。

3. 基于 BIM 的质量验评技术

在质量管理方面，本工程考虑传统大型项目质量验评过程中通过线下文档进行填写、上报的管理模式存在的诸多问题，如表单格式不规范、事后补录多、后期统计工作效率低下等问题，提出基于 BIM 的质量验评技术，同时明确质量管理标准化流程，基于 BIM 轻量化模型进行检验批划分，实现各类表单电子化，确保验评管理更加高效、真实、可溯源，同时创建一套涵盖全专业的工序验评指标库，真正实现工程质量管理数字化，有效提升工程施工质量。

4. 基于 BIM 的造价管理

在造价管理方面，花湖机场为国内获住房和城乡建设部批准首例应用 BIM 技术开展全过程造价管理的试点项目，填补了国内相关领域的空白。与传统工程基于施工图纸开展计量计价不同，转运中心主楼工程应用 BIM 技术建立三维工程信息模型，确立造价管理标准化流程。此外，针对 BIM 与国标清单规范计量计价规则的不同，从计价方式、出量方式、出量规则三个维度对 BIM 计量计价规则作出优化；针对模型构件与清单挂接困难问题，制定 36 位全编码标准，结合构件设计属性，实现千万构件级别的清单准确挂接。通过基于数字化技术的造价管理系统，完成 BIM 自动出量、智能算价工作。

鄂州丰泰启盛物流发展有限公司

表扬信

中天建设集团有限公司：

新建湖北鄂州民用机场转运中心工程，在非比寻常的2020年中，工程建设稳步推进。经过70天艰苦奋斗，贵司深化设计团队积极响应我司建设需求，提供可靠专业技术与优质设计服务，其中团队牵头人江昆、团队成员余炎胜、吴广凡、陈凌文等人完成了16万方的地坪板钢筋、土方、1939根桩基钢筋以及4个基坑支护的钢筋深化模型和对应的检验批划分，在我司平台通过审核后为现场施工创造了有利条件。对贵司项目团队在本项目中的优质服务表示感谢。以资鼓励，希望贵公司继续保持BIM技术高效、优质的工作作风，进一步提高模型质量，确保顺利完成本标段所有BIM深化工作。

鄂州丰泰启盛物流发展有限公司

2021年2月2日

建设单位表扬信（本工程唯一）

最佳战略合作奖

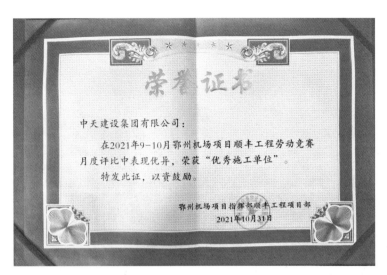

优秀施工单位（2021 年度）

优秀施工单位（2022 年度第一期）

优秀施工单位（2022 年度第三期）

数字化中心（内景）

数字化中心（外景）

主体结构施工（外景）

主体结构施工（夜景）

钢柱焊接

自动机械臂

楼承板加工

钢柱吊装

楼承板铺设

超大面积金刚砂地坪浇筑

建设者风彩

钢结构封顶

转运中心主楼施工完成内景

围护结构施工完成外景

转运中心主楼施工完成外景

楼永良董事长莅临指导工作

高温慰问合影

民航峰会展厅

湖北省安全月活动

数字建造经验分享

后 记

鄂州花湖机场转运中心主楼工程是中天建设集团数字建造探索与实践过程中的典型案例，凭借着数字深化、数字质量管理、数字造价管理等领域的创新，主楼工程一直受到行业内的广泛关注。自项目中标、开工建设以来，我们也致力于数字建造技术的研发与落地应用，不仅取得了建设单位的高度认可，还在多个国内 BIM 大赛中拔得头筹。主楼工程展示了数字建造技术在大型项目中的全过程应用和效果，但受到单个案例工程的限制，本书未能全面展开介绍数字建造技术，且复盘过程中我们发现存在着一些可以更加深度应用或者提升的内容，主要可分为以下几方面。

1. 智能设备层面

加强智能机器人的应用，如现场智能钢结构焊接机器人，可实现复杂渐变式构件表面各种空间位置的稳定爬行，适用于钢构件平面、立面、斜面等位置的自动焊接，24 小时全天候工作，有效提升了焊接效率。

加强智能测量工具的应用，如智能靠尺、智能卷尺、智能测距仪等，可将数据实时传输至手机移动端，同时通过设置规范允许偏差值，自动形成数据分析报表，有效避免人为读数、记数误差，实现测量数据智能统计分析。

2. 数字平台层面

加强建设统一的数字平台，赋予平台智能分析能力，如在平台中植入相关标准、规范性文件，智能判定采集数据的合规性，减少大量重复性工作，同时避免人为识别带来的误差；针对大型机械设备群的管理问题，增设设备运行效率分析模块，通过大数据、人工智能等手段，从空间布置、工作效率、运行成本等多个维度选择最优设备方案。

3. 项目管理层面

加强 BIM 在进度、安全管理等方面的应用，如在深化设计阶段或模型轻量化阶段，基于施工进度计划赋予构件进度管理属性，进行计划与模型的快速挂接，研究现场实际进度与线上模拟进度准确关联的路径，实现构件级别的进度管理。

数字建造技术并非空中楼阁，不仅可以落地实施，更能创造它独有的价值。数字建造技术是行业发展的必然趋势，也是建筑企业转型升级提升市场竞争能力的重要支撑，得益于转运中心主楼工程以及其他众多项目数字建造的实践经验，我们正在努力推进企业层面的数字化转型。

（1）加强专业培训，提升思想认知

目前行业内的数字建造技术种类繁多，其策划与实施更多倾向于现场一线，且呈现明显的碎片化、阶段化的应用现状，除相关技术人员外，许多管理人员对于数字建造的应用价值与发展方向存在一定的认知偏差。下一步我们将从企业、项目、班组三个层级，技术、工程、采购、财务、劳务等多个维度出发，系统加强数字建造相关的培训，由上而下提升企业对于数字建造的思想认知。

（2）制定企业标准，规范实施路径

与传统施工技术类的标准、规范不同，数字建造技术暂未执行相应的强制性标准，当前数字建造更多基于建设单位具体的项目要求实施。伴随着数字建造技术的发展，我们不断完善现有的企业标准，同时制定新的技术标准，形成满足工程建造全过程的企业级数字建造技术体系。此外，针对传统管理流程中重复工作多、管理动作不规范、事后补录多等特点，通过数字技术手段，进行管理流程重塑，探索形成规范的数字建造实施路径。

（3）打造一体化平台，构建企业新能力

数字化技术发展愈发成熟，但市面上的平台倾向于普适性应用，我们正在集中力量打造企业级一体化自主平台，以"基线应用＋个性化配置"的应用建设保证兼容性，支撑起企业的全产业链。我们将项目管理划分为经济管理线（成本管理、劳务管理、物资管理、设备管理等）和生产管理线（启动策划、组织管理、工期管理、安全管理等），并以其为抓手，向价值链前后端延伸拓展，形成对规划设计、运维服务等全价值链的支撑；同时，以 BIM 技术为核心，通过智慧工地、数字化施工与移动终端建设，赋能一线的同时确保数据的真实性及准确性，提升施工建造的数字化水平；依托一体化数字建造平台，实现新技术与新管理的有机融合，构建企业新能力。

花湖机场转运中心主楼工程建设已经落下帷幕，新一轮科技革命和产业变革正在蓬勃发展，我们着眼于应用数字建造技术解决实际问题，不断总结数字建造的技术理论与实践成果，以期形成可复制、可推广的经验，进一步丰富数字建造技术体系的内涵。